战术导弹制导律设计理论与方法——多约束视角

王辉　王伟　林德福　唐道光◎著

TACTICAL MISSILE GUIDANCE LAW DESIGN THEORY-FROM THE VIEW OF MULTI-CONSTRAINTS

北京理工大学出版社
BEIJING INSTITUTE OF TECHNOLOGY PRESS

内容简介

制导技术的迭代发展以及新型作战使命对型号研制的新要求，催生了以多约束为基础的各类制导方法的蓬勃发展，并赋予了古典线性最优制导理论新的生命内涵，在理论研究方面和工程应用方面均展现出极好的发展潜力。

本书以作者的科研和教学成果为基础，以最优制导为主线，同时参考国内外相关研究的最新进展，在多约束视角下对制导律的设计理论和方法进行了阐述。本书共包含10章，第1章为比例导引基础，第2章分析了基于角度描述的典型制导律及其制导特性，第3章讨论了扩展的角度控制最优制导律及制导性能，第4章讨论了考虑驾驶仪动力学的终端多约束广义最优制导律，第5章是基于幂级数解法的广义最优制导律特性研究，第6章是逆最优制导问题的基本理论研究，第7章讨论了基于time-to-go多项式的终端多约束最优制导律，第8章为基于range-to-go的线性/非线性最优制导律，第9章和第10章分别阐述了具有终端角度约束和视角约束的偏置比例导引方法。

本书可作为飞行器设计、武器系统与运用工程等相关专业的高年级本科生和研究生教材，也可作为精确制导控制领域的科研人员和工程技术人员的参考用书。

图书在版编目（CIP）数据

战术导弹制导律设计理论与方法：多约束视角／王辉等著. -- 北京：北京理工大学出版社，2021.10

ISBN 978-7-5682-9696-0

Ⅰ. ①战… Ⅱ. ①王… Ⅲ. ①战术导弹-导弹制导-控制系统设计-研究 Ⅳ. ①TJ761.1

中国版本图书馆CIP数据核字(2021)第062804号

出版发行／北京理工大学出版社有限责任公司
社　　址／北京市海淀区中关村南大街5号
邮　　编／100081
电　　话／(010) 68914775（总编室）
　　　　　(010) 82562903（教材售后服务热线）
　　　　　(010) 68944723（其他图书服务热线）
网　　址／http://www.bitpress.com.cn
经　　销／全国各地新华书店
印　　刷／三河市华骏印务包装有限公司
开　　本／710毫米×1000毫米　1/16
印　　张／14.5
彩　　插／2
字　　数／249千字
版　　次／2021年10月第1版　2021年10月第1次印刷
定　　价／76.00元

责任编辑／张海丽
文案编辑／张海丽
责任校对／周瑞红
责任印制／李志强

PREFACE

前言

精确制导是战术导弹、制导弹药等制导武器的核心技术，相关的教材、专著、译著等种类繁多、各具特色，已经广泛地指导我们的理论研究和工程实践，培养了大批科研与工程技术人员，这些论著无不汇集了著作者多年教育教学、学术研究和工程实践经验，值得我们学习借鉴。

在精确制导领域，以比例导引为代表的古典线性最优制导律及其扩展形式依然占据着主导地位，并且以强大的制导鲁棒性和工程适用性在制导武器的型号研制中发挥着不可替代的作用。

本书以作者的教学科研成果为基础，以多约束和最优制导为主线，同时参考国内外相关研究的最新进展，在多约束视角下对制导律的设计理论和方法进行系统的阐述。本书尽量避免复杂的控制理论与数学运算，推导过程删繁就简，结论表述力求简洁，以便普通读者和科研技术人员既能厘清理论的来龙去脉，又能较快地将结论用于工程实践。若本书能够使从事制导武器设计的广大科技人员有所借鉴或起抛砖引玉之作用，作者将倍感欣慰。

为了保证本书的全面性和完整性，书中部分内容参考和引用了一些国内外同行学者的相关研究成果，他们是 In－Soo Jeon，Jin－Ik Lee，Yong－In Lee，Seung－Hwan Kim，Chang－Hun Lee，Tae－Hun Kim，Min－Jea Tahk，Bong－Gyun Park，Hangju Cho，Koray S. Erer，Osman Merttopçuoğlu，Raziye Tekin，Ashwini Ratnoo 等诸多国内外学者，在此特向他们表示感谢。尽管如此，书中文献引用难免有疏忽和遗漏，相关学者或读者如发现引用失当或疏漏之处，还请联系作者，以做及时勘误和修正。

特别感谢恩师祁载康教授对本书成稿的帮助，本书中的很多设计方法、研究手段都得益于他的指导，在前期撰写过程中他还提供了大量宝贵意见和建议。感谢北京理工大学的王江教授和北京信息科技大学的范军芳教授在本书撰写过程中给出的详细建议和具体帮助。实验室的杨哲博士、李斌博士，硕士研究生李涛、王亚宁、孙昕、刘灿等多位成员为本书的仿真绘图、公式编辑、行文校稿付出了大量精力。同时，北京理工大学出版社和责任编辑李颖颖老师在本书出版过程中也给予了全面的帮助，在此一并表示衷心感谢！

本书研究成果得到国家自然科学基金（U1613225）、无人机自主控制技术北京市重点实验室开放课题基金以及高动态导航技术北京市重点实验室开放课题基金的资助。

由于作者水平有限，书中难免存在不妥和疏漏之处，欢迎广大读者批评指正。

作者

北京理工大学宇航学院

无人机自主控制技术北京市重点实验室

2021 年 10 月

目　录
CONTENTS

第1章
比例导引基础

1.1 引　　言

比例导引（Proportional Navigation，PN）是经典线性最优制导律的典型代表，已在各类战术导弹、制导弹箭中广泛应用多年，并在新型制导武器的研制中继续发挥着不可替代的作用[1-5]。比例导引的变型和扩展形式较多，在不同的定义和应用场合有着诸多相近或相关的名称，如纯比例导引（pure proportional navigation，PPN）[5-10]、真比例导引（true proportional navigation，TPN）[1,5,10-16]、扩展比例导引（extended proportional navigation，EPN）[17-19]、增强比例导引（augmented proportional navigation，APN）[1,2,18,20]、积分比例导引（integration proportional navigation，IPN）[21]、偏置比例导引（biased proportional navigation，BPN）[22-28]等，这些比例导引的分析方法类似。本章以经典比例导引、扩展比例导引、增强比例导引的理论推导和性能分析为主线，用简明扼要的语言阐述比例导引的数学原理和基本性能，为后续章节相关内容的研究奠定基础。

1.2 经典比例导引及最优性证明

1.2.1 二次型最优控制理论及经典比例导引证明

系统状态方程表示为

$$\dot{\boldsymbol{x}}(t)=\boldsymbol{A}\boldsymbol{x}(t)+\boldsymbol{B}\boldsymbol{u}(t) \tag{1.1}$$

式中，$\boldsymbol{x}$ 为 m_1 维状态向量；$\boldsymbol{u}$ 为满足解存在唯一性条件的 m_2 维控制向量；$\boldsymbol{A}$、$\boldsymbol{B}$ 分别为满足解存在唯一性条件的 $m_1 \times m_1$ 维状态矩阵、$m_1 \times m_2$ 维控制矩阵。

系统状态初值表示为

$$\boldsymbol{x}(t_0)=\boldsymbol{x}_0 \tag{1.2}$$

目标函数表示为

$$J(\boldsymbol{x}(t),\boldsymbol{u}(t)) = \frac{1}{2}\boldsymbol{x}^{\mathrm{T}}(t_F)\boldsymbol{H}\boldsymbol{x}(t_F) + \frac{1}{2}\int_{t_0}^{t_F}[\boldsymbol{x}^{\mathrm{T}}(t)\boldsymbol{Q}\boldsymbol{x}(t) + \boldsymbol{u}^{\mathrm{T}}(t)\boldsymbol{R}\boldsymbol{u}(t)]\mathrm{d}t \tag{1.3}$$

式中，t_0 为起始时刻；t_F 为终端时刻；$\boldsymbol{H}$ 为 $m_1\times m_1$ 维半正定的终端加权矩阵；$\boldsymbol{Q}$ 为 $m_1\times m_1$ 维半正定的状态加权矩阵；$\boldsymbol{R}$ 为 $m_2\times m_2$ 维正定的控制加权矩阵。

系统最优控制表示为[29]

$$\boldsymbol{u}(t) = -\boldsymbol{R}^{-1}\boldsymbol{B}^{\mathrm{T}}\boldsymbol{P}(t)\boldsymbol{x}(t) \tag{1.4}$$

其中，$\boldsymbol{P}$ 是如下 Riccati 方程的解：

$$\dot{\boldsymbol{P}}(t) = -\boldsymbol{P}(t)\boldsymbol{A} - \boldsymbol{A}^{\mathrm{T}}\boldsymbol{P}(t) - \boldsymbol{Q} + \boldsymbol{P}(t)\boldsymbol{B}\boldsymbol{R}^{-1}\boldsymbol{B}^{\mathrm{T}}\boldsymbol{P}(t) \tag{1.5}$$

且 $\boldsymbol{P}(t_F)$ 满足如下关系：

$$\boldsymbol{P}(t_F)=\boldsymbol{H} \tag{1.6}$$

式（1.4）~式（1.6）即为方程（1.1）、方程（1.2）表示的系统在以式（1.3）为目标函数时的二次型最优控制结果。下面利用上述结论来讨论经典比例导引的证明过程。

以纵向平面运动为例，建立图 1.1 所示弹目运动几何关系。图 1.1 中，LOS 表示当前弹目视线（line of sight），（x_M，y_M）表示导弹的位置，（x_T，y_T）表示目标的位置，V_M 表示导弹速度，a_c 表示导弹加速度指令，θ 表示弹道倾角；V_R 表示弹目相对速度。

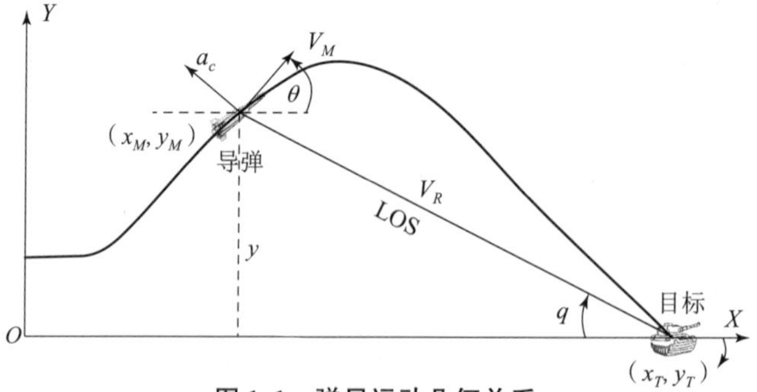

图 1.1　弹目运动几何关系

根据上述几何关系，定义

$$\begin{cases} y(t) = y_T(t) - y_M(t) \\ \dot{y}(t) = \dot{y}_T(t) - \dot{y}_M(t) \\ \ddot{y}(t) = a_T - a_c(t) \end{cases} \tag{1.7}$$

为简化起见，式（1.7）写成

$$\begin{cases} y = y_T - y_M \\ \dot{y} = \dot{y}_T - \dot{y}_M \\ \ddot{y} = a_T - a_c \end{cases} \tag{1.8}$$

将式（1.8）表示成框图的形式，如图 1.2 所示。

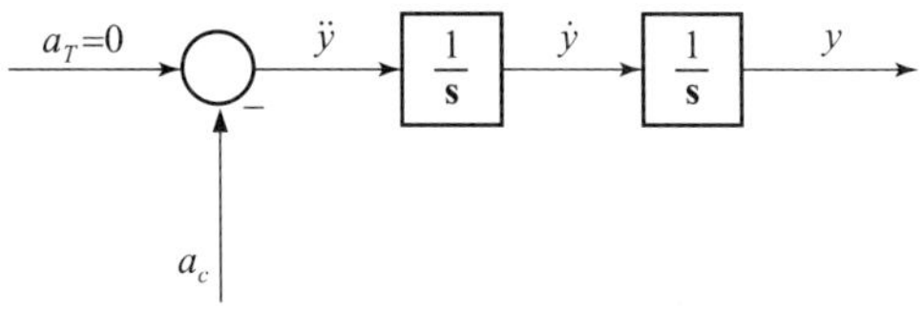

图 1.2　弹目运动几何关系的框图表示

暂不考虑目标机动，根据式（1.8），系统的状态空间方程为

$$\begin{bmatrix} \dot{y}(t) \\ \ddot{y}(t) \end{bmatrix} = \begin{bmatrix} 0 & 1 \\ 0 & 0 \end{bmatrix} \begin{bmatrix} y(t) \\ \dot{y}(t) \end{bmatrix} + \begin{bmatrix} 0 \\ -1 \end{bmatrix} a_c(t) \tag{1.9}$$

其中，$\boldsymbol{A} = \begin{bmatrix} 0 & 1 \\ 0 & 0 \end{bmatrix}$，$\boldsymbol{B} = \begin{bmatrix} 0 \\ -1 \end{bmatrix}$，$\boldsymbol{x} = \begin{bmatrix} y_T(t) - y_M(t) \\ \dot{y}_T(t) - \dot{y}_M(t) \end{bmatrix} = \begin{bmatrix} y(t) \\ \dot{y}(t) \end{bmatrix}$，

$$\boldsymbol{x}_0 = \begin{bmatrix} y_T(t_0) - y_M(t_0) \\ \dot{y}_T(t_0) - \dot{y}_M(t_0) \end{bmatrix} = \begin{bmatrix} y_0 \\ \dot{y}_0 \end{bmatrix}，\boldsymbol{x}(t_F) = \begin{bmatrix} y_T(t_F) - y_M(t_F) \\ \dot{y}_T(t_F) - \dot{y}_M(t_F) \end{bmatrix} = \begin{bmatrix} y(t_F) \\ \dot{y}(t_F) \end{bmatrix}。$$

为便于推导，$\boldsymbol{Q}$ 取为 0 矩阵，$\boldsymbol{R}$ 取为 1，$\boldsymbol{H}$ 为 2×2 维矩阵，由于 $\boldsymbol{P}(t)$ 为对称矩阵，因此可假设 $\boldsymbol{P}(t) = \begin{bmatrix} P_{11}(t) & P_{12}(t) \\ P_{12}(t) & P_{22}(t) \end{bmatrix}$，$\dot{\boldsymbol{P}}(t) = \begin{bmatrix} \dot{P}_{11}(t) & \dot{P}_{12}(t) \\ \dot{P}_{12}(t) & \dot{P}_{22}(t) \end{bmatrix}$，

则式（1.5）可表示为

$$\begin{aligned} \begin{bmatrix} \dot{P}_{11}(t) & \dot{P}_{12}(t) \\ \dot{P}_{12}(t) & \dot{P}_{22}(t) \end{bmatrix} = &-\begin{bmatrix} P_{11}(t) & P_{12}(t) \\ P_{12}(t) & P_{22}(t) \end{bmatrix} \begin{bmatrix} 0 & 1 \\ 0 & 0 \end{bmatrix} - \begin{bmatrix} 0 & 1 \\ 0 & 0 \end{bmatrix}^{\mathrm{T}} \begin{bmatrix} P_{11}(t) & P_{12}(t) \\ P_{12}(t) & P_{22}(t) \end{bmatrix} + \\ &\begin{bmatrix} P_{11}(t) & P_{12}(t) \\ P_{12}(t) & P_{22}(t) \end{bmatrix} \begin{bmatrix} 0 \\ -1 \end{bmatrix} \begin{bmatrix} 0 \\ -1 \end{bmatrix}^{\mathrm{T}} \begin{bmatrix} P_{11}(t) & P_{12}(t) \\ P_{12}(t) & P_{22}(t) \end{bmatrix} \end{aligned} \tag{1.10}$$

整理式（1.10），得到如下矩阵关系：

$$\begin{aligned} \begin{bmatrix} \dot{P}_{11}(t) & \dot{P}_{12}(t) \\ \dot{P}_{12}(t) & \dot{P}_{22}(t) \end{bmatrix} = &-\begin{bmatrix} 0 & P_{11}(t) \\ 0 & P_{12}(t) \end{bmatrix} - \begin{bmatrix} 0 & 0 \\ P_{11}(t) & P_{12}(t) \end{bmatrix} \\ &+ \begin{bmatrix} P_{12}(t)P_{12}(t) & P_{12}(t)P_{22}(t) \\ P_{12}(t)P_{22}(t) & P_{22}(t)P_{22}(t) \end{bmatrix} \end{aligned} \tag{1.11}$$

进一步整理，得到如下 3 个微分方程：

$$\begin{cases}\dot{P}_{11}(t)=P_{12}(t)P_{12}(t)\\ \dot{P}_{12}(t)=-P_{11}(t)+P_{12}(t)P_{22}(t)\\ \dot{P}_{22}(t)=-2P_{12}(t)+P_{22}(t)P_{22}(t)\end{cases}\tag{1.12}$$

设矩阵 $\boldsymbol{P}(t_F)=\boldsymbol{H}=\begin{bmatrix}\infty & \infty\\ \infty & \infty\end{bmatrix}$，尽管式（1.12）的通解不容易获得，但根据比例导引的已知形式，容易获得其特解，如式（1.13）所示。

$$P_{11}(t)=\frac{3}{(t_F-t)^3},P_{12}(t)=\frac{3}{(t_F-t)^2},P_{22}(t)=\frac{3}{t_F-t}\tag{1.13}$$

因此，矩阵 $\boldsymbol{P}(t)$ 为

$$\boldsymbol{P}(t)=\begin{bmatrix}\dfrac{3}{(t_F-t)^3} & \dfrac{3}{(t_F-t)^2}\\ \dfrac{3}{(t_F-t)^2} & \dfrac{3}{t_F-t}\end{bmatrix}\tag{1.14}$$

将矩阵 $\boldsymbol{P}(t)$、控制加权矩阵 $\boldsymbol{R}$、控制矩阵 $\boldsymbol{B}$ 代入式（1.4）中，得到式（1.7）~式（1.9）所示系统的最优解

$$a_c(t)=-\boldsymbol{R}^{-1}\boldsymbol{B}^{\mathrm{T}}\boldsymbol{P}(t)\boldsymbol{x}(t)=\frac{3}{(t_F-t)^2}y(t)+\frac{3}{t_F-t}\dot{y}(t)\tag{1.15}$$

式（1.15）即为纵向平面内经典比例导引的相对位置、相对速度、剩余飞行时间的表示形式，其导航系数为常值3。

1.2.2 指定终端约束条件的二次型最优控制解析表达及经典比例导引证明

针对方程（1.1）所示的系统，其初值和终端约束条件表示为

$$\begin{cases}\boldsymbol{x}(t_0)=\boldsymbol{x}_0\\ x_i(t_F)=\text{specified},i=1,\cdots,p,\text{where } p\leqslant m_1\end{cases}\tag{1.16}$$

我们期望找到控制 $\boldsymbol{u}(t)$ 使式（1.17）最小，即

$$J=\frac{1}{2}\int_{t_0}^{t_F}(\boldsymbol{x}^{\mathrm{T}}\boldsymbol{Qx}+\boldsymbol{u}^{\mathrm{T}}\boldsymbol{Ru})\mathrm{d}t\tag{1.17}$$

将终端限制条件通过乘以 $(v_1,\cdots,v_p)=\boldsymbol{v}^{\mathrm{T}}$ 的形式加入式（1.17）中，得到

$$\bar{J}=\sum_{i=1}^{p}v_ix_i(t_F)+\frac{1}{2}\int_{t_0}^{t_F}(\boldsymbol{x}^{\mathrm{T}}\boldsymbol{Qx}+\boldsymbol{u}^{\mathrm{T}}\boldsymbol{Ru})\mathrm{d}t\tag{1.18}$$

上述问题的 Euler－Lagrange 方程为

$$\dot{\boldsymbol{\lambda}}=-\boldsymbol{Qx}-\boldsymbol{A}^{\mathrm{T}}\boldsymbol{\lambda},\lambda_j(t_F)=\begin{cases}v_j; & j=1,\cdots,p\\ 0; & j=p+1,\cdots,m_1\end{cases}\tag{1.19}$$

$$u = -R^{-1}B^{\mathrm{T}}\lambda \tag{1.20}$$

将式（1.20）代入式（1.1）中，得到两点边界值问题

$$\begin{bmatrix} \dot{x} \\ \dot{\lambda} \end{bmatrix} = \begin{bmatrix} A & -BR^{-1}B^{\mathrm{T}} \\ -Q & -A^{\mathrm{T}} \end{bmatrix} \begin{bmatrix} x \\ \lambda \end{bmatrix} \tag{1.21}$$

其中，初值 $x(t_0)$ 给定，$x_i(t_F)$ 为指定值（$i=1, \cdots, p$），$\lambda_i(t_F)$ 的终端条件为如下形式：

$$\lambda_i(t_F) = \begin{cases} v_i; & i=1,\cdots,p \\ 0; & i=p+1,\cdots,m_1 \end{cases} \tag{1.22}$$

式（1.21）、式（1.22）所描述的两点边界值问题可以通过 "sweep method" 来解决[30]，但需对 "sweep method" 进行扩展。假设指定的边界值 $[x_1 \cdots x_p]_{t=t_F}$ 为 $x(t_0)$ 和（$v_1, \cdots, v_p$）的线性函数，表示成如下形式：

$$\psi = U(t_0)x(t_0) + G(t_0)v \tag{1.23}$$

其中

$$\psi^{\mathrm{T}} = (x_1, \cdots, x_p)_{t=t_F} \tag{1.24}$$

$$v^{\mathrm{T}} = (\lambda_1, \cdots, \lambda_p)_{t=t_F} \tag{1.25}$$

从式（1.21）及其边界值可以看出，$\lambda(t_0)$ 也是 $x(t_0)$ 和 ψ 或 $x(t_0)$ 和 v 的线性函数，表示为

$$\lambda(t_0) = S(t_0)x(t_0) + F(t_0)v \tag{1.26}$$

由于在 $t \leqslant t_F$ 的任何时刻都可能是初始时间，因此式（1.23）和式（1.26）可以改写成如下形式：

$$\psi = U(t)x(t) + G(t)v \tag{1.27}$$

$$\lambda(t) = S(t)x(t) + F(t)v \tag{1.28}$$

式（1.27）和式（1.28）的关系在 $t=t_F$ 时刻也必须有效，因此还必须满足如下关系：

$$S(t_F) = 0 \tag{1.29}$$

$$U_{ji}(t_F) = F_{ij}(t_F) = \left(\frac{\partial \psi_j}{\partial x_i}\right)_{t=t_F} = \begin{cases} 1, & i=j, \quad i=1,\cdots,m_1 \\ 0, & i \neq j, \quad j=1,\cdots,p \end{cases} \tag{1.30}$$

$$G(t_F) = 0 \tag{1.31}$$

将式（1.27）代入式（1.21）中的第二式，将 v 看成常数矢量，即 $\dot{v}=0$，得到

$$\dot{S}x + S\dot{x} + \dot{F}v = -Qx - A^{\mathrm{T}}(Sx + Fv) \tag{1.32}$$

再将式（1.21）中的 $\dot{x}$ 代入式（1.32）中，用式（1.28）消去 λ，得到

$$(\dot{S} + SA - SBR^{-1}B^{\mathrm{T}}S + Q + A^{\mathrm{T}}S)x = -(\dot{F} + A^{\mathrm{T}}F - SBR^{-1}B^{\mathrm{T}}F)v \tag{1.33}$$

由于式（1.33）对任何 $\boldsymbol{x}$ 和 $\boldsymbol{v}$ 都要成立，因此 $\boldsymbol{x}$ 和 $\boldsymbol{v}$ 的系数都必须为零，即

$$(\dot{\boldsymbol{S}}+\boldsymbol{SA}-\boldsymbol{SBR}^{-1}\boldsymbol{B}^{\mathrm{T}}\boldsymbol{S}+\boldsymbol{Q}+\boldsymbol{A}^{\mathrm{T}}\boldsymbol{S})=\boldsymbol{0},\boldsymbol{S}(t_F)=0 \tag{1.34}$$

$$\dot{\boldsymbol{F}}+\boldsymbol{A}^{\mathrm{T}}\boldsymbol{F}-\boldsymbol{SBR}^{-1}\boldsymbol{B}^{\mathrm{T}}\boldsymbol{F}=\boldsymbol{0},\ \boldsymbol{F}^{\mathrm{T}}(t_F)=\left(\frac{\partial\boldsymbol{\psi}}{\partial\boldsymbol{x}}\right)_{t=t_F} \tag{1.35}$$

以时间 t 为自变量对式（1.27）进行求导，同样将 $\boldsymbol{\psi}$ 和 $\boldsymbol{v}$ 看作常数矢量，得到

$$\boldsymbol{0}=\dot{\boldsymbol{U}}\boldsymbol{x}+\boldsymbol{U}\dot{\boldsymbol{x}}+\dot{\boldsymbol{G}}\boldsymbol{v} \tag{1.36}$$

将式（1.21）中的 $\dot{\boldsymbol{x}}$ 代入式（1.36）中，消去 $\boldsymbol{\lambda}$，得到

$$\boldsymbol{0}=(\dot{\boldsymbol{U}}+\boldsymbol{UA}-\boldsymbol{UBR}^{-1}\boldsymbol{B}^{\mathrm{T}}\boldsymbol{S})\boldsymbol{x}+(\dot{\boldsymbol{G}}-\boldsymbol{UBR}^{-1}\boldsymbol{B}^{\mathrm{T}}\boldsymbol{F})\boldsymbol{v} \tag{1.37}$$

由于式（1.37）对任意 $\boldsymbol{x}$ 和 $\boldsymbol{v}$ 也都要成立，因此 $\boldsymbol{x}$ 和 $\boldsymbol{v}$ 的系数都必须为零，那么有

$$\dot{\boldsymbol{U}}+\boldsymbol{UA}-\boldsymbol{UBR}^{-1}\boldsymbol{B}^{\mathrm{T}}\boldsymbol{S}=\boldsymbol{0} \tag{1.38}$$

$$\dot{\boldsymbol{G}}-\boldsymbol{UBR}^{-1}\boldsymbol{B}^{\mathrm{T}}\boldsymbol{F}=\boldsymbol{0} \tag{1.39}$$

检查式（1.35）和式（1.38），结合边界条件式（1.30），得到（$\boldsymbol{S}$ 为对称矩阵）

$$\boldsymbol{U}(t)\equiv\boldsymbol{F}^{\mathrm{T}}(t) \tag{1.40}$$

因此，式（1.39）又可写成

$$\dot{\boldsymbol{G}}=\boldsymbol{F}^{\mathrm{T}}\boldsymbol{BR}^{-1}\boldsymbol{B}^{\mathrm{T}}\boldsymbol{F},\boldsymbol{G}(t_F)=0 \tag{1.41}$$

在某些特殊的初始时刻 $t=t_0$，如果 $\boldsymbol{G}(t_0)$ 非奇异，根据式（1.27），处理得到

$$\boldsymbol{v}=\boldsymbol{G}^{-1}(t_0)[\boldsymbol{\psi}-\boldsymbol{U}(t_0)\boldsymbol{x}(t_0)]=\boldsymbol{G}^{-1}(t_0)[\boldsymbol{\psi}-\boldsymbol{F}^{\mathrm{T}}(t_0)\boldsymbol{x}(t_0)] \tag{1.42}$$

将式（1.42）代入式（1.28）中，求解得到

$$\boldsymbol{\lambda}(t_0)=[\boldsymbol{S}(t_0)-\boldsymbol{F}(t_0)\boldsymbol{G}^{-1}(t_0)\boldsymbol{F}^{\mathrm{T}}(t_0)]\boldsymbol{x}(t_0)+\boldsymbol{F}(t_0)\boldsymbol{G}^{-1}(t_0)\boldsymbol{\psi} \tag{1.43}$$

令 $t_0=t$，则

$$\boldsymbol{\lambda}=(\boldsymbol{S}-\boldsymbol{FP}^{-1}\boldsymbol{F}^{\mathrm{T}})\boldsymbol{x}+\boldsymbol{FG}^{-1}\boldsymbol{\psi} \tag{1.44}$$

联立式（1.20）和式（1.44），求解得到最优控制

$$\boldsymbol{u}(t)=-\boldsymbol{R}^{-1}\boldsymbol{B}^{\mathrm{T}}(\boldsymbol{S}-\boldsymbol{FG}^{-1}\boldsymbol{F}^{\mathrm{T}})\boldsymbol{x}(t)-\boldsymbol{R}^{-1}\boldsymbol{B}^{\mathrm{T}}\boldsymbol{FG}^{-1}\boldsymbol{\psi} \tag{1.45}$$

当 $\boldsymbol{v}=0$ 时，表示目标函数（1.18）中没有终端状态限制项，那么根据式（1.27）和式（1.40），得到 $\boldsymbol{v}=0$ 时的 $\boldsymbol{\psi}$ 值为

$$\hat{\boldsymbol{\psi}}=\boldsymbol{F}^{\mathrm{T}}(t)\boldsymbol{x}(t) \tag{1.46}$$

也就是说，如果 J 是没有终端限制的最小值，则 $\boldsymbol{F}^{\mathrm{T}}(t)\boldsymbol{x}(t)$ 是 $\boldsymbol{\psi}$ 的预测值。此时，式（1.45）可写成

$$\boldsymbol{u}(t)=-\boldsymbol{R}^{-1}\boldsymbol{B}^{\mathrm{T}}\boldsymbol{Sx}(t)-\boldsymbol{R}^{-1}\boldsymbol{B}^{\mathrm{T}}\boldsymbol{FG}^{-1}(\boldsymbol{\psi}-\hat{\boldsymbol{\psi}}) \tag{1.47}$$

目标函数式（1.17）的一种特殊情况是 $\boldsymbol{Q}=0$，则目标函数退化为“使控制量的平方的积分最小”，亦即为

$$J = \frac{1}{2}\int_{t_0}^{t_F} \boldsymbol{u}^{\mathrm{T}}\boldsymbol{R}\boldsymbol{u}\mathrm{d}t \tag{1.48}$$

系统的状态方程、状态变量的初始条件和终端条件如式（1.1）、式（1.16）所示，由于矩阵 $\boldsymbol{Q}=0$，因此式（1.34）所示的 Riccati 方程的解为

$$\boldsymbol{S}(t)=\boldsymbol{0} \tag{1.49}$$

这样，式（1.35）和式（1.41）又可简写为

$$\dot{\boldsymbol{F}}+\boldsymbol{A}^{\mathrm{T}}\boldsymbol{F}=\boldsymbol{0},\ \boldsymbol{F}^{\mathrm{T}}(t_F)=\left(\frac{\partial\boldsymbol{\psi}}{\partial\boldsymbol{x}}\right)_{t=t_F} \tag{1.50}$$

$$\boldsymbol{G}(t) = -\int_{t}^{t_F}(\boldsymbol{F}^{\mathrm{T}}\boldsymbol{B}\boldsymbol{R}^{-1}\boldsymbol{B}^{\mathrm{T}}\boldsymbol{F})\mathrm{d}t,\ \boldsymbol{G}(t_F) = 0 \tag{1.51}$$

这样，式（1.47）的最优控制又可写成

$$\boldsymbol{u}(t) = -\boldsymbol{R}^{-1}\boldsymbol{B}^{\mathrm{T}}\boldsymbol{F}\boldsymbol{G}^{-1}[\boldsymbol{\psi}-\boldsymbol{F}^{\mathrm{T}}(t)\boldsymbol{x}(t)] \tag{1.52}$$

下面利用上述二次型最优控制的解析结果来推导经典的比例导引。

同样，针对系统方程式（1.9），将式（1.48）的目标函数定义为如下形式：

$$J = \frac{1}{2}\int_{t_0}^{t_F} Ra^2(t)\mathrm{d}t, R = 1 \tag{1.53}$$

根据方程（1.9）中的终端状态描述，将终端约束表示成如下的矩阵形式：

$$\boldsymbol{D}\boldsymbol{x}(t_F)=\boldsymbol{E} \tag{1.54}$$

若仅约束 $y(t_F)=y_F=0$，则矩阵 $\boldsymbol{D}$、$\boldsymbol{E}$ 分别为

$$\boldsymbol{D}=[1\quad 0],\ \boldsymbol{E}=[y_F]=[0] \tag{1.55}$$

根据最优控制理论，上述控制问题的最优解可表示为

$$a(t)=R^{-1}\boldsymbol{B}^{\mathrm{T}}\boldsymbol{F}\boldsymbol{G}^{-1}[\boldsymbol{F}^{\mathrm{T}}x(t)-\boldsymbol{E}] \tag{1.56}$$

式中

$$\begin{aligned}&\dot{\boldsymbol{F}}=-\boldsymbol{A}^{\mathrm{T}}\boldsymbol{F},\ \boldsymbol{F}(t_F)=\boldsymbol{D}^{\mathrm{T}}\\&\dot{\boldsymbol{G}}=-\boldsymbol{F}^{\mathrm{T}}\boldsymbol{B}R^{-1}\boldsymbol{B}^{\mathrm{T}}\boldsymbol{F},\ \boldsymbol{G}(t_F)=\boldsymbol{0}\end{aligned} \tag{1.57}$$

将矩阵 $\boldsymbol{A}$、$\boldsymbol{B}$ 代入式（1.56）、式（1.57），则最优制导律的表达式为

$$a_c(t)=\frac{3}{(t_F-t)^2}y(t)+\frac{3}{t_F-t}\dot{y}(t)=\frac{3}{t_{\mathrm{go}}^2}(y+\dot{y}t_{\mathrm{go}}) \tag{1.58}$$

其中，$t_{\mathrm{go}}=t_F-t$，表示剩余飞行时间（time－to－go）。

1.2.3　经典比例导引的典型表达形式

1. 经典比例导引的表达形式 Ⅰ

假设弹目视线角 q 为小角，根据图 1.1 中的弹目运动几何关系，容易

得到

$$q \approx \sin q = \frac{y_T - y_M}{V_R t_{go}} = \frac{y}{V_R t_{go}} \tag{1.59}$$

对式（1.59）微分后得到

$$\dot{q} = \frac{y_T - y_M}{V_R t_{go}^2} + \frac{\dot{y}_T - \dot{y}_M}{V_R t_{go}} = \frac{y}{V_R t_{go}^2} + \frac{\dot{y}}{V_R t_{go}} \tag{1.60}$$

联立式（1.58）和式（1.60），得到

$$a_c = 3V_R \dot{q} \tag{1.61}$$

在工程实践中，通常将导航比表示成 N 的形式，N 一般取为 3 ~ 5 或 2 ~ 6。这样，式（1.61）又可写为如下常见的形式：

$$a_c = NV_R \dot{q} \tag{1.62}$$

式（1.61）或式（1.62）即为不考虑目标机动及制导动力学情况下，经典比例导引的弹目视线角速度表示形式。

2. 经典比例导引的表达形式Ⅱ

若假设弹道倾角 θ 也是小角，根据简化的弹道方程，容易得到

$$\dot{y}_M = V_M \theta \tag{1.63}$$

若目标为非固定的，则 $\dot{y}_T = V_T \neq 0$，$V_R \neq V_M$，进而得到

$$\dot{y}_T - \dot{y}_M = V_T - V_M \theta \tag{1.64}$$

联立式（1.59）、式（1.64）和式（1.58），得到

$$a_c = \frac{3V_R}{t_{go}}\left(q + \frac{V_T}{V_R} - \frac{V_M}{V_R}\theta\right) \quad \text{or} \quad a_c = \frac{3V_M}{t_{go}}\left(\frac{V_R}{V_M}q + \frac{V_T}{V_M} - \theta\right) \tag{1.65}$$

令

$$\theta_c = \frac{V_R}{V_M}q + \frac{V_T}{V_M} \tag{1.66}$$

则得到

$$a_c = 3V_M\left(\frac{\theta_c - \theta}{t_{go}}\right) \tag{1.67}$$

同样，引入导航比 N，得到

$$a_c = NV_M\left(\frac{\theta_c - \theta}{t_{go}}\right) \tag{1.68}$$

若目标为固定的，即 $V_T = 0$、$V_R = V_M$、$\theta_c = q$，在此条件下，式（1.68）可简化为

$$a_c = NV_M\left(\frac{q - \theta}{t_{go}}\right) \tag{1.69}$$

因此，针对目标为非固定和固定的两种情况，式（1.67）、式（1.68）和

式（1.69）分别为经典比例导引对应条件下的角度表示形式。

3. 经典比例导引的表达形式Ⅲ

实际上，式（1.58）可看作经典比例导引的相对位置、相对速度表示形式。引入导航比 N，可重写为

$$a_c = \frac{N}{t_{go}^2}(y + \dot{y}t_{go}) \tag{1.70}$$

1.3　扩展比例导引

从经典比例导引的表达式可以看出，其最优导航比为常值 3。但在比例导引的实际使用中，有经验的制导系统设计人员通常将有效导航比选为3 ~5 或 2 ~6。而且比例导引并不仅工作在小角度交汇情况下，在 60°甚至 90°攻击情况下依然表现卓越，实际上，此时弹目视线角已经严重违背了小角度假设。制导系统工程师通常认为，这是由于导航系数 N 较宽泛的取值范围给制导律带来了较强的工程鲁棒性[2]。

本书从另一个角度对导航系数的最优取值提出一种理论解释。

1.3.1　目标函数扩展及物理意义

制导系统工程师在设计制导律时，总是期望导弹在弹道初始段能充分利用大过载实现机动，同时在接近弹道末端时需用过载尽可能小甚至接近零。传统上，目标函数一般定义为“使加速度的平方的积分最小”，权函数 R 取为常值 1。

现在将传统的权函数扩展为如下时变形式：

$$R = \frac{1}{(t_F - t)^n} = \frac{1}{t_{go}^n}, n \geqslant 0 \tag{1.71}$$

则对应的扩展目标函数为

$$J = \frac{1}{2}\int_{t_0}^{t_F} \frac{a^2(t)}{t_{go}^n}\mathrm{d}t, n \geqslant 0 \tag{1.72}$$

上述目标函数的扩展形式为标准的控制量积分的推广，参数 n 包含了一簇权函数，当 $n>0$ 时其分母上的 t_{go}^n 允许控制量的权重随着 $t_{go}\to 0$ 而增加，n 越大，弹道末端对过载的“惩罚”越厉害[31-32]。因此，通过建立以 n 为参数的扩展目标罚函数，研究比例导引的扩展形式[17-18, 31]。图 1.3 为时变权函数 R 随指数 n 的变化曲线。

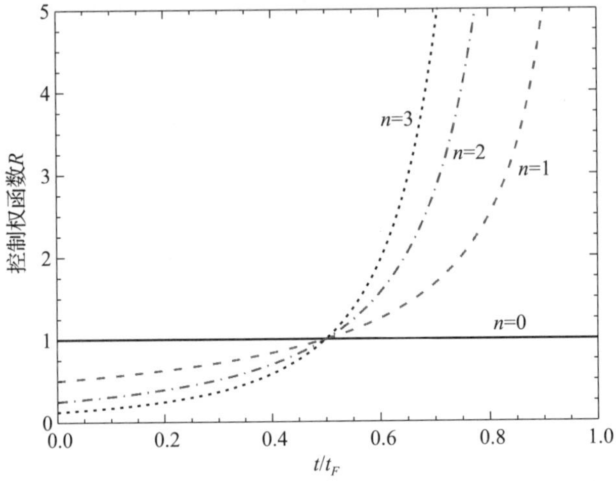

图 1.3　时变权函数 *R* 随指数 *n* 的变化曲线

1.3.2　扩展的比例导引

以式（1.72）为目标函数，根据系统方程（1.9）中矩阵 ***A***、***B*** 的定义以及式（1.56）、式（1.57）的最优结果，得到

$$a_c(t) = \frac{n+3}{(t_F - t)^2} y(t) + \frac{n+3}{t_F - t} \dot{y}(t) = \frac{n+3}{t_{go}^2}(y + \dot{y} t_{go}) \tag{1.73}$$

或表示为

$$a_c = (n+3) V_R \dot{q} \tag{1.74}$$

上述结果表明，通过引入扩展的权函数和对应的目标函数，得到扩展比例导引。观察式（1.74）可以看出，对应不同的指数 n 取值，导航系数在 3 ~ 5 之间均是最优的。需要注意的是，当 $-2 < n < 0$ 时式（1.73）和式（1.74）的结果实际上也是成立的，当 $n = -1$ 时，对应的扩展比例导引最优导航系数为常值 2。

1.4　增强比例导引

在前面的理论推导中，并没有考虑目标机动对制导律的影响。下面引入目标常值机动 a_T，将系统的状态空间方程改写为

$$\begin{bmatrix} \dot{y}(t) \\ \ddot{y}(t) \\ \dot{a}_T \end{bmatrix} = \begin{bmatrix} 0 & 1 & 0 \\ 0 & 0 & 1 \\ 0 & 0 & 0 \end{bmatrix} \begin{bmatrix} y(t) \\ \dot{y}(t) \\ a_T \end{bmatrix} + \begin{bmatrix} 0 \\ -1 \\ 0 \end{bmatrix} a_c(t) \tag{1.75}$$

其中，$\boldsymbol{A}=\begin{bmatrix}0&1&0\\0&0&1\\0&0&0\end{bmatrix}$，$\boldsymbol{B}=\begin{bmatrix}0\\-1\\0\end{bmatrix}$，$\boldsymbol{x}=\begin{bmatrix}y_T(t)-y_M(t)\\\dot{y}_T(t)-\dot{y}_M(t)\\a_T-a_c(t)\end{bmatrix}=\begin{bmatrix}y(t)\\\dot{y}(t)\\\ddot{y}(t)\end{bmatrix}$，

$\boldsymbol{x}_0=\begin{bmatrix}y_T(t_0)-y_M(t_0)\\\dot{y}_T(t_0)-\dot{y}_M(t_0)\\a_T-a_c(t_0)\end{bmatrix}=\begin{bmatrix}y_0\\\dot{y}_0\\\ddot{y}_0\end{bmatrix}$，$\boldsymbol{x}(t_F)=\begin{bmatrix}y_T(t_F)-y_M(t_F)\\\dot{y}_T(t_F)-\dot{y}_M(t_F)\\a_T-a_c(t_F)\end{bmatrix}=\begin{bmatrix}y(t_F)\\\dot{y}(t_F)\\\ddot{y}(t_F)\end{bmatrix}$。

目标函数与式（1.72）一致，则根据式（1.54）、式（1.55）的结果，矩阵 $\boldsymbol{D}$、$\boldsymbol{E}$ 分别为

$$\boldsymbol{D}=\boldsymbol{F}^{\mathrm{T}}(t_F)=[1\quad 0\quad 0],\boldsymbol{E}=[y_F]=[0] \tag{1.76}$$

设矩阵 $\boldsymbol{F}=[f_{11}\quad f_{21}\quad f_{31}]^{\mathrm{T}}$，则根据式（1.57），得到

$$\begin{bmatrix}\dot{f}_{11}(t)\\\dot{f}_{21}(t)\\\dot{f}_{31}(t)\end{bmatrix}=-\begin{bmatrix}0&0&0\\1&0&0\\0&1&0\end{bmatrix}\begin{bmatrix}f_{11}(t)\\f_{21}(t)\\f_{31}(t)\end{bmatrix},\begin{bmatrix}f_{11}(t_F)\\f_{21}(t_F)\\f_{31}(t_F)\end{bmatrix}=\begin{bmatrix}1\\0\\0\end{bmatrix} \tag{1.77}$$

进一步求解得到

$$\boldsymbol{F}=\left[1\quad (t_F-t)\quad \frac{1}{2}(t_F-t)^2\right]^{\mathrm{T}}=\left[1\quad t_{\mathrm{go}}\quad \frac{1}{2}t_{\mathrm{go}}^2\right]^{\mathrm{T}} \tag{1.78}$$

求解矩阵 $\dot{\boldsymbol{G}}$、$\boldsymbol{G}$，得到

$$\dot{\boldsymbol{G}}(t)=-\boldsymbol{F}^{\mathrm{T}}\boldsymbol{B}R^{-1}\boldsymbol{B}^{\mathrm{T}}\boldsymbol{F}=-t_{\mathrm{go}}^{n+2} \tag{1.79}$$

$$\boldsymbol{G}(t)=\int_t^{t_F}\dot{\boldsymbol{G}}(t)\mathrm{d}t=-\frac{t_{\mathrm{go}}^{n+3}}{n+3} \tag{1.80}$$

联立式（1.56）和式（1.76）~式（1.80），得到

$$a_c=(n+3)\left(\frac{y+\dot{y}t_{\mathrm{go}}}{t_{\mathrm{go}}^2}+\frac{1}{2}a_T\right) \tag{1.81}$$

或表示为

$$a_c=(n+3)V_R\dot{q}+\frac{1}{2}(n+3)a_T \tag{1.82}$$

式（1.81）、式（1.82）即为利用扩展目标函数的增强型比例导引表达式。当 n 取 0 时，其导航系数也为常值 3。

1.5　比例导引的性能分析

在本节的讨论中，我们将传统比例导引和扩展的比例导引统称为比例导引，不再严格区分，实际上二者的表达式本质上也是一致的。有时候人们也会

在比例导引中包含目标机动补偿项，而不会特别强调增强型比例导引的概念。

1.5.1 常用的制导动力学模型

在开展比例导引等制导律的制导性能研究时，常用的制导动力学模型有如下几种形式[1-2]。

模型一：将导弹的自动驾驶仪动力学、导引头动力学以及制导滤波器等合并表示成一个一阶制导动力学，其表达式为

$$G(s)=\frac{1}{T_g s+1} \tag{1.83}$$

模型二：将导弹的自动驾驶仪动力学、导引头动力学以及制导滤波器等合并表示成一个 $m(m\geqslant 1)$ 阶的制导动力学，其表达式为

$$G(s)=\frac{1}{\left(\frac{T_g}{m}s+1\right)^m} \tag{1.84}$$

式（1.84）中，m 通常取5，分配方法是自动驾驶仪二阶、导引头二阶、制导滤波器一阶，例如 $m=5$ 时，自动驾驶仪的动力学 $G_a(s)$、导引头的动力学$G_s(s)$ 表达式为

$$G_a(s)=G_s(s)=\frac{1}{\left(\frac{T_g}{5}s+1\right)^2} \tag{1.85}$$

制导滤波器动力学的表达式为

$$G_f(s)=\frac{1}{\left(\frac{T_g}{5}s+1\right)} \tag{1.86}$$

模型三：仅考虑导弹的自动驾驶仪动力学和导引头动力学，分别表示为标准的二阶动力学形式，其表达式分别为

$$G_a(s)=\frac{1}{\frac{s^2}{\omega_a^2}+\frac{2\xi_a}{\omega_a}s+1} \tag{1.87}$$

$$G_s(s)=\frac{1}{\frac{s^2}{\omega_s^2}+\frac{2\xi_s}{\omega_s}s+1} \tag{1.88}$$

需要说明的是，在进行制导律的仿真研究时，即使采用不同的制导动力学模型，所得到的相关结论也应该是定性一致的；若制导动力学模型简单，如一阶模型，仅增加一个时间常数 T_g，易于得出明确结论；若制导动力学模型复杂，则影响仿真结果的制导参数也较多，需要谨慎分类讨论。上述三种

模型中，模型三更接近真实的导弹动力学模型，模型二的优势在于通过动力学阶数 m 的增加使制导模型更接近真实情况，但制导参数依然仅有一个 T_g，而且不管制导阶数如何，其一阶滞后时间常数都是 T_g，便于仿真分析。在一般情况下，制导动力学采用模型一中的一阶滞后模型也是合适的，有利于仿真结论快速得出。

文献［1］中一阶制导动力学和模型二的高阶制导动力学都有采用，文献［2］中采用了模型三的二阶制导动力学模型。

1.5.2　比例导引的过载特性分析

不考虑制导动力学的比例导引制导框图如图 1.4 所示，其中 ε 表示初始速度指向误差，在图 1.4 中的误差引入点，误差输入为 $V_M\varepsilon$。

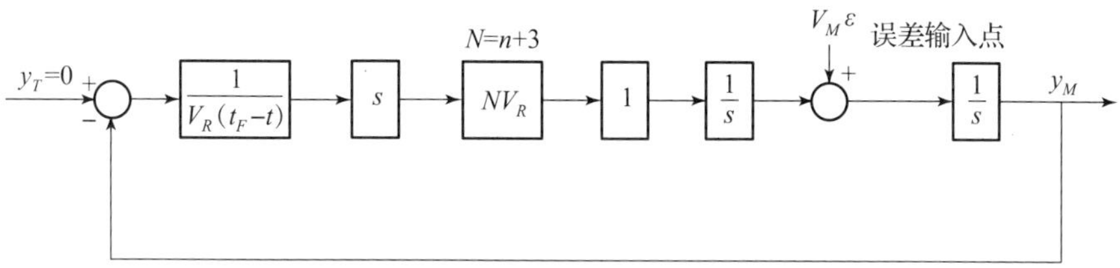

图 1.4　不考虑导动力学的比例导引制导框图

由图 1.4 可知，从 $V_M\varepsilon$ 到 y_M 的传递函数可以表示为

$$\frac{y_M}{V_M\varepsilon}=\frac{\frac{1}{s}}{1+\left(\frac{1}{s}\right)\left(\frac{N}{t_F-t}\right)}=\frac{1}{s+\frac{N}{t_F-t}} \tag{1.89}$$

或者，表示成如下的微分方程形式：

$$\dot{y}_M+\frac{N}{t_F-t}y_M=V_M\varepsilon \tag{1.90}$$

求解式（1.90）微分方程得到

$$\frac{y_M}{V_M\varepsilon t_F}=\frac{\left(1-\frac{t}{t_F}\right)}{N-1}\left[1-\left(1-\frac{t}{t_F}\right)^{N-1}\right] \tag{1.91}$$

或者，将 $N=n+3$ 代入式（1.91），又可得到

$$\frac{y_M}{V_M\varepsilon t_F}=\frac{\left(1-\frac{t}{t_F}\right)}{n+2}\left[1-\left(1-\frac{t}{t_F}\right)^{n+2}\right] \tag{1.92}$$

从式（1.91）和式（1.92）可以看出，针对图 1.4 所示的无动力学滞后的简单系统，导弹在 $t=t_F$ 的末端时刻总是能击中目标，$y_M=y_T=0$。

分别对式（1.91）进行一次求导和二次求导，得到

$$\frac{\dot{y}_M}{V_M\varepsilon} = -\frac{1}{N-1} + \frac{N}{N-1}\left(1-\frac{t}{t_F}\right)^{N-1} - \tag{1.93}$$

$$\frac{\ddot{y}_M t_F}{V_M\varepsilon} = N\left(1-\frac{t}{t_F}\right)^{N-2} \tag{1.94}$$

实际上，$\ddot{y}_M$ 与导弹的过载 a_M 是等价的，即 $\ddot{y}_M = a_M$，则式（1.94）可重写为

$$-\frac{a_M t_F}{V_M\varepsilon} = N\left(1-\frac{t}{t_F}\right)^{N-2} \quad \text{or} \quad -\frac{a_M t_F}{V_M\varepsilon} = (n+3)\left(1-\frac{t}{t_F}\right)^{n+1} \tag{1.95}$$

通过式（1.95）或图1.4，容易得到由初始速度指向误差驱动的比例导引无量纲过载随 N 的变化曲线，如图1.5所示。由此可见，当 $N=3$ 时，比例导引的过载随时间变化按线性关系收敛到0；当 $N\geqslant 2$ 时，比例导引的终端过载均收敛到0，但较大的 N 选值会导致导弹在初始阶段面临过载饱和的危险，因此 N 也不宜过大；当 $N=2$ 时，比例导引的过载为恒定值2，不随时间变化；当 $N<2$ 时，如 $N=1$，则比例导引的终端过载是发散的，通常情况下这是不希望出现的，但如果导弹过载能力允许，也可以刻意利用这种规律来实现某些方案弹道设计，以达到特定的目的[33]。

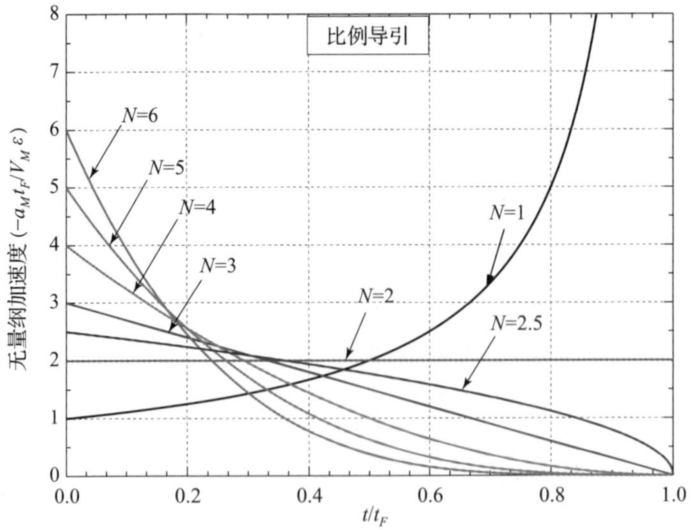

图1.5　由初始速度指向误差驱动的比例导引无量纲过载随 N 的变化曲线

1.5.3　比例导引脱靶量的伴随法仿真

影响脱靶量的可能因素很多，如速度指向误差、导引头零位误差、探测

器角噪声等，关于制导误差对脱靶量影响的研究在文献［1］和文献［2］中均有较充分的讨论，所用方法一般为打点法和伴随法。关于伴随法，感兴趣的读者可查看文献［1］或本书附录 B。

为了保证论述的完整性，本小节以初速速度指向误差为例，分析一阶制导动力学对比例导引脱靶量的影响。引入一阶制导动力学后的比例导引制导框图如图 1.6 所示。

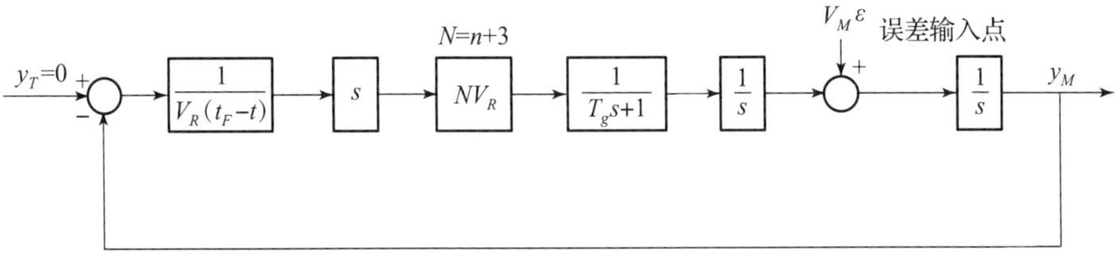

图 1.6　引入一阶制导动力学后的比例导引制导框图

引入无量纲时间 $\bar{t}$，令 $\bar{t}=t/T_g$，$t=0\sim t_F$，即 $\bar{t}=0\sim t_F/T_g$，$t=\bar{t}\,T_g$，$\bar{s}=\frac{\mathrm{d}}{\mathrm{d}\bar{t}}$，可得 $s=\frac{\mathrm{d}}{\mathrm{d}t}=\frac{\mathrm{d}}{\mathrm{d}\bar{t}}\frac{\mathrm{d}\bar{t}}{\mathrm{d}t}=\frac{1}{T_g}\frac{\mathrm{d}}{\mathrm{d}\bar{t}}=\frac{\bar{s}}{T_g}$；$t_F-t=t_F-\bar{t}\,T_g$，$\bar{t}_F=\frac{t_F}{T_g}$，$\frac{1}{t_F-t}=1/\left[T_g\left(\frac{t_F}{T_g}-\bar{t}\right)\right]$。

利用上述无量纲化技术，则图 1.6 无量纲化后的制导模型如图 1.7 所示；利用伴随法原理，相应的伴随法制导模型如图 1.8 所示。

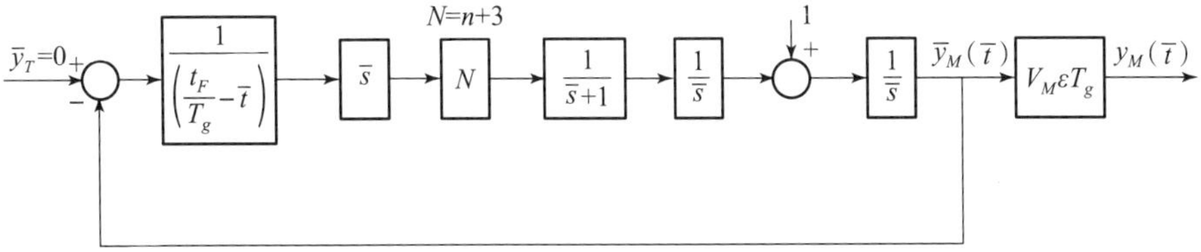

图 1.7　比例导引的无量纲化制导模型

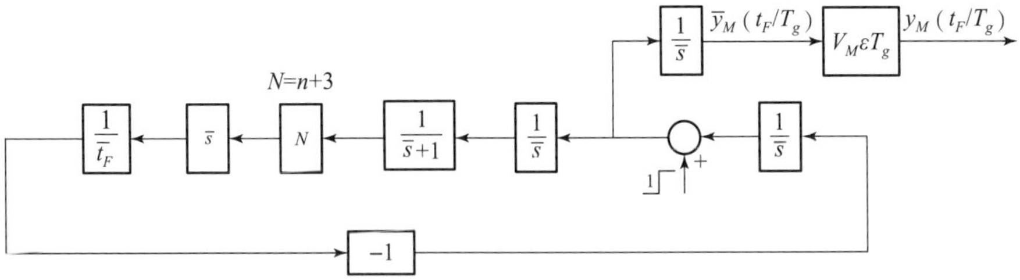

图 1.8　比例导引的无量纲化伴随法制导模型

利用伴随法，由初始速度指向误差和一阶制导动力学引起的无量纲脱靶量仿真结果如图 1.9 所示。结果表明，当末导时间 t_F 大于 10 倍的制导动力学滞后时间常数 T_g 时，无量纲脱靶量趋近到 0。

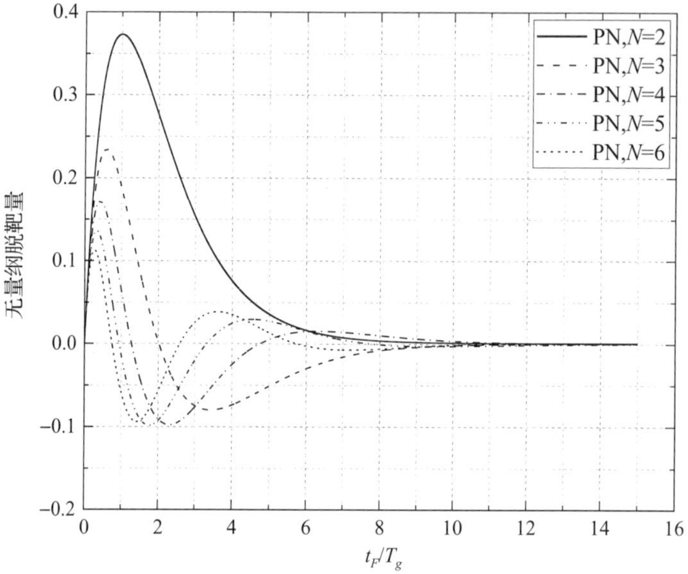

图 1.9　由初始速度指向误差和一阶制导动力学引起的无量纲脱靶量仿真结果

1.5.4　增强比例导引脱靶量的解析解

与利用伴随法或打点法的仿真研究不同，在进行脱靶量解析研究时，制导动力学不宜过于复杂，以便于理论求解。本小节依然以一阶制导动力学为例，来讨论比例导引脱靶量的解析解。此处比例导引通过开关变量 K_{APN}，引入目标机动补偿项；当 $K_{APN}=1$ 时，制导律为增强比例导引，当 $K_{APN}=0$ 时，制导律退化为比例导引。增强比例导引的制导框图如图 1.10 所示，利用伴随法原理，其伴随模型变换过程如图 1.11 所示。

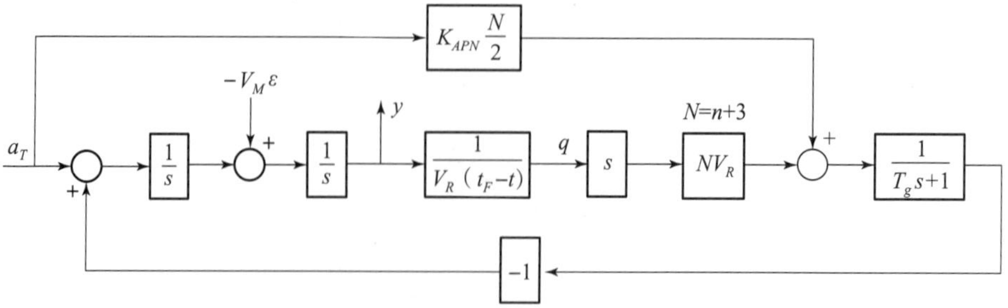

图 1.10　考虑目标常值机动的增强比例导引制导框图

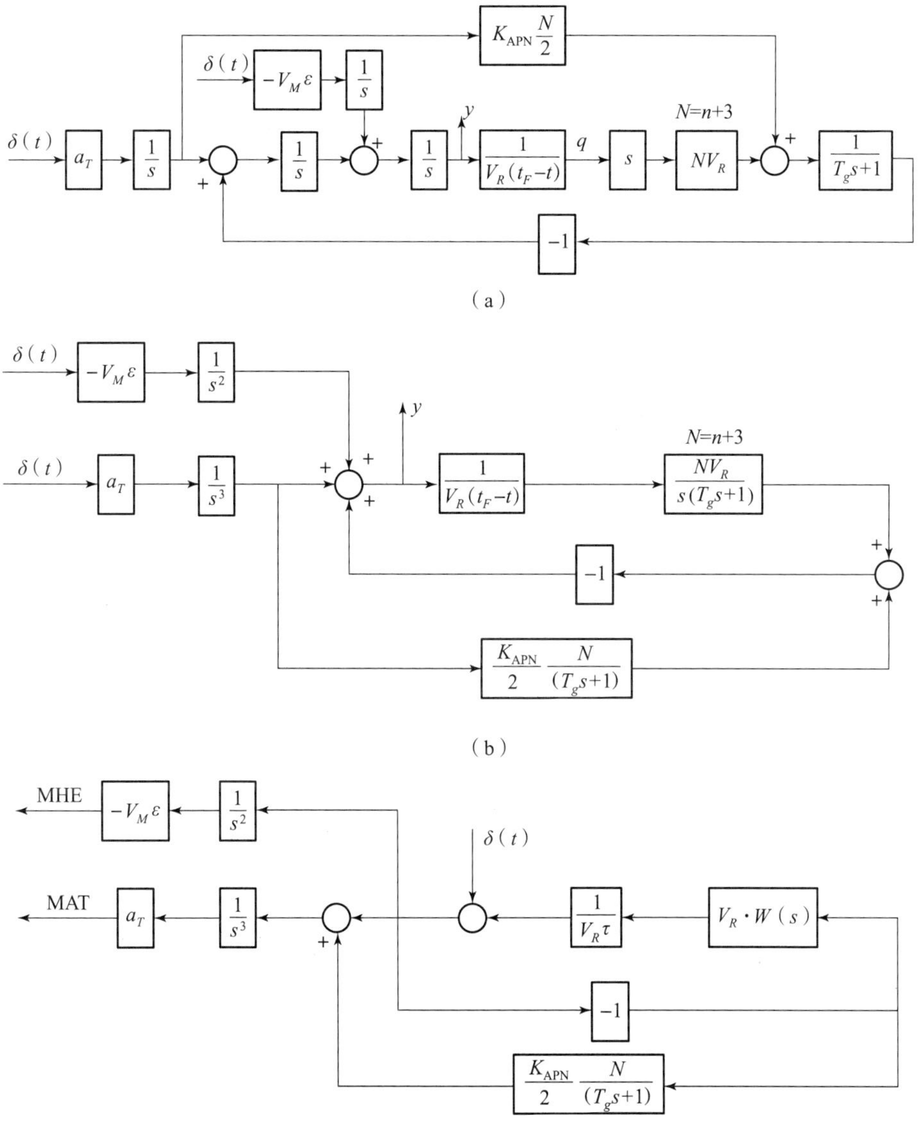

图 1.11　增强型比例导引的伴随模型变换过程

(a) 伴随法模型变换：单位阶跃输入变脉冲输入；

(b) 伴随法模型变换：框图变换简化；

(c) 伴随法模型变换：输入变输出、输出变输入；

(d) 伴随法模型变换：伴随模型简化

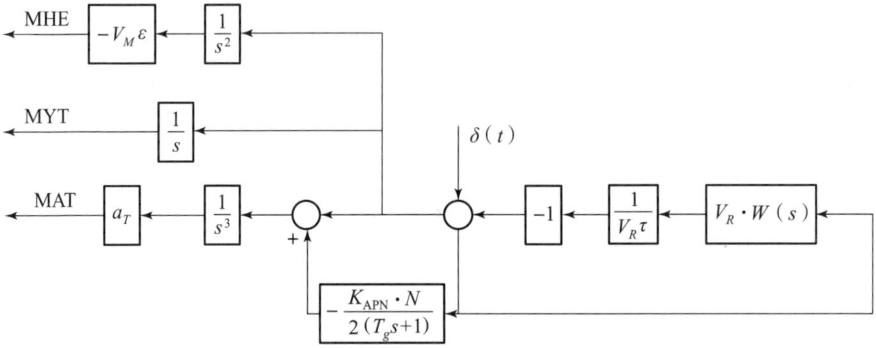

（d）

图 1.11　增强型比例导引的伴随模型变换过程（续）

图 1.11（a）~（d）表示了制导系统到伴随系统的转化过程，图 1.11（d）为最终的伴随系统，其中 MHE 为初始瞄准误差引起的脱靶量，MAT 为目标机动引起的脱靶量，MYT 为目标单位阶跃位置误差引起的脱靶量。APN 为制导律的标志量，当 APN = 1 时，制导律为增强型比例导引；当 APN = 0 时，制导律为比例导引，这样通过标志量 APN 的设置将比例导引和增强型比例导引统一起来[18]。

由图 1.11（d）知，通过卷积的积分可以得到伴随系统输入和输出的关联表达式

$$H(\tau)=\frac{1}{\tau}\int W(x)[\delta(\tau-x)-H(\tau-x)]\mathrm{d}x \tag{1.96}$$

通过 Laplace 变换中的复微分定理，将式（1.96）转换到频域，得到

$$\frac{-\mathrm{d}H(s)}{\mathrm{d}s}=W(s)[1-H(s)] \tag{1.97}$$

同时，我们知道

$$\frac{\mathrm{d}}{\mathrm{d}s}[1-H(s)]=\frac{-\mathrm{d}H(s)}{\mathrm{d}s} \tag{1.98}$$

联立式（1.97）和式（1.98），得到

$$\int\frac{\mathrm{d}[1-H(s)]}{1-H(s)}=\int W(s)\mathrm{d}s \tag{1.99}$$

对式（1.99）进行积分，得到

$$1-H(s)=c\cdot\exp\int W(s)\mathrm{d}s \tag{1.100}$$

其中，c 为常数。为了得到 c 的值，根据图 1.11（d），目标单位阶跃位置误差引起的脱靶量 MYT 可以表示为

$$\mathrm{MYT}(s)=\frac{1-H(s)}{s} \tag{1.101}$$

我们知道，在时域上，在 $t=t_F$ 时，目标单位阶跃位移引起的脱靶量为 1，利用 Laplace 变换中的初值定理，得到

$$\mathrm{MYT}(0)=1=\lim_{s\to\infty} s\left(\frac{1-H(s)}{s}\right) \tag{1.102}$$

联立式（1.100）和式（1.102），得到

$$\lim_{s\to\infty}\left[c\cdot\exp\int W(s)\,\mathrm{d}s\right]=1 \tag{1.103}$$

根据图 1.11 中传函 $W(s)$ 的定义可知

$$W(s)=\frac{n+3}{s(T_g s+1)}=(n+3)\left(\frac{1}{s}-\frac{T_g}{T_g s+1}\right) \tag{1.104}$$

因此得到

$$\exp\int W(s)\,\mathrm{d}s=\left[s\Big/\left(s+\frac{1}{T_g}\right)\right]^{n+3} \tag{1.105}$$

将式（1.105）代入式（1.103），得到 $c=1$。这样，式（1.100）可表示为

$$1-H(s)=\left[s\Big/\left(s+\frac{1}{T_g}\right)\right]^{n+3} \tag{1.106}$$

根据图 1.11（d），幅值为 a_T 的目标阶跃机动引起的脱靶量可以表示为

$$\frac{\mathrm{MAT}}{a_T}(s)=\frac{1-H(s)}{s^3}\left[1-\frac{\mathrm{APN}}{2}\frac{n+3}{T_g s+1}\right]=\left(1-\frac{\mathrm{APN}}{2}\frac{n+3}{T_g s+1}\right)\frac{1}{s^3}\left[s\Big/\left(s+\frac{1}{T_g}\right)\right]^{n+3} \tag{1.107}$$

当 $n=0$，即有效导航比 N 为 3 时，有

$$\left.\frac{\mathrm{MAT}}{a_T}\right|_{n=0}=\frac{1}{(s+1/T_g)^3}\left(1-\mathrm{APN}\frac{1.5/T_g}{s+1/T_g}\right) \tag{1.108}$$

表示成脱靶量的时域形式为

$$\left.\frac{\mathrm{MAT}}{a_T}\right|_{n=0}=\frac{1}{2}t_F^2 e^{-t_F/T_g}-\mathrm{APN}\frac{t_F^3}{4T_g}e^{-t_F/T_g} \tag{1.109}$$

基于同样的算法，可以得到 n 为 1、2、3 时或 N 为 4、5、6 时脱靶量的表达式，如表 1.1 和表 1.2 所示，其中，表 1.1 为脱靶量的频域表示，表 1.2 为脱靶量的时域表示。

在表 1.2 中，若令 APN = 0，则其表示的是比例导引脱靶量的解析解；若令 APN = 1，则其表示的是增强型比例导引脱靶量的解析解。

表 1.1　目标机动引起的脱靶量频域解析式

n	N	目标机动引起的脱靶量频域解析式
0	3	$\left.\frac{\text{MAT}}{a_T}\right\|_{n=0}=\frac{1}{(s+1/T_g)^3}\left(1-\text{APN}\frac{1.5/T_g}{s+1/T_g}\right)$
1	4	$\left.\frac{\text{MAT}}{a_T}\right\|_{n=1}=\left(1-\text{APN}\frac{2}{T_g}\frac{1}{s+1/T_g}\right)\left[\frac{1}{(s+1/T_g)^3}-\frac{1}{T_g}\frac{1}{(s+1/T_g)^4}\right]$
2	5	$\left.\frac{\text{MAT}}{a_T}\right\|_{n=2}=\left(1-\text{APN}\frac{2.5}{T_g}\frac{1}{s+1/T_g}\right)\left[\frac{1}{(s+1/T_g)^3}-\frac{2}{T_g}\frac{1}{(s+1/T_g)^4}+\frac{1}{T_g^2}\frac{1}{(s+1/T_g)^5}\right]$
3	6	$\left.\frac{\text{MAT}}{a_T}\right\|_{n=3}=\left(1-\text{APN}\frac{3}{T_g}\frac{1}{s+1/T_g}\right)\left[\frac{1}{(s+1/T_g)^3}-\frac{3}{T_g}\frac{1}{(s+1/T_g)^4}+\frac{3}{T_g^2}\frac{1}{(s+1/T_g)^5}-\frac{1}{T_g^3}\frac{1}{(s+1/T_g)^5}\right]$

表 1.2　目标机动引起的脱靶量时域解析式

n	N	目标机动引起的脱靶量时域解析式
0	3	$\left.\frac{\text{MAT}}{a_T}\right\|_{n=0}=\frac{1}{2}t_F^2e^{-t_F/T_g}-\text{APN}\frac{t_F^3}{4T_g}e^{-t_F/T_g}$
1	4	$\left.\frac{\text{MAT}}{a_T}\right\|_{n=1}=t_F^2e^{-t_F/T_g}\left(\frac{1}{2}-\frac{t_F}{6T_g}\right)-\text{APN}\frac{t_F^3}{6T_g}e^{-t_F/T_g}\left(2-\frac{t_F}{2T_g}\right)$
2	5	$\left.\frac{\text{MAT}}{a_T}\right\|_{n=2}=t_F^2e^{-t_F/T_g}\left(\frac{1}{2}-\frac{t_F}{3T_g}+\frac{t_F^2}{24T_g^2}\right)-\text{APN}\frac{t_F^3}{6T_g}e^{-t_F/T_g}\left(\frac{5}{2}-\frac{5}{4}\frac{t_F}{T_g}+\frac{t_F^2}{8T_g^2}\right)$
3	6	$\left.\frac{\text{MAT}}{a_T}\right\|_{n=3}=t_F^2e^{-t_F/T_g}\left(\frac{1}{2}-\frac{t_F}{2T_g}+\frac{t_F^2}{8T_g^2}-\frac{t_F^3}{120T_g^3}\right)-\text{APN}\frac{t_F^3}{2T_g}e^{-t_F/T_g}\left(1-\frac{3}{4}\frac{t_F}{T_g}+\frac{3}{20}\frac{t_F^2}{T_g^2}-\frac{1}{120}\frac{t_F^3}{T_g^3}\right)$

同样，根据图 1.11（d），初始瞄准误差引起的脱靶量的表达式为

$$\frac{\text{MHE}}{-V_M\varepsilon}(s)=\frac{[1-H(s)]}{s^2}=\frac{1}{s^2}\left[s/\left(s+\frac{1}{T_g}\right)\right]^{n+3} \tag{1.110}$$

不同 n 或 N 对应的脱靶量分别表示成频域、时域的形式，如表 1.3、表 1.4 所示。

表 1.3　初始瞄准误差引起的脱靶量频域解析式

n	N	初始瞄准误差引起的脱靶量频域解析式
0	3	$\left.\frac{\text{MHE}}{-V_M\varepsilon}\right\|_{n=0}=\frac{1}{(s+1/T_g)^2}-\frac{1}{T_g}\frac{1}{(s+1/T_g)^3}$
1	4	$\left.\frac{\text{MHE}}{-V_M\varepsilon}\right\|_{n=1}=\frac{1}{(s+1/T_g)^2}-\frac{2}{T_g}\frac{1}{(s+1/T_g)^3}+\frac{1}{T_g^2}\frac{1}{(s+1/T_g)^4}$
2	5	$\left.\frac{\text{MHE}}{-V_M\varepsilon}\right\|_{n=2}=\frac{1}{(s+1/T_g)^2}-\frac{3}{T_g}\frac{1}{(s+1/T_g)^3}+\frac{3}{T_g^2}\frac{1}{(s+1/T_g)^4}-\frac{1}{T_g^3}\frac{1}{(s+1/T_g)^5}$
3	6	$\left.\frac{\text{MHE}}{-V_M\varepsilon}\right\|_{n=3}=\frac{1}{(s+1/T_g)^2}-\frac{4}{T_g}\frac{1}{(s+1/T_g)^3}+\frac{6}{T_g^2}\frac{1}{(s+1/T_g)^4}-\frac{4}{T_g^3}\frac{1}{(s+1/T_g)^5}+\frac{1}{T_g^4}\frac{1}{(s+1/T_g)^5}$

表 1.4　初始瞄准误差引起的脱靶量时域解析式

n	N	初始瞄准误差引起的脱靶量时域解析式
0	3	$\left.\frac{\text{MHE}}{-V_M\varepsilon}\right\|_{n=0}=t_Fe^{-t_F/T_g}\left(1-\frac{t_F}{2T_g}\right)$
1	4	$\left.\frac{\text{MHE}}{-V_M\varepsilon}\right\|_{n=1}=t_Fe^{-t_F/T_g}\left(1-\frac{t_F}{T_g}+\frac{t_F^2}{6T_g^2}\right)$
2	5	$\left.\frac{\text{MHE}}{-V_M\varepsilon}\right\|_{n=2}=t_Fe^{-t_F/T_g}\left(1-1.5\frac{t_F}{T_g}+\frac{t_F^2}{2T_g^2}-\frac{t_F^3}{24T_g^3}\right)$
3	6	$\left.\frac{\text{MHE}}{-V_M\varepsilon}\right\|_{n=3}=t_Fe^{-t_F/T_g}\left(1-2\frac{t_F}{T_g}+\frac{t_F^2}{T_g^2}-\frac{t_F^3}{6T_g^3}+\frac{t_F^4}{120T_g^4}\right)$

以图 1.11（d）的伴随系统为基础，结合表 1.2、表 1.4，进行伴随法和解析解二者的对比仿真分析。对常值机动目标，APN 分别设为 0 和 1，仿真步长为 0.000 2 s，仿真结果如图 1.12 ~ 图 1.14 所示。图中的横轴为 t_F/T_g，纵轴分别为 $\text{MAT}/(a_TT_g^2)$、$\text{MHE}/(-V_M\varepsilon T_g)$。

仿真结果表明，伴随法仿真结果与解析解完全一致，验证了上述解析解的正确性。t_F/T_g 越大，脱靶量越小，即末导时间越长或制导动力学滞后时间常数越小，脱靶量越小。而随着权函数指数 n 的增大（即有效导航比 N 增大)，当末导时间较短时，脱靶量峰值减小；但当末导时间足够长时，脱靶量均能收敛到零。与比例导引相比，在不考虑过载饱和限制时，增强型比例导引在降低常值目标机动引起的脱靶量方面的优势并不显著；增强型比例导引的优势在于，对常值机动目标且不考虑制导动力学时，它的初始过载指令最大而末端过载指令最小，而此时比例导引的表现恰恰相反，这在制导律的实际应用中是非常重要的（图 1. 15）。

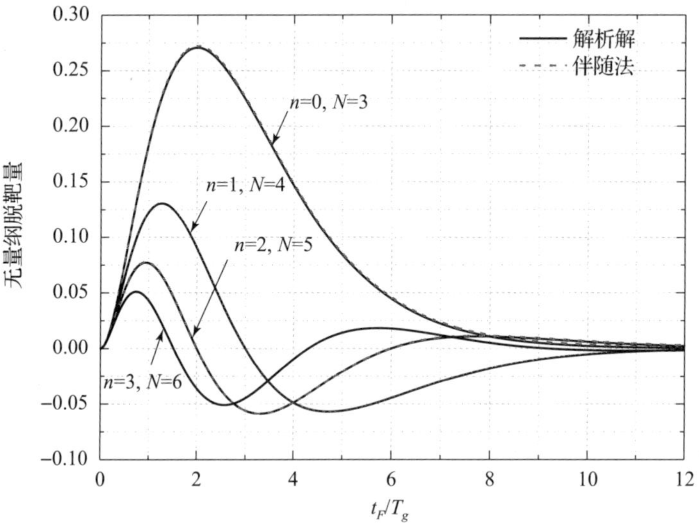

图 1. 12　目标机动引起的比例导引无量纲化脱靶量（APN =0）

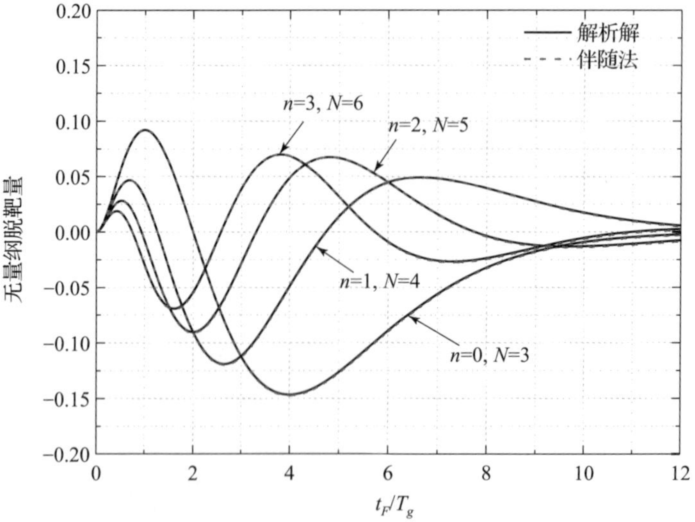

图 1. 13　目标机动引起的增强比例导引无量纲化脱靶量（APN =1）

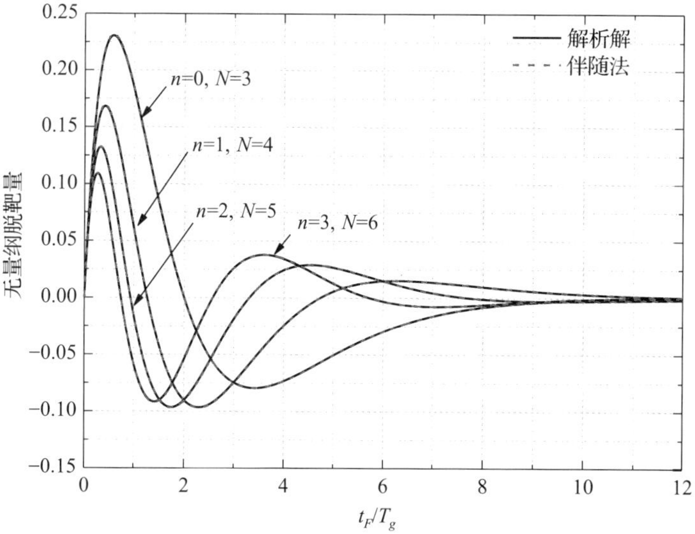

图 1.14　初始瞄准误差引起的比例导引无量纲化脱靶量

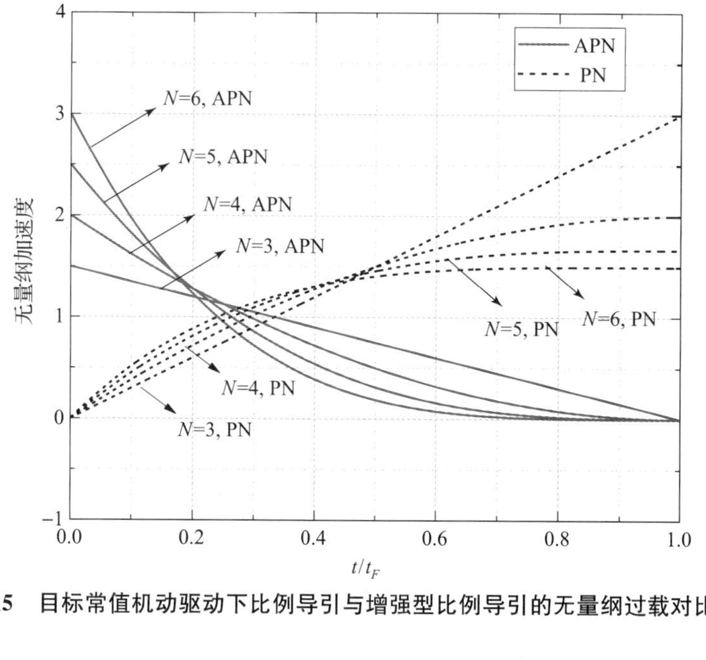

图 1.15　目标常值机动驱动下比例导引与增强型比例导引的无量纲过载对比曲线

1.6　总结与拓展阅读

在战术导弹和制导弹箭领域，比例导引是应用最广泛的一类制导律，深入理解以比例导引为代表的制导方法有利于制导系统设计工作的顺利开展。

本章重点阐述了比例导引相关概念、二次型最优理论及其对经典比例导引的证明过程、比例导引的性能分析与数学仿真等主要内容，作者力图用简明扼要的语言使读者准确地理解比例导引相关基础知识，引导读者快速进入此领域。

目前国内外公开出版的制导方面的著作非常丰富，感兴趣的读者，还可重点参阅 *Tactical and Strategic Missile Guidance*[1]、*Guided Weapon Control Systems*[2]、*Missile Guidance and Control Systems*[5]、*Modern missile guidance*[34] 等经典著作。

本章参考文献

[1] ZARCHAN P. Tactical and strategic missile guidance [M]. 6th ed. Lexington: AIAA Inc., 2012.

[2] GARNELL P, EAST D J, SIOURIS G M. Guided weapon control systems [M]. QI Z K, revised. Beijing: Beijing Institute of Technology Press, 2003.

[3] 钱杏芳，林瑞雄，赵亚男．导弹飞行力学 [M]. 北京：北京理工大学出版社，2008.

[4] 祁载康，曹翟，张天桥．制导弹药技术 [M]. 北京：北京理工大学出版社，2005.

[5] SIOURIS G M. Missile guidance and control systems [M]. New York: Springer – Verlag New York, Inc., 2004.

[6] 黎克波，廖选平，梁彦刚，等．基于纯比例导引的拦截碰撞角约束制导策略 [J]. 航空学报，2020，41 (S2): 79 – 88.

[7] NAMHOON C, YOUDAN K. Modified pure proportional navigation guidance law for impact time control [J]. Journal of guidance, control, and dynamics, 2016, 39 (4): 852 – 872.

[8] GHAWGHAWE S N, GHOSE D. Pure proportional navigation against time – varying target maneuvers [J]. IEEE transactions on aerospace and electronic systems, 1996, 32 (4): 1336 – 1347.

[9] BECKER K. Closed – form solution of pure proportional navigation [J]. IEEE transactions on aerospace and electronic systems, 1990, 26 (3): 526 – 533.

[10] SHUKLA U S, MAHAPATRA P R. The proportional navigation dilemma – pure or true [J]. IEEE transactions on aerospace and electronic systems, 1990, 26 (2): 382 – 392.

[11] GHOSE D. True proportional navigation with maneuvering target [J]. IEEE transactions on aerospace and electronic systems, 1994, 30 (1): 229 -237.

[12] GHOSE D. On the generalization of true proportional navigation with maneuvering target [J]. IEEE transactions on aerospace and electronic systems, 1994, 30 (2): 545 -555.

[13] CHAKRAVARTHY A, GHOSE D. Capturability of realistic generalized true proportional navigation [J]. IEEE transactions on aerospace and electronic systems, 1996, 32 (1): 407 -418.

[14] GARAI T, MUKHOPADHYAY S, GHOSE D. Approximate closed - form solutions of realistic true proportional navigation guidance using the adomian decomposition method [J]. Proceedings of the Institution of Mechanical Engineers part G - journal of aerospace engineering, 2009, 223 (G3): 189 -199.

[15] LI K B, SU W S, CHEN L. Performance analysis of realistic true proportional navigation against maneuvering targets using Lyapunov - like approach [J]. Aerospace science and technology, 2017 (69): 333 -341.

[16] 卫星，王艳东．真比例导引律的解析解研究 [J]. 火力与指挥控制，2009，34 (8): 84 -86.

[17] 林德福，王辉，王江，等．战术导弹自动驾驶仪设计与制导律分析 [M]. 北京：北京理工大学出版社，2012.

[18] 王辉，林德福，祁载康，等．时变最优的增强型比例导引及其脱靶量解析解 [J]. 红外与激光工程，2013，42 (3): 692 -698.

[19] WANG H, LIN D F, CHENG Z X, et al. Optimal guidance of extended trajectory shaping [J]. Chinese journal of aeronautics, 2014, 27 (5): 1259 - 1272.

[20] 张宏．增强型比例导引的理论与工程应用研究 [D]. 北京：北京理工大学，2008.

[21] WANG H, HAO R M, ZHEN Y, et al. Research on guidance method based on angle description [C]//2019 Chinese Automation Congress (CAC), 2019: 1768 -1772.

[22] ERER K S, MERTTOPÇUOĞLU O. Indirect impact - angle - control against stationary targets using biased pure proportional navigation [J]. Journal of guidance, control, and dynamics, 2012, 35 (2): 700 -703.

[23] PARK B G. Impact angle control guidacnce law considering the seeker's field of view limits [D]. Daejeon: Korea Advanced Institute of Science and Tech-

nology (KAIST), 2012.

[24] KIM T H, PARK B G, TAHK M J. Bias - shaping method for biased proportional navigation with terminal - angle constraint [J]. Journal of guidance, control, and dynamics, 2013, 36 (6): 1800 - 1815.

[25] TEKIN R, ERER K S. Switched - gain guidance for impact angle control under physical constraints [J]. Journal of guidance, control, and dynamics, 2015, 38 (2): 205 - 216.

[26] PARK B G, KIM T H, TAHK M J. Biased PNG with terminal - angle constraint for intercepting nonmaneuvering targets under physical constraints [J]. IEEE transactions on aerospace and electronic systems, 2017, 53 (3): 1562 - 1572.

[27] YANG Z, WANG H, LIN D F, et al. A new impact time and angle control guidance law for stationary and nonmaneuvering targets [J]. International journal of aerospace engineering, 2016 (6): 1 - 14.

[28] YANG Z, WANG H, LIN D F. Time - varying biased proportional guidance with seeker's field - of - view limit [J]. International journal of aerospace engineering, 2016 (3): 1 - 11.

[29] 刘豹, 唐万生. 现代控制理论 [M]. 北京: 机械工业出版社, 2012: 293 - 298.

[30] BRYSON A E, HO Y C. Applied optimal control [M]. New York: Wiley, 1975: 148 - 164.

[31] OHLMEYER E J, PHILLIPS C A. Generalized vector explicit guidance [J]. Journal of guidance, control, and dynamics, 2006, 29 (2): 261 - 268.

[32] RYOO C K, CHO H, TAHK M J. Time - to - go weighted optimal guidance with impact angle constraint [J]. IEEE transactions on aerospace and electronic systems, 2006, 14 (3): 483 - 492.

[33] RATNOO A. Analysis of two - stage proportional navigation with heading constraints [J]. Journal of guidance, control, and dynamics, 2016, 39 (1): 156 - 164.

[34] YANUSHEVSKY R. Modern missile guidance [M]. 2nd ed. Boca Raton: CRC Press, 2019.

第2章
基于角度描述的典型制导律及性能分析

2.1 引　　言

比例导引的研究表明，根据不同的导引目的、不同的交汇场景、不同的制导信息，比例导引也可衍生出多种不同的形式。这些制导律既可能基于线性模型，也可能基于非线性模型[1-4]。总体而言，根据所采用的制导信息类型，其可分为角速率型制导律和角度型制导律两类。前者需要视线角速率信息，而后者所用的是角度相关信息，如弹目视线角、弹道倾角、姿态角等。但在某些导弹的实际应用中，如低成本制导弹药、捷联制导弹药、被动雷达反辐射导弹等，准确的视线角速率信号获取没有硬件支持或者获取代价较高，这种情况下不宜采用经典比例导引等需要准确的视线角速率信号的制导律，角度型制导律更适合这种情况[5-6]。

因此，在视线角速率信息获取困难或精度不理想的情况下，探索角度型制导律及其制导特性就很有意义。

2.2 从比例导引到角度型制导律

2.2.1 从比例导引到积分比例导引和速度追踪

第1章已经阐明比例导引的最优理论推导和几种典型表达式，这里将经典比例导引的表达式再列写如下：

$$a_c = NV_R\dot{q} \tag{2.1}$$

不考虑弹体动力学，则弹体的加速度指令等于加速度响应，即 $a_M = a_c$。根据弹体动力学，有

$$a_M = V_M\dot{\theta} \tag{2.2}$$

联立式（2.1）和式（2.2），得到

$$V_M\dot{\theta} = NV_R\dot{q} \tag{2.3}$$

两边同时积分，得到

$$\theta = \left(N\frac{V_R}{V_M}\right)(q - q_0) + \theta_0 \tag{2.4}$$

由于积分比例导引通常应用在针对固定目标或慢速移动目标的场合，因此可假设 $V_R/V_M \approx 1$，式（2.4）可简化为

$$\theta = Nq + (\theta_0 - Nq_0) \tag{2.5}$$

写成加速度指令的形式，如下：

$$a_c = V_M K_V[(Nq - \theta) + (\theta_0 - Nq_0)] \tag{2.6}$$

其中，K_V 为与积分比例导引对应的速度矢量驾驶仪设计参数。式（2.4）或式（2.6）即为积分比例导引的表达式。

观察式（2.6），若不考虑积分初值且 N 取 1，则积分比例导引退化为如下的速度追踪：

$$a_c = V_M K_V(q - \theta) \tag{2.7}$$

2.2.2 从积分比例导引到近似积分比例导引和弹体追踪

观察式（2.5）和式（2.6），若用姿态角 ϑ 代替弹道倾角 θ，则称为近似积分比例导引，即

$$\vartheta = Nq + (\vartheta_0 - Nq_0) \tag{2.8}$$

$$a_c = V_M K_\vartheta[(Nq - \vartheta) + (\vartheta_0 - Nq_0)] \tag{2.9}$$

同样地，对式（2.7），若用姿态角 ϑ 代替弹道倾角 θ，则称为弹体追踪，如式（2.10）所示：

$$a_c = V_M K_\vartheta(q - \vartheta) \tag{2.10}$$

其中，K_ϑ 为与弹体追踪对应的姿态驾驶仪设计参数。

为便于比较，表 2.1 列出了典型的角度型制导律。

表 2.1　典型的角度型制导律

制导律类型	基于角度描述的表达式
比例导引角度形式	$a_c = V_M(N/t_{go}(q - \theta))$
积分比例导引	$a_c = V_M K_V[(Nq - \theta) + (\theta_0 - Nq_0)]$
速度追踪	$a_c = V_M K_V(q - \theta)$

续表

制导律类型	基于角度描述的表达式
近似积分比例导引	$a_c = V_M K_\vartheta[(Nq-\vartheta)+(\vartheta_0-Nq_0)]$
弹体追踪	$a_c = V_M K_\vartheta(q-\vartheta)$

需要注意的是，从制导律结构上来说，传统的比例导引与过载驾驶仪相匹配；而积分比例导引、速度追踪与速度矢量驾驶仪相匹配；近似积分比例导引、弹体追踪与姿态驾驶仪相匹配[2,5]。从制导律特性上来说，近似积分比例导引、弹体追踪与积分比例导引、速度追踪是类似的或相近的[6-7]，因此，在后面的分析中，主要围绕积分比例导引和速度追踪展开。此外，由于积分比例导引和速度追踪等角度型制导律更适用于攻击固定或慢速移动目标，因此本章后续内容中假设 $V_R \approx V_M$，不再特殊说明。

2.3　速度追踪制导系统模型

2.3.1　速度追踪制导系统基本模型与系统框图变换

以初始方向误差为输入，速度追踪制导系统基本模型如图 2.1 所示。其中，ε 为初始方向误差；$G_a(s)$ 表示过载驾驶仪，不失一般性，不妨假设过载驾驶仪为最理想的动力学，即 $G_a(s)=1$；同时，定义 $T_g=1/K_V$，则图 2.1 可简化为图 2.2。

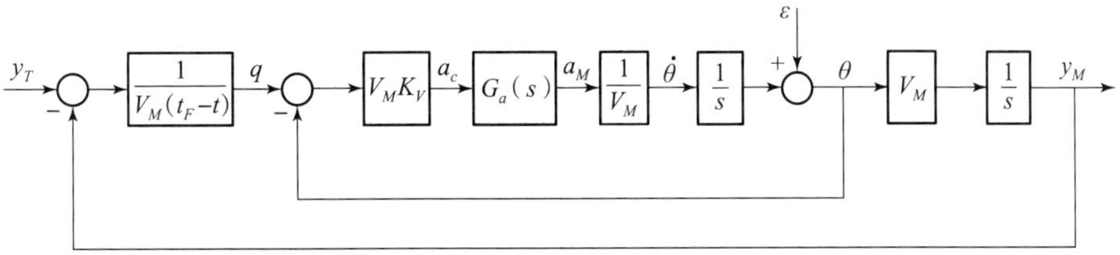

图 2.1　初始方向误差输入下的速度追踪制导系统基本模型

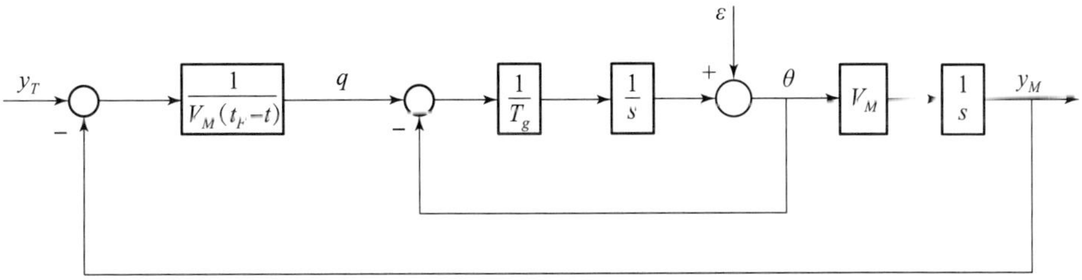

图 2.2　简化的速度追踪制导系统模型

对图 2.2 进行框图等效变换，得到图 2.3。由此可以看出，速度追踪的初始方向误差首先通过了一个等效的动力学滞后环节，然后再进入制导系统，这与传统比例导引的初始方向误差进入制导系统的方式有所区别。

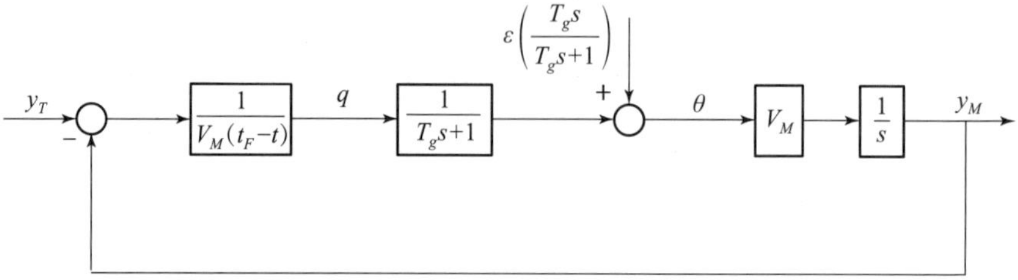

图 2.3　等效变换后的速度追踪制导系统框图

引入无量纲时间 $\bar{t}$，令 $\bar{t}=t/T_g$，$t=0\sim t_F$，即 $\bar{t}=0\sim t_F/T_g$，$t=\bar{t}\,T_g$，$\bar{s}=\frac{\mathrm{d}}{\mathrm{d}\bar{t}}$，可得 $s=\frac{\mathrm{d}}{\mathrm{d}t}=\frac{\mathrm{d}}{\mathrm{d}\bar{t}}\frac{\mathrm{d}\bar{t}}{\mathrm{d}t}=\frac{1}{T_g}\frac{\mathrm{d}}{\mathrm{d}\bar{t}}=\frac{\bar{s}}{T_g}$；$t_F-t=t_F-\bar{t}\,T_g$，$\frac{1}{t_F-t}=1/\left[T_g\left(\frac{t_F}{T_g}-\bar{t}\right)\right]$。伴随系统中 $\bar{\tau}=\frac{\tau}{T_g}=\frac{t_F}{T_g}-\bar{t}$。图 2.2 经过无量纲化处理后，其伴随系统模型如图 2.4 所示；类似地，图 2.3 对应的无量纲化伴随系统模型如图 2.5 所示。

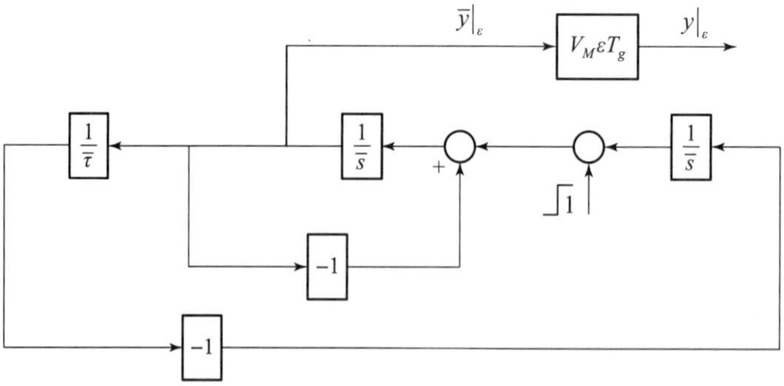

图 2.4　速度追踪无量纲化伴随系统模型

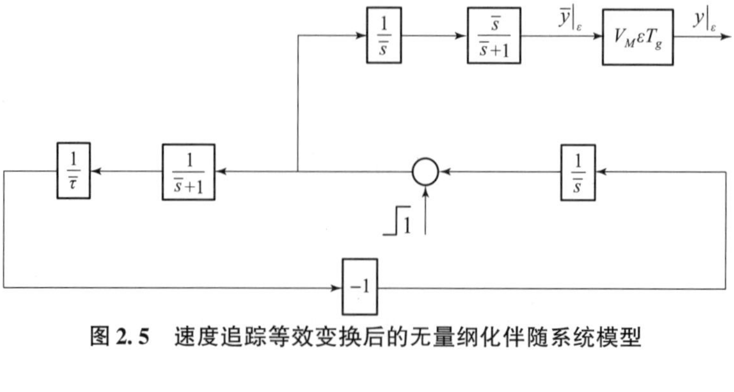

图 2.5　速度追踪等效变换后的无量纲化伴随系统模型

2.3.2　速度追踪制导系统高阶模型

若希望速度追踪制导系统的动力学形式与研究比例导引时所采用的高阶动力学形式类似，则可假设速度矢量驾驶仪开环传函为 $1/T(s)$，此时制导系统通用模型如图 2.6 所示；框图等效变换后的速度追踪制导系统通用模型如图 2.7 所示。

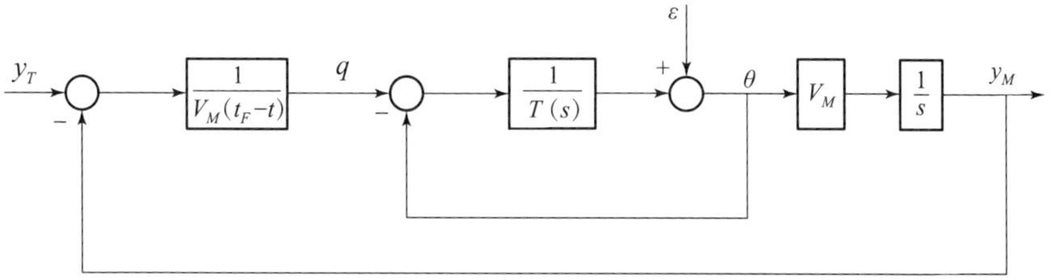

图 2.6　速度追踪制导系统通用模型

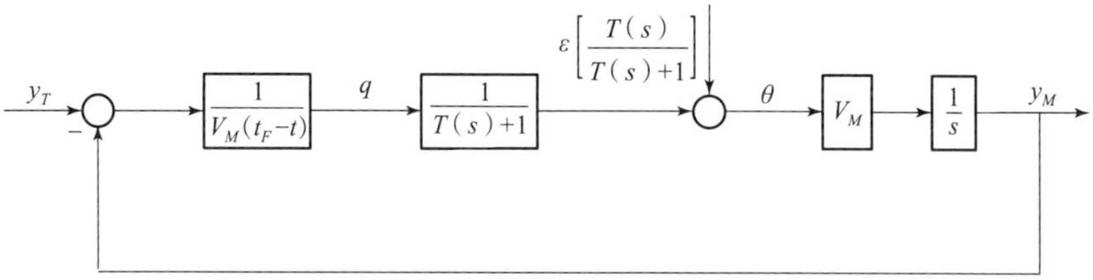

图 2.7　框图等效变换后的速度追踪制导系统通用模型

在制导律的研究中，经常采用形如 $1/(T_g s/m+1)^m$ 这样的高阶动力学模型，其动力学分母展开后如表 2.2 所示。由此可以看出，这样的高阶动力学模型只有 2 个参数，时间常数 T_g 和动力学阶数 m，且不论动力学阶数如何，展开后分母的一阶时间常数均可保持为 T_g 不变，这些特性为制导律的性能分析创造了便利条件。

表 2.2　高阶动力学模型分母展开

动力学阶数（m）	动力学分母展开
1	$T_g s+1$
2	$\frac{T_g^2}{4}s^2+T_g s+1$
3	$\frac{T_g^3}{3^3}s^3+\frac{T_g^2}{3}s^2+T_g s+1$
4	$\frac{T_g^4}{4^4}s^4+\frac{T_g^3}{4^2}s^3+\frac{3T_g^2}{8}s^2+T_g s+1$
5	$\frac{T_g^5}{5^5}s^5+\frac{T_g^4}{5^3}s^4+\frac{2T_g^3}{5^2}s^3+\frac{2T_g^2}{5}s^2+T_g s+1$

结合上述分析结果，不妨令$\frac{1}{T(s)+1}=\frac{1}{\left(\frac{T_g}{m}s+1\right)^m}$，则$T(s)=\left(\frac{T_g}{m}s+1\right)^m-1$。这样，图 2.6 又可具体表示为图 2.8。同样，速度追踪引入高阶动力学后的伴随系统模型和无量纲化伴随系统模型分别如图 2.9、图 2.10 所示。

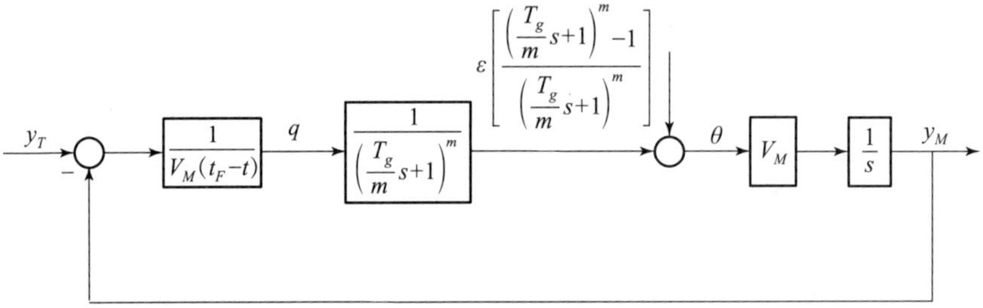

图 2.8　速度追踪高阶动力学制导模型

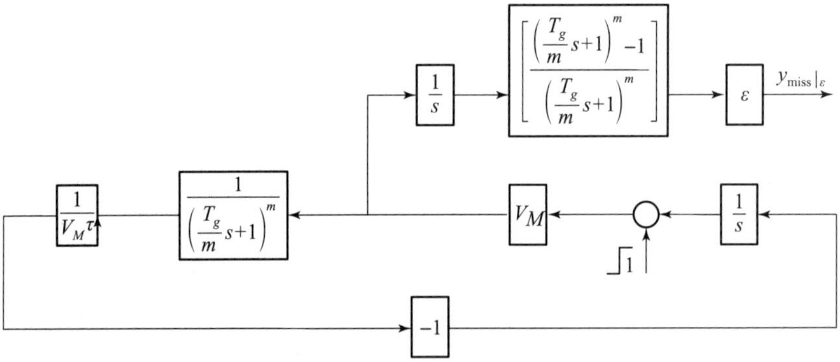

图 2.9　速度追踪高阶动力学伴随系统模型

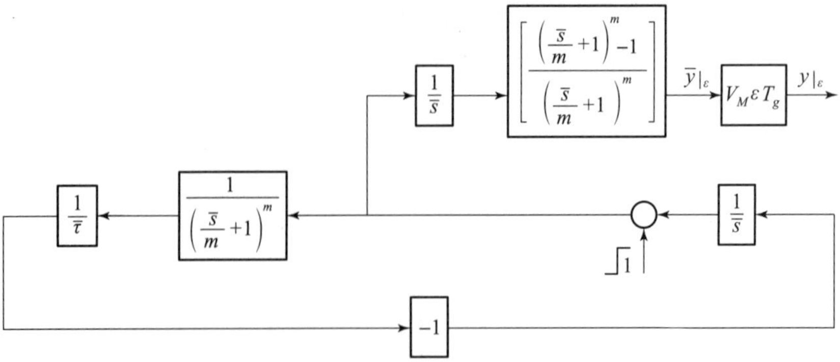

图 2.10　速度追踪高阶动力学系统无量纲化伴随系统模型

2.4　速度追踪/积分比例导引/比例导引制导模型比较

2.4.1　初始方向误差输入下的制导模型比较

根据前面的分析结果，为便于直观比较，本节直接给出速度追踪、积分比例导引（不考虑积分初值）、比例导引在初始方向误差输入下的高阶动力学制导模型，分别如图 2.11 ~ 图 2.13 所示。

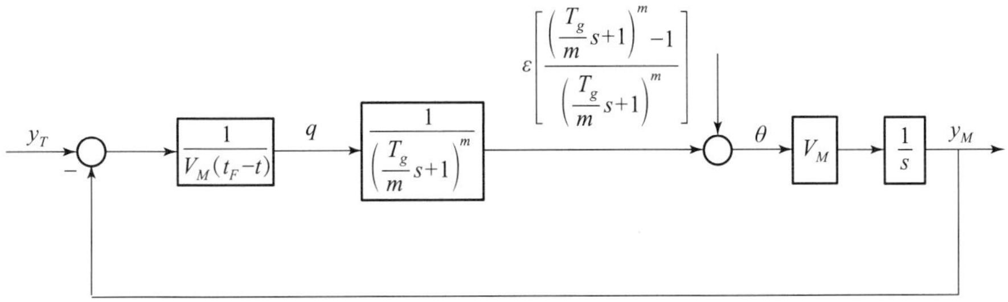

图 2.11　初始方向误差输入下的速度追踪高阶动力学制导模型

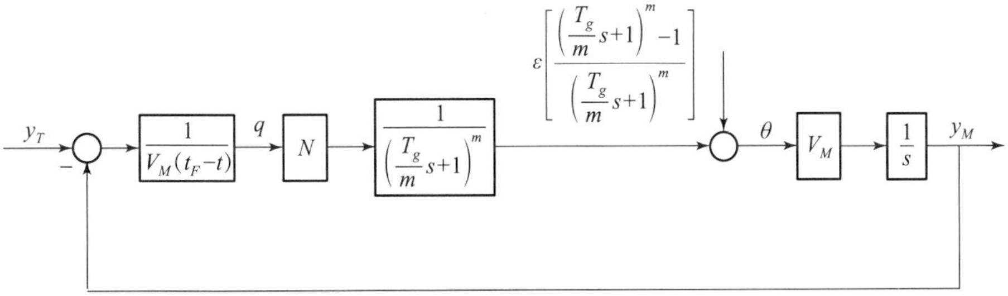

图 2.12　初始方向误差输入下的积分比例导引高阶动力学制导模型（不考虑积分初值）

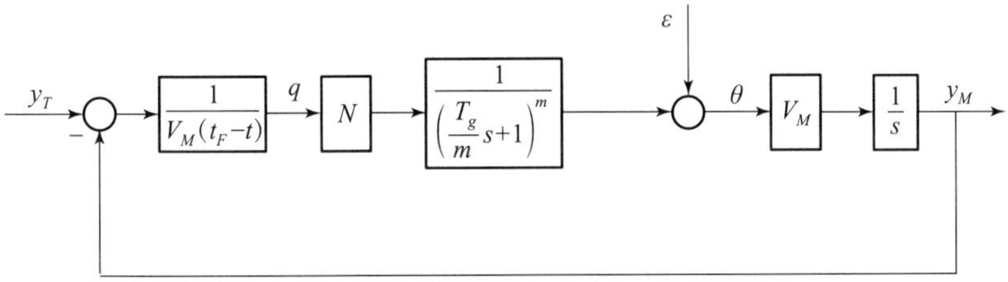

图 2.13　初始方向误差输入下的比例导引高阶动力学制导模型

2.4.2　多种误差输入下的速度追踪/积分比例导引/比例导引制导模型比较

类似地，当再引入导引头零位误差、导引头角噪声、目标闪烁噪声时，对应的制导模型分别如图 2.14～图 2.16 所示[1,8]。

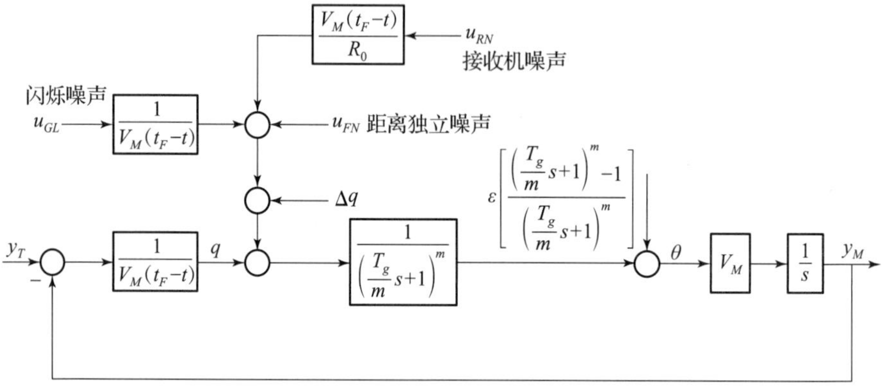

图 2.14　多误差输入下的速度追踪高阶动力学制导模型

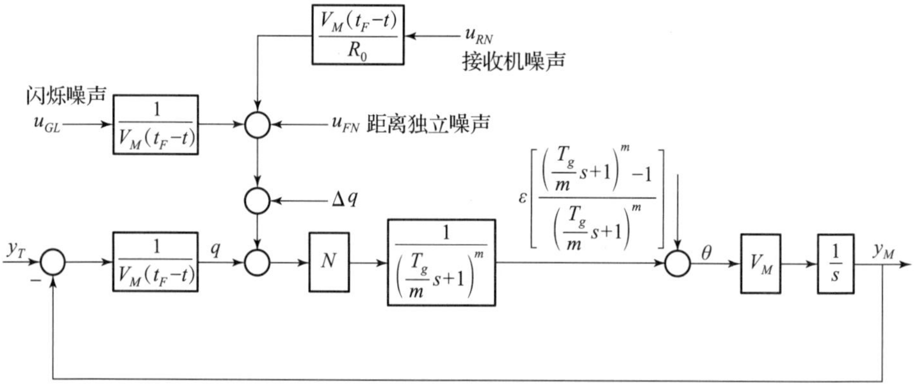

图 2.15　多误差输入下的积分比例导引高阶动力学制导模型（不考虑积分初值）

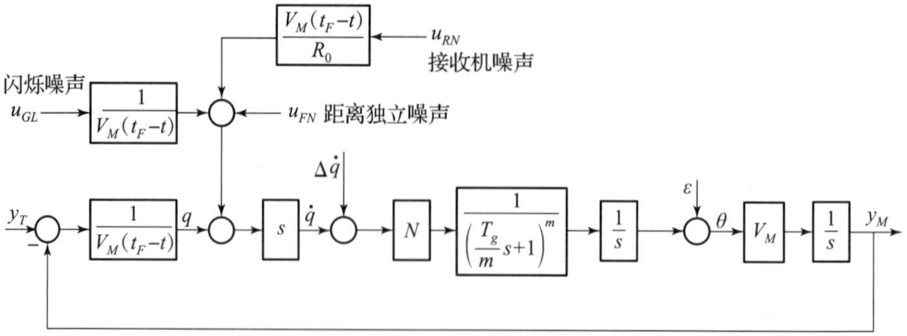

图 2.16　多误差输入下的比例导引高阶动力学制导模型

对比观察图 2.11～图 2.16，可见速度追踪是不考虑积分初值的积分比例导引在 $N=1$ 时的特例。积分比例导引与比例导引在本质上是一致的，只是外在表现形式不同。

2.4.3　高阶动力学滞后时间常数变化时的速度追踪制导模型

在前面的模型中，为便于比较，三种不同制导律的高阶制导动力学模型是一致的。通常来说，对同一个弹体同一个特征点所设计的控制器，由于驾驶仪结构不同，速度矢量驾驶仪是慢于过载驾驶仪的。因此，为了研究的方便，这里不妨对速度追踪的制导动力学进行改造，形式不变，在时间常数 T_g 前乘以倍数 x，当需要研究速度追踪制导动力学慢于比例导引的情况时，x 取值大于 1 即可。详细模型如图 2.17 ~ 图 2.19 所示，图中 Φ_{RN}、Φ_{FN}、Φ_{GL}分别为接收机噪声、距离独立噪声、目标闪烁噪声的功率谱密度。

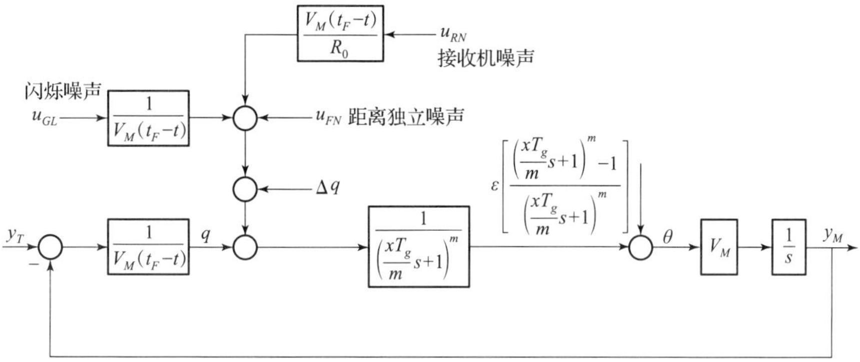

图 2.17　高阶动力学时间常数变化时的速度追踪制导模型

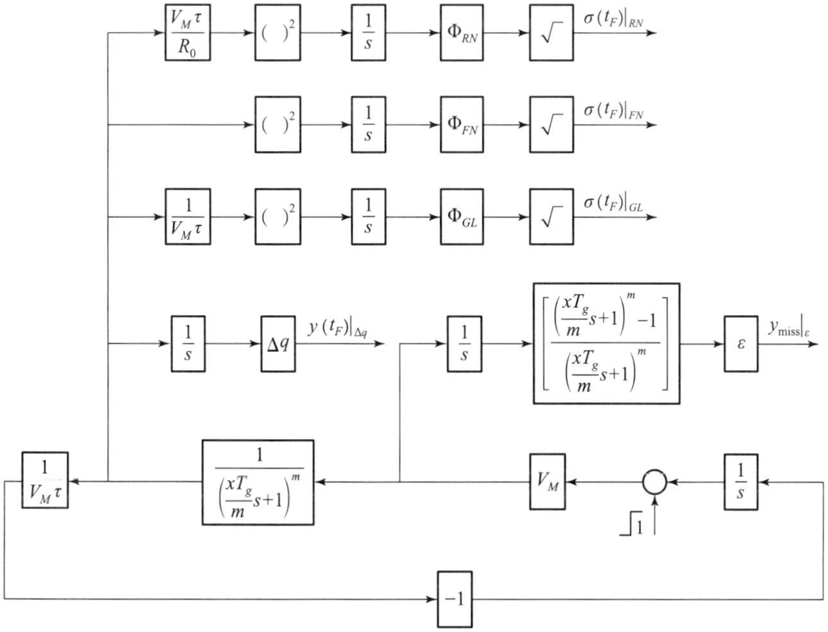

图 2.18　高阶动力学时间常数变化时的速度追踪伴随系统模型

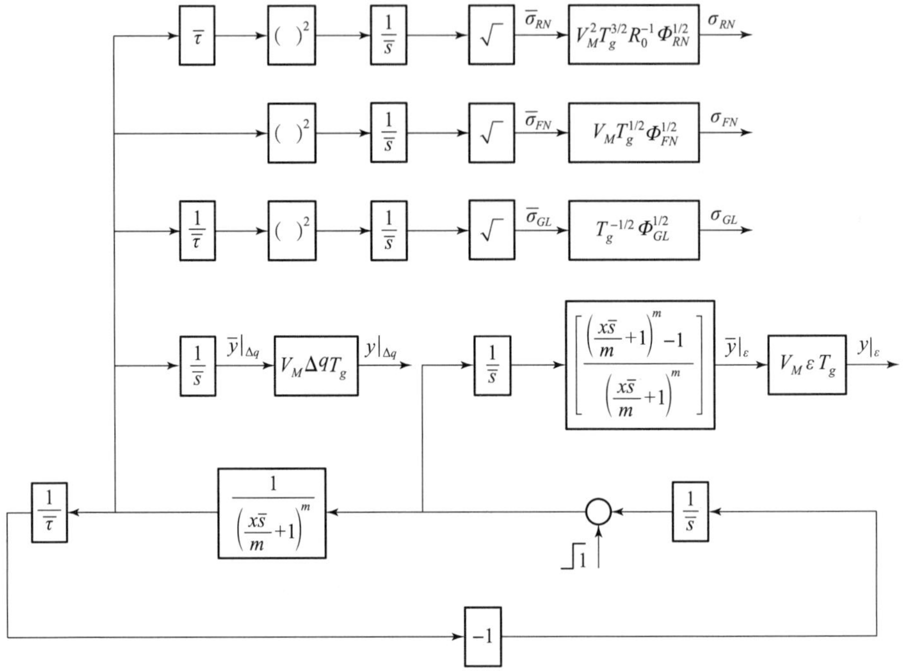

图 2.19　高阶动力学时间常数变化时的速度追踪无量纲化伴随系统模型

2.4.4　积分初值作用下的积分比例导引制导模型

针对积分比例导引，本小节单独讨论积分初值作用下的制导模型。根据积分比例导引的表达式，构建图 2.20 所示的制导模型，框图变换后，得到图 2.21所示的制导模型。

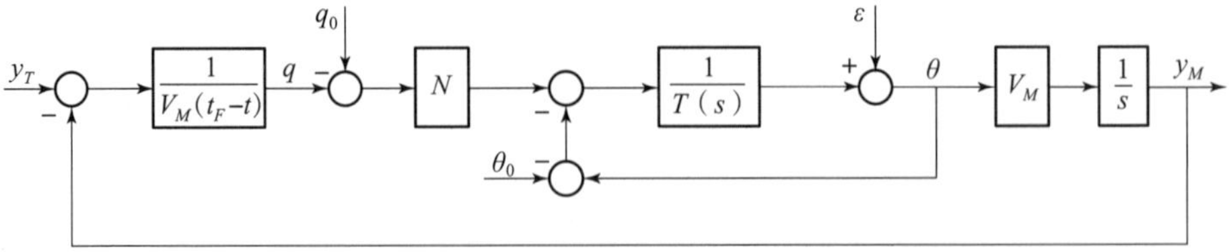

图 2.20　积分初值作用下的积分比例导引制导模型

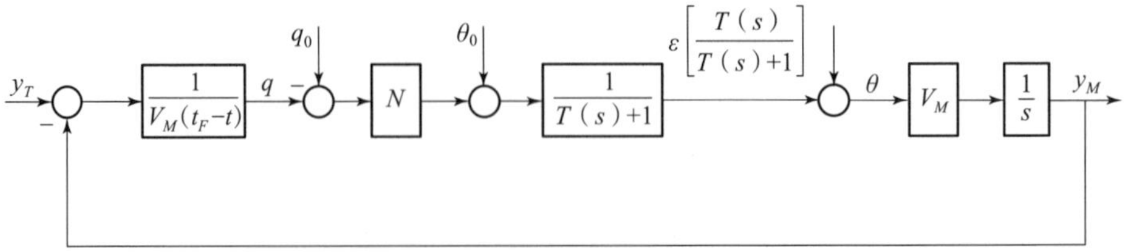

图 2.21　等价的积分初值作用下的积分比例导引制导模型

由图 2. 21 可以看出，积分比例导引的积分初值 q_0 和 θ_0 对制导系统的影响与导引头零位误差 Δq 是类似的。引入详细的高阶动力学制导模型后，如图 2. 22所示。

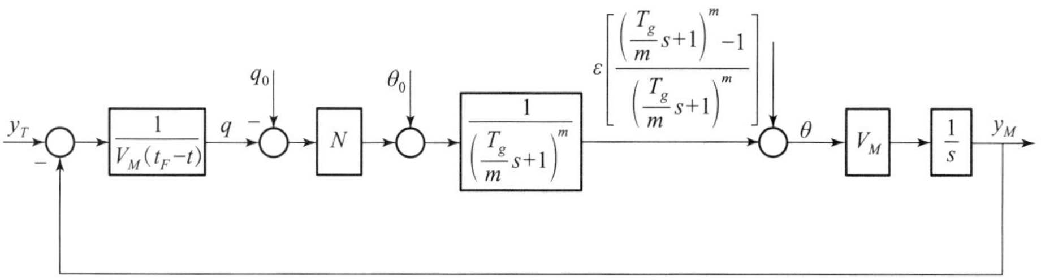

图 2. 22　积分初值作用下的积分比例导引高阶动力学制导模型

2. 5　初始方向误差作用下积分比例导引和比例导引的脱靶量对比分析

2. 5. 1　初始方向误差作用下的脱靶量对比

以初始方向误差输入为例，根据前面讨论的图 2. 12 和图 2. 13 制导模型，采用伴随法（或打点法），容易得到初始方向误差输入、不同导航系数下的脱靶量结果，如图 2. 23 所示，其中 IPN 表示积分比例导引，PN 表示比例导引。仿真结果表明，对同样的制导动力学和导航系数，初始方向误差引起的积分比例导引和比例导引脱靶量基本一致。

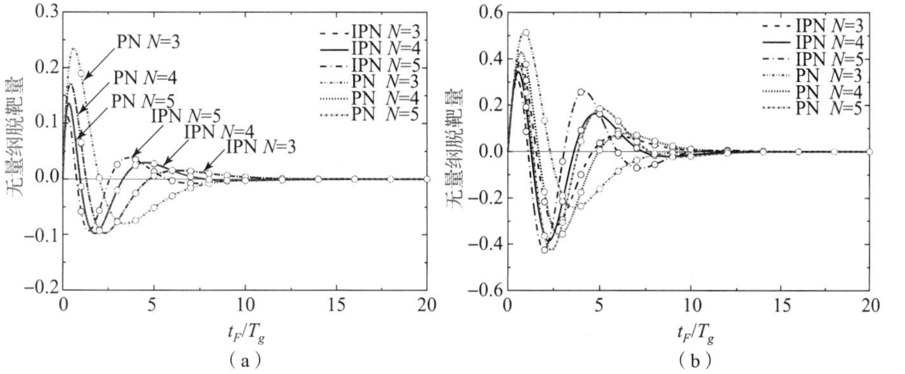

图 2. 23　初始方向误差作用下的积分比例导引/比例导引脱靶量（书后附彩插）

（a）积分比例导引/比例导引脱靶量对比（$m=1$）；（b）积分比例导引/比例导引脱靶量对比（$m=2$）；

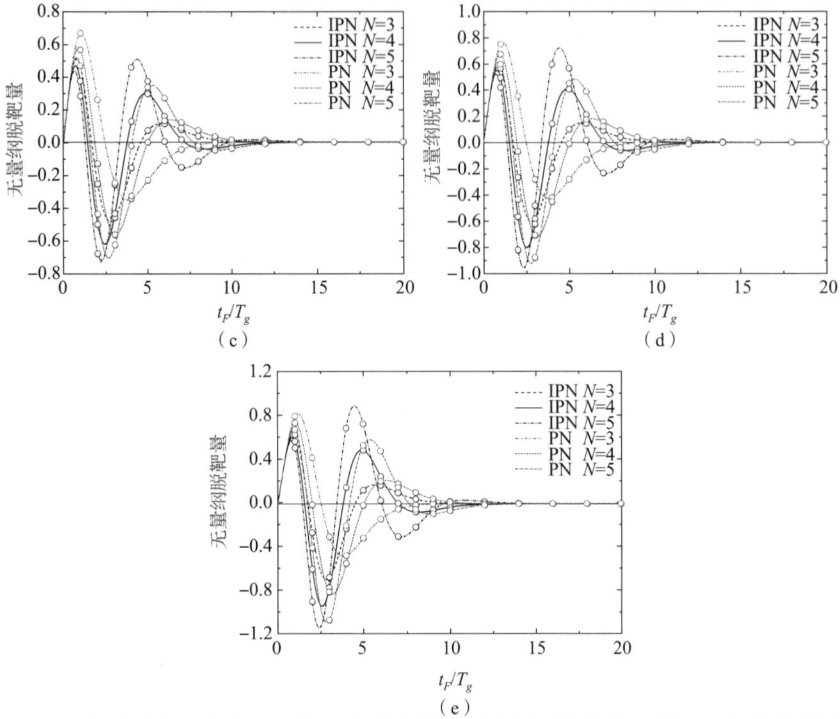

图 2.23　初始方向误差作用下的积分比例导引/比例导引脱靶量（续）（书后附彩插）

（c）积分比例导引/比例导引脱靶量对比（$m=3$）；（d）积分比例导引/比例导引脱靶量对比（$m=4$）；（e）积分比例导引/比例导引脱靶量对比（$m=5$）

2.5.2　积分初值对积分比例导引脱靶量影响

根据图 2.22 所示的制导模型，分别仿真得到积分初值 θ_0 和 q_0 作用下的积分比例导引脱靶量（图 2.24、图 2.25）。由此可以看出，在导航系数 $N=1$ 时积分初值引起的脱靶量不能收敛到 0；$N \geqslant 2$ 时，脱靶量均能收敛到 0。

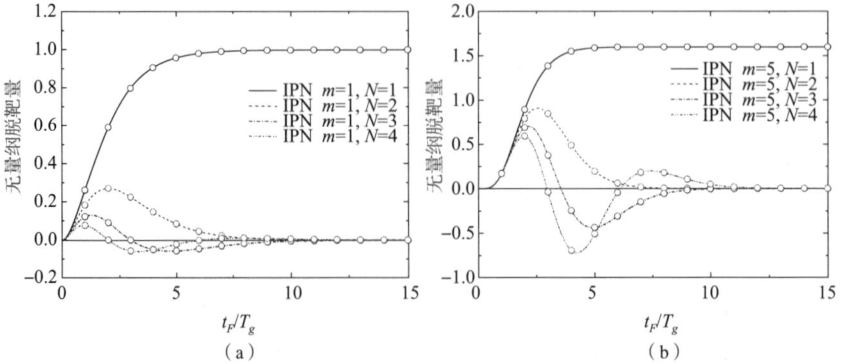

图 2.24　积分初值 θ_0 作用下的积分比例导引脱靶量（书后附彩插）

（a）$m=1$；（b）$m=5$

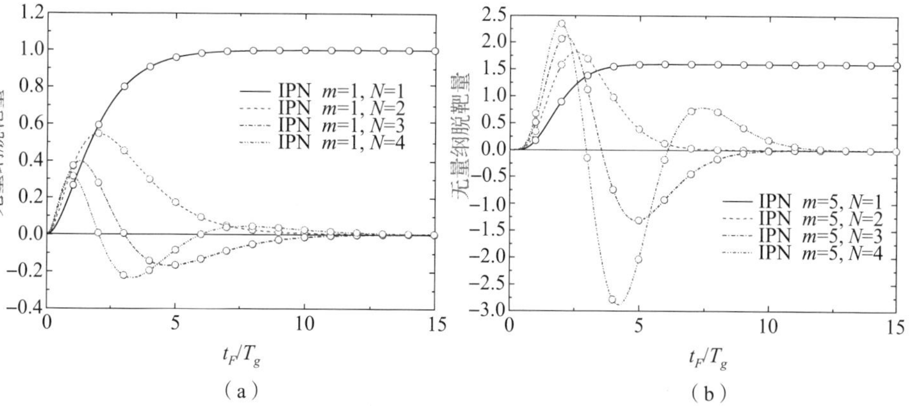

图 2.25　积分初值 q_0 作用下的积分比例导引脱靶量（书后附彩插）

（a）$m=1$；（b）$m=5$

2.6　导引头零位误差对速度追踪脱靶量的影响

根据图 2.25 的仿真结果可以看出，当 N 取 1 时，积分比例导引退化为速度追踪，而此时积分初值 q_0 引起的脱靶量随无量纲末导时间的延长而稳定到某一常值，并没有收敛到 0，这是需要注意的。图 2.26 仿真结果表明，导引头零位误差 Δq 对速度追踪脱靶量的影响与 $N=1$ 时积分初值 q_0 对积分比例导引的脱靶量影响类似。

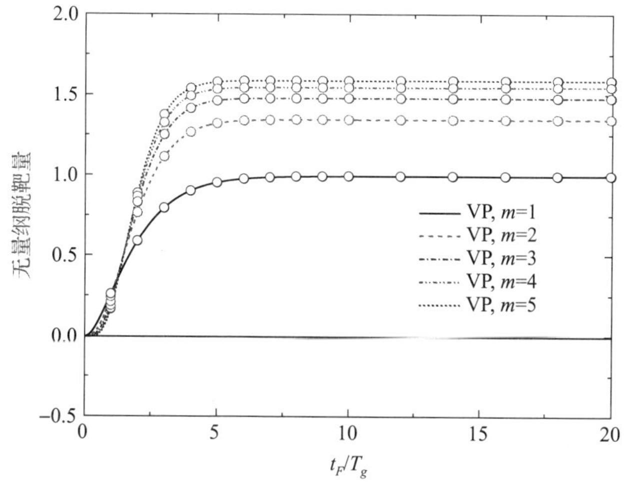

图 2.26　导引头零位误差作用下的速度追踪制导系统脱靶量影响（书后附彩插）

2.7 初始方向误差作用下速度追踪和比例导引的脱靶量对比分析

根据图 2.13 所示的比例导引和图 2.17 所示的速度追踪制导模型，本节讨论在初始方向误差作用下，速度追踪和比例导引的脱靶量对比情况。根据前文不同误差源作用下的制导模型对比可以看出，除了初始方向误差输入形式和制导动力学可能不同外，比例导引和速度追踪的区别仅在于导航系数的不同。而在导引头噪声作用下，针对比例导引制导性能影响的研究已经很成熟，这里不再阐述。

基于图 2.17 的速度追踪制导模型，其中 x 取 1，图 2.27 给出了在初始方向误差作用下制导动力学不同阶数时的脱靶量曲线。由此可以看出，随着制导动力学阶数的增加，当末导时间不足时，脱靶量峰值增大；但不管制导动力学阶数如何，当无量纲末导时间 $t_F/T_g>10$ 时，脱靶量均能收敛到 0。

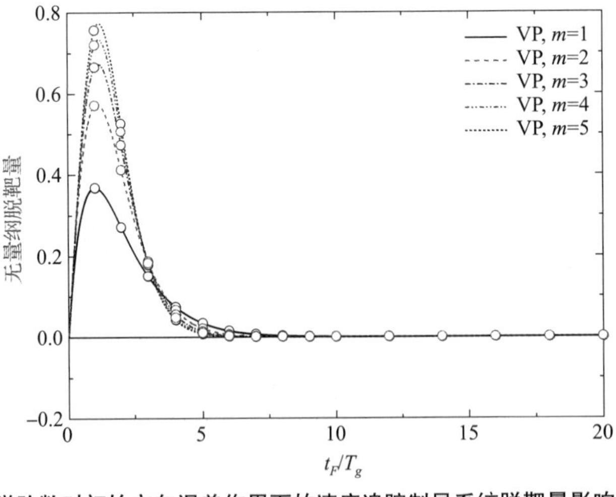

图 2.27　动力学阶数对初始方向误差作用下的速度追踪制导系统脱靶量影响（书后附彩插）

在前面的分析中已经指出，针对同一个弹体同一个特征点所设计的控制器，通常来说速度矢量驾驶仪是慢于过载驾驶仪的[9-11]。为了分析驾驶仪快慢对速度追踪的影响，x 分别取值为 1、2 和 3，此时在初始方向误差作用下速度追踪和比例导引的脱靶量对比情况如图 2.28 所示。由此可以看出，不管动力学阶数如何，当速度追踪制导动力学变慢时，其脱靶量收敛到 0 所需要的无量纲末导时间也明显延长；当速度追踪制导动力学明显慢于比例导引的制导动力学时，其脱靶量峰值也明显大于比例导引。

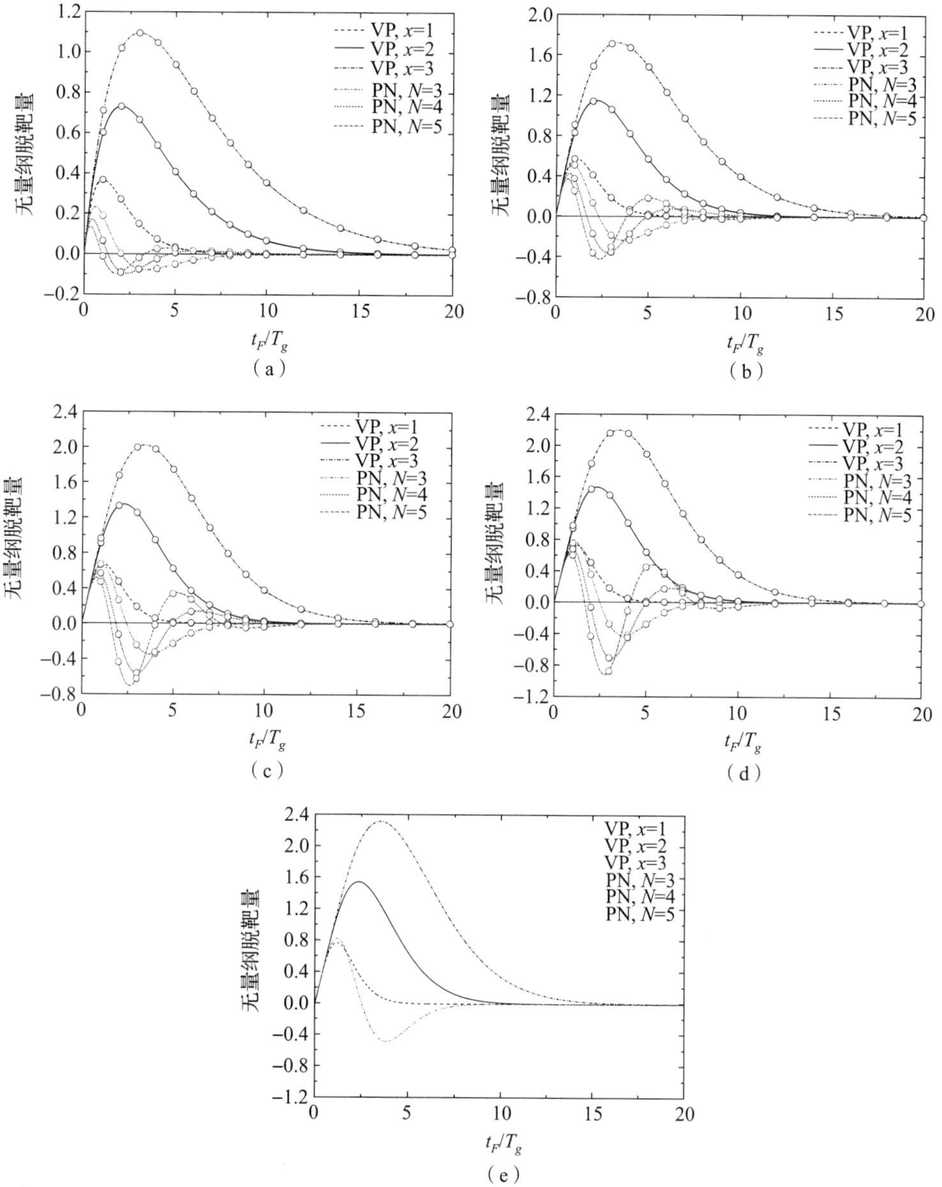

图 2.28　初始方向误差作用下的速度追踪/比例导引脱靶量对比（书后附彩插）

（a）速度追踪/比例导引脱靶量对比（$m=1$）；（b）速度追踪/比例导引脱靶量对比（$m=2$）；（c）速度追踪/比例导引脱靶量对比（$m=3$）；（d）速度追踪/比例导引脱靶量对比（$m=4$）；（e）速度追踪/比例导引脱靶量对比（$m=5$）

2.8 总结与拓展阅读

本章从经典比例导引进一步拓展得到积分比例导引、速度追踪、近似积分比例导引以及弹体追踪等角度型制导律的表达形式。给出了不同误差源输入条件下，速度追踪、积分比例导引和比例导引的制导模型详细框图。针对积分比例导引和速度追踪，以初始方向误差输入为例，以比例导引为参考对象，对三者的脱靶量进行了对比研究。

需要注意的是，尽管速度追踪、弹体追踪、积分比例导引等制导律已经比较成熟，没有理论或形式上的创新性，但这并不意味着“落后”。实际上，在工程应用中，受限制于硬件成本或信息获取限制，这些“落后”的制导律很可能是最适合的应用选择，所以说适合实际应用的就是“工程最优的”。

关于角度制导及对应的控制系统设计，感兴趣的读者还可参考阅读《战术导弹制导控制系统设计》[10]、*Design of Guidance and Control Systems for Tactical Missiles*[11]、*Indirect Impact - Angle - Control Against Stationary Targets Using Biased Pure Proportional Navigation*[12]等论著文献，以进一步学习了解相关知识。

本章参考文献

[1] ZARCHAN P. Tactical and strategic missile guidance [M]. 6th ed. Lexington: AIAA Inc. , 2012.

[2] 王辉. 空地导弹末导段制导控制技术研究 [D]. 北京：北京理工大学，2012.

[3] 宋锦武，夏群力，徐劲祥. 速度追踪制导回路建模及解析分析 [J]. 兵工学报，2008，29 (3)：323 - 326.

[4] JEON I S, LEE J I. Optimality of proportional navigation based on nonlinear formulation [J]. IEEE transactions on aerospace and electronic systems, 2010, 46 (4): 2051 - 2055.

[5] 林德福，王辉，王江，等. 战术导弹自动驾驶仪设计与制导律分析 [M]. 北京：北京理工大学出版社，2012.

[6] TANG D G, WANG H, SONG Q G. Comparative analysis of the classic ground attack terminal guidance law [C]//2016 IEEE Chinese Guidance, Navigation and Control Conference, 2016: 1429 - 1435.

[7] 王广帅，林德福，范世鹏，等．一种适用于红外制导弹药的偏置比例导引律 [J]. 系统工程与电子技术，2016，38（10）：2346－2352.

[8] 张宏. 增强型比例导引的理论与工程应用研究 [D]. 北京：北京理工大学，2008.

[9] GARNELL P，EAST D J，SIOURIS G M. Guided weapon control systems [M]．Beijing：Beijing Institute of Technology Press，2003.

[10] 祁载康．战术导弹制导控制系统设计 [M]. 北京：中国宇航出版社，2018.

[11] QI Z K. Design of guidance and control systems for tactical missiles [M]. Beijing：Beijing Institute of Technology Press，2019.

[12] ERER K S，MERTTOPÇUOǦLU O. Indirect impact－angle－control against stationary targets using biased pure proportional navigation [J]. Journal of guidance，control，and dynamics，2012，35（2）：700－703.

第3章

扩展的角度控制最优制导律及制导性能分析

3.1 引　　言

为了使飞行器以特定的姿态飞临期望的航路点或使导弹以特定的角度精确命中指定的目标点，要求这类导引策略在约束终端飞行位置的同时还能约束终端飞行角度。对无人飞行器的航路规划、低空避险、自动着陆等任务，约束的角度一般为姿态角或速度矢量角；对战术导弹的中段导引、末段导引等任务，约束的角度一般为速度矢量角或弹目视线角。本书主要针对战术导弹或制导弹箭的末段精确导引任务，并将这类最优导引策略称为角度控制最优制导律（OIACGL）。实际上，国外角度控制最优制导律的研究起步较早，相关文献也非常丰富[1-5]。1964年，美国人Cherry最早提出了带落点和落角约束的最优制导律[1]，美国学者Zarchan将其衍生为弹道成型制导律（TSGL）[5-9]，韩国学者Ryoo等将其称为带攻击角度约束的最优（OGLIAC）制导律[10-15]。不管名称如何变化，制导律的本质是一致的。

经过近几十年的发展，角度控制最优制导律的理论和形式都得到了长足发展。角度控制最优制导律的理论推导方法有Schwartz不等式、变分法、Pontryagin极小值原理、线性二次型最优控制理论等，其中线性二次型最优控制理论最为常用。传统上，在做最优制导律理论推导时，并不考虑制导系统动力学，且目标函数中的权函数R取为常值1，而终端约束一般为单纯的位置约束或位置和角度的双重约束，与前者对应的为传统的比例导引制导律（CPNGL），与后者对应的为传统的角度控制最优制导律（COIACGL）。

本章将权函数R扩展为剩余飞行时间的幂函数形式[16-17]，分别利用线性二次型最优控制理论和Schwartz不等式理论，对COIACGL进行扩展，得到扩展的角度控制最优制导律（EOIACGL），并对EOIACGL的制导特性进行阐述分析。

3.2　不同终端约束条件下的扩展最优制导律

3.2.1　弹目运动数学模型构造及目标函数选取

导弹与目标之间的相对运动几何关系如图 3.1 所示，OXY 为相对于地面的惯性系，$O'X'Y'$ 为弹目视线参考坐标系，$O'X'$ 为导弹和目标连线，指向目标为正；$O'Y'$ 垂直于 $O'X'$，指向上为正。导弹和目标均定义在弹目视线系下；V_M 表示导弹速度，V_T 表示目标速度，V_R 表示导弹与目标之间沿 LOS 方向的相对速度；LOS 与水平面的夹角为弹目视线角 q，LOS 逆时针转向水平面时 q 为负，反之为正，q_F 的定义与 q 定义一致；a_T、a_c 分别为目标和导弹的加速度，垂直于 LOS。

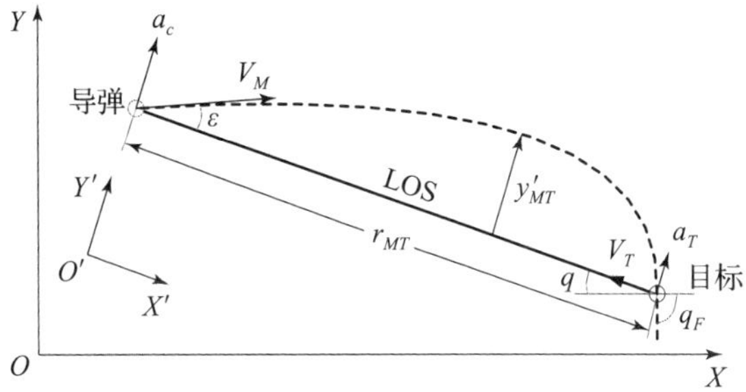

图 3.1　导弹与目标之间的相对运动几何关系

图 3.2 给出了弹目视线系下、引入目标常值机动的制导律推导数学模型。图 3.1、图 3.2 中的相关符号定义如表 3.1 所示，其中的坐标是定义在 LOS 系下。

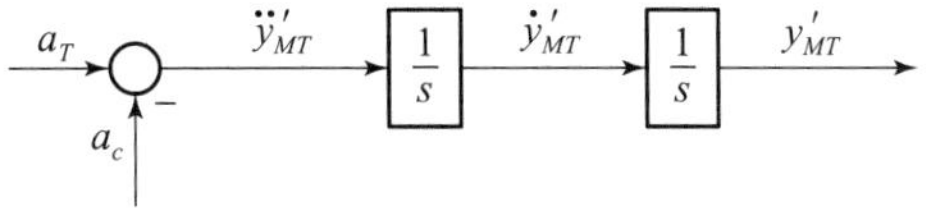

图 3.2　制导律推导模型

表 3.1　图 3.1、图 3.2 中的相关符号定义

符号	r_{MT}/m	q/(°)	q_F/(°)	ε/(°)	a_T/(m · s^{-2})
意义	弹目斜距	弹目视线角	终端落角	初始方向误差角	目标常值加速度
符号	a_c/(m · s^{-2})	$\dot{y}'_T$/(m · s^{-1})	$\dot{y}'_M$/(m · s^{-1})	y'_T/m	y'_M/m
意义	导弹加速度指令	y'_T 的微分	y'_M 的微分	目标位置	导弹位置

如图 3.2 所示，考虑常值机动目标的制导系统状态方程可表述为如下的状态方程：

$$\dot{\boldsymbol{x}} = \boldsymbol{A}\boldsymbol{x} + \boldsymbol{B}u \tag{3.1}$$

$$\boldsymbol{x} = \begin{bmatrix} y'_{MT} \\ \dot{y}'_{MT} \\ a_T \end{bmatrix}, \boldsymbol{A} = \begin{bmatrix} 0 & 1 & 0 \\ 0 & 0 & 1 \\ 0 & 0 & 0 \end{bmatrix}, \boldsymbol{B} = \begin{bmatrix} 0 \\ -1 \\ 0 \end{bmatrix}, u = a_c \tag{3.2}$$

$$\boldsymbol{x}_0 = [\, y'_{MT0} \quad \dot{y}'_{MT0} \quad a_T \,]^{\mathrm{T}} \tag{3.3}$$

式（3.1）~式（3.3）中的符号定义如下所示：

$$\ddot{y}'_{MT} = a_T - a_c, \dot{y}'_{MT} = \dot{y}'_T - \dot{y}'_M, y'_{MT} = y'_T - y'_M \tag{3.4}$$

现对传统的权函数/目标罚函数进行扩展，扩展前、后的权函数/目标罚函数如表 3.2 所示，其中，$n \geqslant 0$。

表 3.2　权函数和目标罚函数的传统/扩展形式

形式	权函数	目标罚函数
传统形式	$R(t) = 1$	$J = \dfrac{1}{2}\int_{t_0}^{t_F} u^2(t)\mathrm{d}t$
扩展形式	$R(t) = 1/(t_F - t)^n = 1/t_{\mathrm{go}}^n$	$J = \dfrac{1}{2}\int_{t_0}^{t_F} \dfrac{u^2(t)}{t_{\mathrm{go}}^n}\mathrm{d}t$

由表 3.2 可以看出，通过引入基于 time - to - go 的权函数 $1/t_{\mathrm{go}}^n$，实现了对传统目标罚函数的推广，且通过幂指数 n 包含了一簇罚函数。扩展后，罚函数分母上的 t_{go}^n 允许控制量的权重随着 $t_{\mathrm{go}} \to 0$ 而增加，n 越大，弹道末端对加速度的“惩罚”越厉害。这样，通过对传统目标罚函数的推广，可实现最优制导律的扩展[16-17]。在下面的研究中，目标罚函数均采用此扩展的形式。

3.2.2　仅具有终端位置约束的最优制导律

具有终端位置约束意味着期望的脱靶量为零，根据式（1.52）的定义，弹道终端限制可表示为

$$y'_{MT}(t_F) = 0 \tag{3.5}$$

表示成矩阵的形式为

$$\boldsymbol{F}^{\mathrm{T}}(t_F)\boldsymbol{x}(t_F) = \boldsymbol{\psi} \tag{3.6}$$

其中

$$\boldsymbol{F}^{\mathrm{T}}(t_F) = [1 \quad 0 \quad 0], \boldsymbol{\psi} = [0] \tag{3.7}$$

设矩阵 $\boldsymbol{F}$ 为 $[f_{11}\quad f_{21}\quad f_{31}]^{\mathrm{T}}$，由式（1.50）、式（3.2）及式（3.5）~式（3.7）知

$$\begin{bmatrix}\dot{f}_{11}(t)\\ \dot{f}_{21}(t)\\ \dot{f}_{31}(t)\end{bmatrix}=-\begin{bmatrix}0&0&0\\1&0&0\\0&1&0\end{bmatrix}\begin{bmatrix}f_{11}(t)\\ f_{21}(t)\\ f_{31}(t)\end{bmatrix},\quad\begin{bmatrix}f_{11}(t_F)\\ f_{21}(t_F)\\ f_{31}(t_F)\end{bmatrix}=\begin{bmatrix}1\\0\\0\end{bmatrix}\tag{3.8}$$

求解得到

$$\boldsymbol{F}=\left[1\quad (t_F-t)\quad \frac{1}{2}(t_F-t)^2\right]^{\mathrm{T}}=\left[1\quad t_{\mathrm{go}}\quad \frac{1}{2}t_{\mathrm{go}}^2\right]^{\mathrm{T}}\tag{3.9}$$

根据式（1.51），求解矩阵 $\dot{\boldsymbol{G}}$、$\boldsymbol{G}$，得到

$$\dot{\boldsymbol{G}}(t)=-\boldsymbol{F}^{\mathrm{T}}\boldsymbol{B}R^{-1}\boldsymbol{B}^{T}\boldsymbol{F}=-t_{\mathrm{go}}^{n+2}\tag{3.10}$$

$$\boldsymbol{G}(t)=\int_t^{t_F}\dot{\boldsymbol{G}}(t)\,\mathrm{d}t=-\frac{t_{\mathrm{go}}^{n+3}}{n+3}\tag{3.11}$$

将式（3.9）、式（3.11）、式（3.1）~（3.7）代入式（1.52）中，得到

$$a_c(t)=(n+3)\left[\frac{y'_{MT}+\dot{y}'_{MT}t_{\mathrm{go}}}{t_{\mathrm{go}}^2}+\frac{1}{2}a_T\right]\tag{3.12}$$

在工程应用时，上述制导律需要弹载惯导系统能够提供导弹的位置和速度矢量信息。一方面，为了保证制导精度，要求惯导精度要高；另一方面，由于战术使用要求不同或受成本限制，很多导弹并没有惯导或仅采用低成本惯组，难以提供有效可用的位置、姿态、速度矢量等信息。因此，用导引头的量测信息（弹目视线角速度和弹目视线角）来代替式（3.12）中的位置和速度矢量信息是有意义的，这也是研究线性最优制导律时的通用方法。

在弹目视线角 q 为小角假设下，近似有

$$q=\frac{y'_{MT}}{V_R t_{\mathrm{go}}},\quad \dot{q}=\frac{y'_{MT}+\dot{y}'_{MT}t_{\mathrm{go}}}{V_R t_{\mathrm{go}}^2}\tag{3.13}$$

联立式（3.12）、式（3.13），得到

$$a_c(t)=(n+3)\left(V_R\dot{q}+\frac{1}{2}a_T\right)\tag{3.14}$$

式（3.14）即为扩展的增强型比例导引制导律（EAPNGL），导航系数为 $(n+3)$；当 $a_T=0$ 时，式（3.14）退化为扩展的比例导引制导律（EPNGL）。

根据传统的目标罚函数，导航系数 N 只有等于 3 才是最优的，但考虑到抗干扰性能和制导鲁棒性，在工程使用中也往往将导航系数取在 3 ~6 之间，这就需要对这样一个可用的取值范围给出合理的理论解释。在前面的推导中，假设 $n\geqslant 0$，对应的最优导航系数为（$n+3$），当 n 取值为 0 ~3 时，最优导航

系数的取值为 3 ~6，这与工程经验的取值是一致的。因此，从这个角度，传统的导航系数 $N \in [3, 6]$ 均可理解为最优的。

3.2.3 扩展的角度控制最优制导律

角度控制制导律隐含有两个终端约束：终端位置和终端攻击角度，因此，我们期望导弹在满足末端攻击角度约束的条件下终端位置也达到设定的值(脱靶量为零)，此时，弹道终端限制可表示为

$$\begin{bmatrix} y'_{MT}(t_F) \\ \dot{y}'_{MT}(t_F) \end{bmatrix} = \begin{bmatrix} 0 \\ \dot{y}'_{MTF} \end{bmatrix} \tag{3.15}$$

依然表示成矩阵的形式，有

$$\boldsymbol{F}^{\mathrm{T}}(t_F)\boldsymbol{x}(t_F) = \boldsymbol{\psi}, \boldsymbol{F}^{\mathrm{T}}(t_F) = \begin{bmatrix} 1 & 0 & 0 \\ 0 & 1 & 0 \end{bmatrix}, \boldsymbol{\psi} = \begin{bmatrix} 0 \\ \dot{y}'_{MTF} \end{bmatrix} \tag{3.16}$$

同样，设矩阵 $\boldsymbol{F}$ 为

$$\boldsymbol{F} = \begin{bmatrix} f_{11} & f_{21} & f_{31} \\ f_{12} & f_{22} & f_{23} \end{bmatrix}^{\mathrm{T}} \tag{3.17}$$

联立式（1.50）、式（3.2）及式（3.15）~式（3.17）知

$$\begin{bmatrix} \dot{f}_{11}(t) & \dot{f}_{12}(t) \\ \dot{f}_{21}(t) & \dot{f}_{22}(t) \\ \dot{f}_{31}(t) & \dot{f}_{32}(t) \end{bmatrix} = -\begin{bmatrix} 0 & 0 & 0 \\ 1 & 0 & 0 \\ 0 & 1 & 0 \end{bmatrix} \begin{bmatrix} f_{11}(t) & f_{12}(t) \\ f_{21}(t) & f_{22}(t) \\ f_{31}(t) & f_{32}(t) \end{bmatrix}, \begin{bmatrix} f_{11}(t_F) & f_{12}(t_F) \\ f_{21}(t_F) & f_{22}(t_F) \\ f_{31}(t_F) & f_{32}(t_F) \end{bmatrix} = \begin{bmatrix} 1 & 0 \\ 0 & 1 \\ 0 & 0 \end{bmatrix} \tag{3.18}$$

进一步求解得到

$$\boldsymbol{F} = \begin{bmatrix} 1 & t_{\mathrm{go}} & \dfrac{1}{2}t_{\mathrm{go}}^2 \\ 0 & 1 & t_{\mathrm{go}} \end{bmatrix}^{\mathrm{T}} \tag{3.19}$$

求解矩阵 $\dot{\boldsymbol{G}}$、$\boldsymbol{G}$、$\boldsymbol{G}^{-1}$，有

$$\dot{\boldsymbol{G}}(t) = -\boldsymbol{F}^{\mathrm{T}}\boldsymbol{B}R^{-1}\boldsymbol{B}^{\mathrm{T}}\boldsymbol{F} = -\begin{bmatrix} t_{\mathrm{go}}^{n+2} & t_{\mathrm{go}}^{n+1} \\ t_{\mathrm{go}}^{n+1} & t_{\mathrm{go}} \end{bmatrix} \tag{3.20}$$

$$\boldsymbol{G}(t) = -\int_t^{t_F} \boldsymbol{F}^{\mathrm{T}}\boldsymbol{B}R^{-1}\boldsymbol{B}^{\mathrm{T}}\boldsymbol{F}\mathrm{d}t = -\begin{bmatrix} \dfrac{t_{\mathrm{go}}^{n+3}}{n+3} & \dfrac{t_{\mathrm{go}}^{n+2}}{n+2} \\ \dfrac{t_{\mathrm{go}}^{n+2}}{n+2} & \dfrac{t_{\mathrm{go}}^{n+1}}{n+1} \end{bmatrix} \tag{3.21}$$

$$\boldsymbol{G}^{-1}(t) = -\frac{(n+1)(n+2)^2(n+3)}{t_{go}^{2n+4}}\begin{bmatrix} \dfrac{t_{go}^{n+1}}{n+1} & -\dfrac{t_{go}^{n+2}}{n+2} \\ -\dfrac{t_{go}^{n+2}}{n+2} & \dfrac{t_{go}^{n+3}}{n+3} \end{bmatrix} \tag{3.22}$$

将 $\boldsymbol{F}$、$\boldsymbol{G}^{-1}$代入式（1.52）中，得到

$$R^{-1}\boldsymbol{B}^{\mathrm{T}}\boldsymbol{F}\boldsymbol{G}^{-1} = \left[\frac{(n+2)(n+3)}{t_{go}^2} \quad -\frac{(n+1)(n+2)}{t_{go}}\right] \tag{3.23}$$

定义 $N_1=(n+2)(n+3)$，$N_2=-(n+1)(n+2)$，同时将式（3.16）中 $\boldsymbol{\psi}$、式（3.19）的矩阵 $\boldsymbol{F}$ 和式（3.23）的计算结果代入式（1.52）中，得到

$$a_c(t) = \frac{(N_1+N_2)(y'_{MT}+\dot{y}'_{MT}t_{go})}{t_{go}^2} - \frac{N_2(y'_{MT}+\dot{y}'_{MTF}t_{go})}{t_{go}^2} + \left(\frac{1}{2}N_1+N_2\right)a_T \tag{3.24}$$

根据式（3.13），有

$$\dot{y}'_{MT}(t) = V_R[t_{go}\dot{q}(t) - q(t)] \tag{3.25}$$

在 $t=t_F$ 时刻，$t_{go}=0$，$\dot{y}'_{MT}(t_F)=\dot{y}'_{MTF}$，$q(t_F)=q_F$，此时式（3.25）可表示为

$$\dot{y}'_{MTF} = -V_R q_F \tag{3.26}$$

为方便描述，再次定义 $N_p=(N_1+N_2)=2(n+2)$、$N_q=-N_2=(n+1)(n+2)$、$N_a=N_1/2+N_2=(-n+1)(n+2)/2$，$N_p$、$N_q$、$N_a$ 分别表示制导律的“位置约束项”“攻击角度约束项”“目标机动补偿项”的导航系数，则式（3.24）最终可表示为

$$a_c(t) = N_pV_R\dot{q} + N_qV_R(q-q_F)/t_{go} + N_a a_T \tag{3.27}$$

式（3.27）即为扩展的角度控制最优制导律。由于 n 是可变幂指数，因此式（3.27）表示一簇角度控制最优制导律。由于式（3.27）中含有 $N_a a_T$ 项，因此制导律对常值机动目标、慢速移动目标及固定目标均是最优的。当 $n=0$ 时，扩展的角度控制最优制导律退化为传统的角度控制最优制导律，其“位置约束项”“攻击角度约束项”“目标机动补偿项”的导航系数之比由 $2(n+2):(n+1)(n+2):(-n+1)(n+2)/2$ 退化为 $4:2:1$。

图3.3给出了EOIACGL导航系数 N_p、N_q、N_a 随 n 的变化曲线。

若忽略式（3.27）中的 $N_a a_T$ 项，则制导律仅对固定或慢速移动目标是最优的，此时，式（3.27）可近似为

$$a_c(t) = N_pV_R\dot{q} + N_qV_R(q-q_F)/t_{go} \tag{3.28}$$

对固定或慢速移动目标，有 $a_T\approx 0$、$\dot{y}_M(t)\approx V_M\theta$、$\dot{y}_{\mathrm{T}}(t)\approx 0$ 且 $V_M\approx V_R$，则式（3.24）也可简化为

$$a_c(t) = N_p V_R (q - \theta)/t_{go} + N_q V_R (q - q_F)/t_{go} \tag{3.29}$$

式中，θ 为弹道倾角。

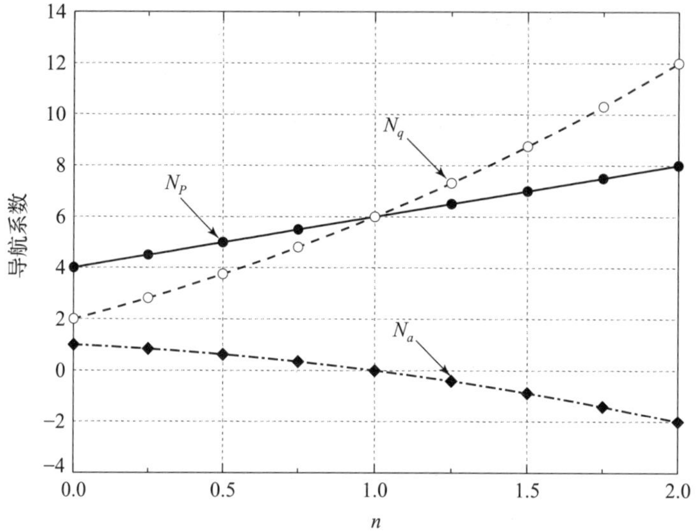

图 3.3　EOIACGL 导航系数随 *n* 的变化曲线

式（3.28）和式（3.29）分别为 EOIACGL 在针对固定或慢速移动目标时的两类衍生形式。两类衍生形式的制导律各有其工程适用限制条件，其中第一类衍生形式比较通用，但导引头必须能准确测量出弹目视线角速度；而对某些导弹来说，受限制于导引头的总体方案或性能约束，很难获取到较准确的弹目视线角速度，此时，第二类衍生形式可能更合适。

3.3　基于 Schwartz 不等式的 EOIACGL 闭环弹道加速度指令解析研究

式（3.27）表明了制导律如何根据已知的弹目视线角、弹目视线角速度、期望的终端攻击角度等来生成制导指令，引导导弹以期望的约束精确命中目标。而在全弹道飞行时间内，给定初始条件和终端约束条件（初始位置偏差、初始指向误差、目标常值机动以及终端位置约束、终端角度约束），导弹的加速度指令变化规律如何？初始时刻、终端时刻加速度指令如何？最大加速度指令出现在什么时刻？在 EOIACGL 的工程应用中，这些特性都是制导系统工程师所关心的。

下面通过 Schwartz 不等式来解析研究 EOIACGL 的加速度指令特性，在研究过程中，不考虑制导动力学滞后。

3.3.1 基于 Schwartz 不等式的 EOIACGL 闭环加速度指令解析求解

设导弹飞行时间从 t_0 时刻起，至 t_F 时刻止，状态方程（3.1）~状态方程（3.4）及式（3.15）所描述的系统在飞行末端时刻 t_F 处的通解可表示为[17]

$$\boldsymbol{x}(t_F)=\boldsymbol{\Phi}(t_F-t_0)\boldsymbol{x}(t_0)+\int_{t_0}^{t_F}\boldsymbol{\Phi}(t_F-t)\boldsymbol{B}(t)a_c(t)\mathrm{d}t \tag{3.30}$$

矩阵 $\boldsymbol{\Phi}(t)=L^{-1}[(s\boldsymbol{I}-\boldsymbol{A})^{-1}]$。根据矩阵 $\boldsymbol{A}$，矩阵 $\boldsymbol{\Phi}(t_F-t)$ 和 $\boldsymbol{\Phi}(t_F-t_0)$ 可分别表示为

$$\boldsymbol{\Phi}(t_F-t)=\begin{bmatrix}1 & t_F-t & \frac{1}{2}(t_F-t)^2\\ 0 & 1 & t_F-t\\ 0 & 0 & 1\end{bmatrix},\ \boldsymbol{\Phi}(t_F-t_0)=\begin{bmatrix}1 & t_F-t_0 & \frac{1}{2}(t_F-t_0)^2\\ 0 & 1 & t_F-t_0\\ 0 & 0 & 1\end{bmatrix} \tag{3.31}$$

相应地，式（3.30）可表示为

$$\begin{bmatrix}y'_{MT}(t_F)\\ \dot{y}'_{MT}(t_F)\\ a_T(t_F)\end{bmatrix}=\begin{bmatrix}1 & t_F-t_0 & \frac{1}{2}(t_F-t_0)^2\\ 0 & 1 & t_F-t_0\\ 0 & 0 & 1\end{bmatrix}\begin{bmatrix}y'_{MT}(t_0)\\ \dot{y}'_{MT}(t_0)\\ a_T(t_0)\end{bmatrix}+$$

$$\int_{t_0}^{t_F}\begin{bmatrix}1 & t_F-t & \frac{1}{2}(t_F-t)^2\\ 0 & 1 & t_F-t\\ 0 & 0 & 1\end{bmatrix}\begin{bmatrix}0\\ -1\\ 0\end{bmatrix}a_c(t)\mathrm{d}t \tag{3.32}$$

由于假设目标是常值机动，因此 $a_T(t_0)=a_T(t_F)=a_T$，则式（3.32）又可写为

$$\begin{bmatrix}y'_{MT}(t_F)\\ \dot{y}'_{MT}(t_F)\\ a_T\end{bmatrix}=\begin{bmatrix}1 & t_F-t_0 & \frac{1}{2}(t_F-t_0)^2\\ 0 & 1 & t_F-t_0\\ 0 & 0 & 1\end{bmatrix}\begin{bmatrix}y'_{MT}(t_0)\\ \dot{y}'_{MT}(t_0)\\ a_T\end{bmatrix}+$$

$$\int_{t_0}^{t_F}\begin{bmatrix}1 & t_F-t & \frac{1}{2}(t_F-t)^2\\ 0 & 1 & t_F-t\\ 0 & 0 & 1\end{bmatrix}\begin{bmatrix}0\\ -1\\ 0\end{bmatrix}a_c(t)\mathrm{d}t \tag{3.33}$$

展开式（3.33），由于第三个等式恒成立，因此只需考虑前两个等式，有

$$\begin{cases} y'_{MT}(t_F) = y'_{MT}(t_0) + (t_F - t_0)\dot{y}'_{MT0} + \dfrac{1}{2}(t_F - t_0)^2 a_T - \displaystyle\int_{t_0}^{t_F}(t_F - t)a_c(t)\mathrm{d}t \\ \dot{y}'_{MT}(t_F) = \dot{y}'_{MT}(t_0) + (t_F - t_0)a_T - \displaystyle\int_{t_0}^{t_F}a_c(t)\mathrm{d}t \end{cases} \tag{3.34}$$

我们同样期望终端位置和终端攻击角度满足指定的约束，即

$$\begin{bmatrix} y'_{MT}(t_F) \\ \dot{y}'_{MT}(t_F) \end{bmatrix} = \begin{bmatrix} 0 \\ \dot{y}'_{MTF} \end{bmatrix} \tag{3.35}$$

目标罚函数和控制权函数仍采用表 3.2 中的扩展形式，即

$$J = \frac{1}{2}\int_{t_0}^{t_F}\frac{a_c^2(t)}{t_{\mathrm{go}}^n}\mathrm{d}t, n \geqslant 0 \tag{3.36}$$

为推导方便，下面定义一组新函数符号：

$$\begin{cases} f_1(t_0) = y'_{MT}(t_0) + (t_F - t_0)\dot{y}'_{MT}(t_0) + \dfrac{1}{2}(t_F - t_0)^2 a_T - y'_{MT}(t_F) \\ f_2(t_0) = \dot{y}'_{MT}(t_0) + (t_F - t_0)a_T - \dot{y}'_{MT}(t_F) \\ h_1(t) = (t_F - t)^{n/2+1} \\ h_2(t) = (t_F - t)^{n/2} \end{cases} \tag{3.37}$$

$$a'_c(t) = a_c(t)/(t_F - t)^{n/2} \tag{3.38}$$

那么，式（3.34）可简化为

$$\begin{cases} f_1(t_0) = \displaystyle\int_{t_0}^{t_F}h_1(t)a'_c(t)\mathrm{d}t \\ f_2(t_0) = \displaystyle\int_{t_0}^{t_F}h_2(t)a'_c(t)\mathrm{d}t \end{cases} \tag{3.39}$$

引入一个新变量 σ，将式（3.39）两个方程合并为一个方程，即

$$f_1(t_0) - \sigma f_2(t_0) = \int_{t_0}^{t_F}[h_1(t) - \sigma h_2(t)]a'_c(t)\mathrm{d}t \tag{3.40}$$

利用 Schwartz 不等式原理，得到

$$\int_{t_0}^{t_F}a_c'^2(t)\mathrm{d}t \geqslant [f_1(t_0) - \sigma f_2(t_0)]^2 / \int_{t_0}^{t_F}[h_1(t) - \sigma h_2(t)]^2\mathrm{d}t \tag{3.41}$$

当式（3.41）的等号成立时，式（3.41）的左边取得最小值，等价于扩展的目标罚函数取得最小值，此时的 $a'_c(t)$ 即是需要的最优解。

$$a'_c(t) = C[h_1(t) - \sigma h_2(t)] \tag{3.42}$$

根据 Schwartz 不等式原理，当式（3.42）成立时，式（3.41）的等号成立，其中，C 为待确定的常数。因此，当式（3.41）的等号成立时，有

$$\int_{t_0}^{t_F} a_c'^2(t)\,\mathrm{d}t = [f_1(t_0) - \sigma f_2(t_0)]^2 / \int_{t_0}^{t_F} [h_1(t) - \sigma h_2(t)]^2 \mathrm{d}t \quad (3.43)$$

为简化起见，再定义

$$\|[h_1(t_0)]^2\| = \int_{t_0}^{t_F} [h_1(t)]^2 \mathrm{d}t = \int_{t_0}^{t_F} (t_F - t)^{n+2} \mathrm{d}t = (t_F - t_0)^{n+3}/(n+3)$$

$$\|[h_2(t_0)]^2\| = \int_{t_0}^{t_F} [h_2(t)]^2 \mathrm{d}t = \int_{t_0}^{t_F} (t_F - t)^{n} \mathrm{d}t = (t_F - t_0)^{n+1}/(n+1)$$

$$\|h_1(t_0)h_2(t_0)\| = \int_{t_0}^{t_F} h_1(t)h_2(t)\,\mathrm{d}t = \int_{t_0}^{t_F} (t_F - t)^{n+1} \mathrm{d}t = (t_F - t_0)^{n+2}/(n+2) \quad (3.44)$$

这样，式（3.43）可简化为

$$\int_{t_0}^{t_F} a_c'^2(t)\,\mathrm{d}t = \frac{[f_1(t_0) - \sigma f_2(t_0)]^2}{(\|[h_1(t_0)]^2\| - 2\sigma\|h_1(t_0)h_2(t_0)\| + \sigma^2\|[h_2(t_0)]^2\|)} \quad (3.45)$$

下面需要确定 σ 的值。最好的 σ 值应使式（3.45）取最小的值，因此，对式（3.45）两边同时以 σ 为自变量进行求导，并令结果为 0，得到

$$\frac{\mathrm{d}}{\mathrm{d}\sigma}\left[\int_{t_0}^{t_F} a_c'^2(t)\,\mathrm{d}t\right] =$$

$$\frac{2[f_1(t_0) - \sigma f_2(t_0)][-f_2(t_0)](\|[h_1(t_0)]^2\| - 2\sigma\|h_1(t_0)h_2(t_0)\| + \sigma^2\|[h_2(t_0)]^2\|)}{(\|[h_1(t_0)]^2\| - 2\sigma\|h_1(t_0)h_2(t_0)\| + \sigma^2\|[h_2(t_0)]^2\|)^2} -$$

$$\frac{[f_1(t_0) - \sigma f_2(t_0)]^2(-2\|h_1(t_0)h_2(t_0)\| + 2\sigma\|[h_2(t_0)]^2\|)}{(\|[h_1(t_0)]^2\| - 2\sigma\|h_1(t_0)h_2(t_0)\| + \sigma^2\|[h_2(t_0)]^2\|)^2} = 0$$

求解得到

$$\sigma = \frac{f_2(t_0)\|[h_1(t_0)]^2\| - f_1(t_0)\|h_1(t_0)h_2(t_0)\|}{f_2(t_0)\|h_1(t_0)h_2(t_0)\| - f_1(t_0)\|[h_2(t_0)]^2\|} \quad (3.46)$$

下面求解常数 C。将式（3.42）代入式（3.39）的 $f_1(t_0)$ 中，得到

$$f_1(t_0) = C\int_{t_0}^{t_F} \{[h_1^2(t)]^2 - \sigma h_1(t)h_2(t)\}\,\mathrm{d}t \quad (3.47)$$

即

$$C = f_1(t_0)/(\|[h_1(t_0)]^2\| - \sigma\|h_1(t_0)h_2(t_0)\|) \quad (3.48)$$

这样，联立式（3.42）、式（3.46）及式（3.48），得到

$$a_c'(t) = \frac{\left\{\begin{array}{l} f_1(t_0)\|[h_2(t_0)]^2\|h_1(t) + f_2(t_0)\|[h_1(t_0)]^2\|h_2(t) \\ -\|h_1(t_0)h_2(t_0)\|[f_2(t_0)h_1(t) + f_1(t_0)h_2(t)] \end{array}\right\}}{\|[h_1(t_0)]^2\|\,\|[h_2(t_0)]^2\| - \|h_1(t_0)h_2(t_0)\|^2} \quad (3.49)$$

将式（3.37）、式（3.38）及式（3.44）代入式（3.49）中，得到

$$
\begin{aligned}
a_c(t) = & \frac{t_{go}^n}{(t_F - t_0)^{n+3}}(n+2)^2(n+3)\left[y'_{MT}(t_0) - y'_{MT}(t_F)\right]\left[t_{go} - \left(\frac{n+1}{n+2}\right)(t_F - t_0)\right] + \\
& \frac{t_{go}^n}{(t_F - t_0)^{n+2}}(n+2)(n+3)\dot{y}'_{MT}(t_0)\left[t_{go} - \left(\frac{n+1}{n+3}\right)(t_F - t_0)\right] + \\
& \frac{t_{go}^n}{(t_F - t_0)^{n+2}}(n+1)(n+2)(n+3)\dot{y}'_{MT}(t_F)\left[t_{go} - \left(\frac{n+2}{n+3}\right)(t_F - t_0)\right] + \\
& \frac{t_{go}^n}{(t_F - t_0)^{n+1}}\frac{1}{2}(n+2)(n+3)a_T\left[-nt_{go} + \frac{(n+1)^2}{(n+3)}(t_F - t_0)\right]
\end{aligned} \tag{3.50}
$$

由于一般期望 $y'_{MT}(t_F) = 0$，因此，式（3.50）又可写为

$$
\begin{aligned}
a_c(t) = & \frac{t_{go}^n}{(t_F - t_0)^{n+3}}(n+2)^2(n+3)y'_{MT}(t_0)\left[t_{go} - \left(\frac{n+1}{n+2}\right)(t_F - t_0)\right] + \\
& \frac{t_{go}^n}{(t_F - t_0)^{n+2}}(n+2)(n+3)\dot{y}'_{MT}(t_0)\left[t_{go} - \left(\frac{n+1}{n+3}\right)(t_F - t_0)\right] + \\
& \frac{t_{go}^n}{(t_F - t_0)^{n+2}}(n+1)(n+2)(n+3)\dot{y}'_{MT}(t_F)\left[t_{go} - \left(\frac{n+2}{n+3}\right)(t_F - t_0)\right] + \\
& \frac{t_{go}^n}{(t_F - t_0)^{n+1}}\frac{1}{2}(n+2)(n+3)a_T\left[-nt_{go} + \frac{(n+1)^2}{(n+3)}(t_F - t_0)\right]
\end{aligned} \tag{3.51}
$$

相对于式（3.24），式（3.51）表明了导弹加速度指令在全弹道飞行过程中的闭环解析解，只要知道初始条件和终端约束条件，即可知道导弹在全弹道飞行时间上的加速度指令变化规律，进而可分析导弹在初始时刻、终端时刻的加速度指令大小以及在整个飞行过程中的加速度指令极值及其出现时刻等，为初步评估 EOIACGL 的制导性能创造方便。

值得注意的是，当 $n = 0$ 时，式（3.51）的结果退化为

$$
\begin{aligned}
a_c(t) = & \frac{\left[12t_{go} - 6(t_F - t_0)\right]}{(t_F - t_0)^3}y'_{MT}(t_0) + \frac{\left[6t_{go} - 2(t_F - t_0)\right]}{(t_F - t_0)^2}\dot{y}'_{MT}(t_0) + \\
& \frac{\left[6t_{go} - 4(t_F - t_0)\right]}{(t_F - t_0)^2}\dot{y}'_{MT}(t_F) + a_T
\end{aligned} \tag{3.52}
$$

式（3.52）的结论与文献［5］是一致的，即文献［5］的结论是式（3.51）在 $n = 0$ 时的特例。

3.3.2 等价的 EOIACGL

观察式（3.51）可以看出，当式（3.51）中的初始时刻 t_0 选为当前时刻 t，即任意的当前时刻 t 都可能是初始时刻，则式（3.51）退化为 EOIACGL。

令 $t_0=t$，$t_F-t_0=t_F-t=t_{go}$，则

$$a_c(t)=(n+2)(n+3)\frac{y'_{MT}(t)}{t_{go}^2}+2(n+2)\frac{\dot{y}'_{MT}(t)}{t_{go}}+(n+1)(n+2)\frac{\dot{y}'_{MT}(t_F)}{t_{go}}+\frac{1}{2}(1-n)(n+2)a_T \tag{3.53}$$

式（3.53）与式（3.24）的表达式是等价的，即基于 Schwartz 不等式原理和二次型最优控制理论的 EOIACGL 是完全一致的。

3.3.3　EOIACGL 闭环弹道加速度指令特性分析

假设导弹初始指向偏离 LOS 的误差角为 ε，目标指向 LOS 无偏差，那么 $\dot{y}'_{MT}(t_0)$可表示为

$$\dot{y}'_{MT}(t_0)=-V_M\varepsilon \tag{3.54}$$

同时，根据式（3.26）有

$$\dot{y}'_{MTF}=\dot{y}'_{MT}(t_F)=-V_R q_F \tag{3.55}$$

这样，根据式（3.51），由初始位置偏差、初始指向误差、终端角度约束及目标常值机动引起的导弹加速度指令闭环解析表达式可分别表示为

$$\frac{a_c(t)(t_F-t_0)^2}{y'_{MT}(t_0)}=(n+2)^2(n+3)\left[\frac{t_F-t}{t_F-t_0}-\left(\frac{n+1}{n+2}\right)\right]\left(\frac{t_F-t}{t_F-t_0}\right)^n \tag{3.56}$$

$$\frac{a_c(t)(t_F-t_0)}{V_M\varepsilon}=-(n+2)(n+3)\left[\frac{t_F-t}{t_F-t_0}-\left(\frac{n+1}{n+3}\right)\right]\left(\frac{t_F-t}{t_F-t_0}\right)^n \tag{3.57}$$

$$\frac{a_c(t)(t_F-t_0)}{V_R q_F}=-(n+1)(n+2)(n+3)\left[\frac{t_F-t}{t_F-t_0}-\left(\frac{n+2}{n+3}\right)\right]\left(\frac{t_F-t}{t_F-t_0}\right)^n \tag{3.58}$$

$$\frac{a_c(t)}{a_T}=\frac{1}{2}(n+2)(n+3)\left[\frac{(n+1)^2}{(n+3)}-n\left(\frac{t_F-t}{t_F-t_0}\right)\right]\left(\frac{t_F-t}{t_F-t_0}\right)^n \tag{3.59}$$

式（3.56）~式（3.59）的左边表示无量纲加速度指令，其右边只与幂指数 n 和无量纲时间函数$f((t_F-t)/(t_F-t_0))$有关，与初始条件和终端约束条件无关，为导弹闭环加速度指令的变化规律分析创造了方便。

根据式（3.56）~式（3.59），在初始时刻 $t=t_0$ 处的无量纲加速度指令分别为

$$\begin{cases}\dfrac{a_c(t_0)(t_F-t_0)^2}{y'_{MT}(t_0)}=(n+2)(n+3),n\geqslant 0\\ \dfrac{a_c(t_0)(t_F-t_0)}{V_M\varepsilon}=-2(n+2),n\geqslant 0\\ \dfrac{a_c(t_0)(t_F-t_0)}{V_Rq_F}=-(n+1)(n+2),n\geqslant 0\\ \dfrac{a_c(t_0)}{a_T}=\dfrac{1}{2}(1-n)(n+2),n\geqslant 0\end{cases}\tag{3.60}$$

在终端时刻 $t=t_F$ 处的无量纲加速度指令分别为

$$\begin{cases}\dfrac{a_c(t_F)(t_F-t_0)^2}{y'_{MT}(t_0)}=\begin{cases}-6, & n=0\\ 0, & n>0\end{cases}\\ \dfrac{a_c(t_F)(t_F-t_0)}{V_M\varepsilon}=\begin{cases}2, & n=0\\ 0, & n>0\end{cases}\\ \dfrac{a_c(t_F)(t_F-t_0)}{V_Rq_F}=\begin{cases}4, & n=0\\ 0, & n>0\end{cases}\\ \dfrac{a_c(t_F)}{a_T}=\begin{cases}1, & n=0\\ 0, & n>0\end{cases}\end{cases}\tag{3.61}$$

除了初始时刻、终端时刻，无量纲加速度指令的极大值或极小值（考虑正负符号）与对应的无量纲时刻关系为

$$\begin{cases}\left.\dfrac{a_c(t)(t_F-t_0)^2}{y'_{MT}(t_0)}\right|_{\max}=-(n+2)(n+3)\left(\dfrac{n}{n+2}\right)^n,\left(\dfrac{t_F-t}{t_F-t_0}\right)=\left(\dfrac{n}{n+2}\right),n\geqslant 0\\ \left.\dfrac{a_c(t)(t_F-t_0)}{V_M\varepsilon}\right|_{\max}=(n+2)\left(\dfrac{n}{n+3}\right)^n,\left(\dfrac{t_F-t}{t_F-t_0}\right)=\left(\dfrac{n}{n+3}\right),n\geqslant 0\\ \left.\dfrac{a_c(t)(t_F-t_0)}{V_Rq_F}\right|_{\max}=(n+2)^2\left[\dfrac{n(n+2)}{(n+1)(n+3)}\right]^n,\left(\dfrac{t_F-t}{t_F-t_0}\right)=\dfrac{n(n+2)}{(n+1)(n+3)},n\geqslant 0\\ \left.\dfrac{a_c(t)}{a_T}\right|_{\max}=\begin{cases}1,t\in(t_0,t_F),n=0\\ \dfrac{1}{2}(n+1)(n+2)\left(\dfrac{n+1}{n+3}\right)^n,\left(\dfrac{t_F-t}{t_F-t_0}\right)=\left(\dfrac{n+1}{n+3}\right),n>0\end{cases}\end{cases}\tag{3.62}$$

根据式（3.60），图 3.4 给出了初始时刻处由 $y'_{MT}(t_0)$、$V_M\varepsilon$、V_Rq_F 以及 a_T 引起的无量纲加速度指令随幂指数 n 的变化曲线；根据式（3.62），图 3.5 给出了初始时刻之外的由 $y'_{MT}(t_0)$、$V_M\varepsilon$、V_Rq_F 以及 a_T 引起的无量纲加速度指令随幂指数 n 的变化曲线，图 3.6 给出了初始时刻之外的无量纲加速度指令极值出现时刻随幂指数 n 的变化曲线，其中，对目标常值机动，在 $n=0$ 时的

全弹道无量纲加速度指令恒为常值1，$t \in [t_0, t_F]$ 均是其极值时刻。根据式(3.56)~式(3.62)，图3.7~图3.10给出了 $y'_{MT}(t_0)$、$V_M\varepsilon$、$V_R q_F$ 以及 a_T 引起的无量纲加速度指令随无量纲飞行时间 t/t_F 的变化曲线，并标明了初始时刻、终端时刻以及极值时刻的无量纲加速度指令。由图3.4~图3.10可以看出，n 越大，初始时刻的无量纲加速度指令的绝对值越大，飞行过程中的无量纲加速度指令极值出现时刻也越早；当 $n=0$ 时，无量纲加速度指令与飞行时间呈线性关系，且末端无量纲加速度指令值均不为零；当 $n>0$ 时，无量纲加速度指令在弹道末端才趋近于零。

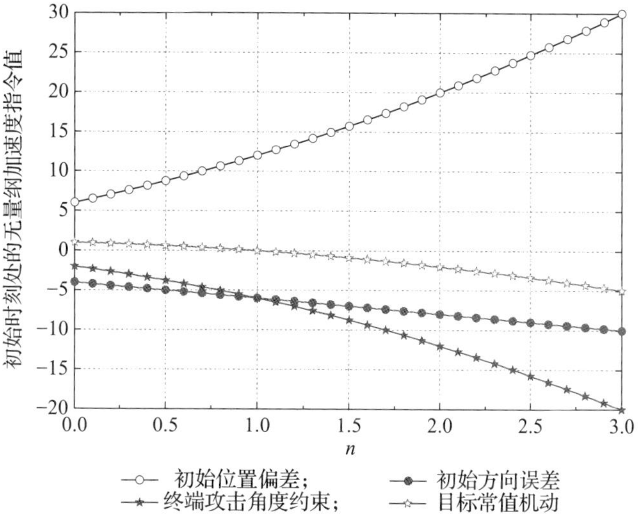

图3.4 初始时刻处的无量纲加速度指令值

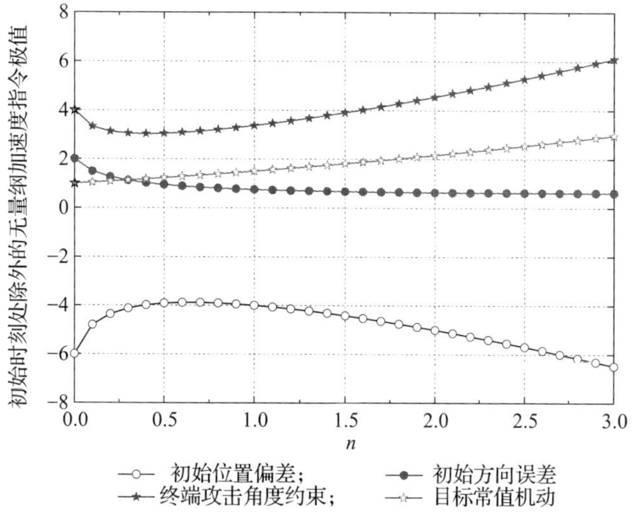

图3.5 初始时刻处之外的无量纲加速度指令极值

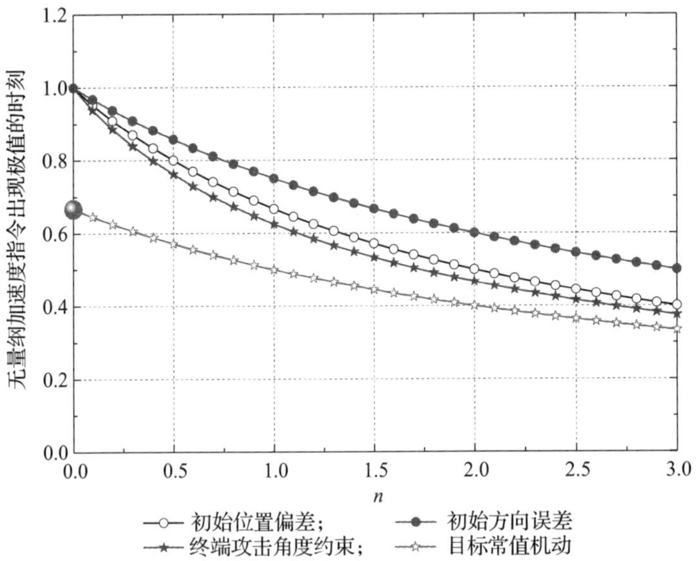

图 3.6　初始时刻之外的无量纲加速度指令极值出现时刻

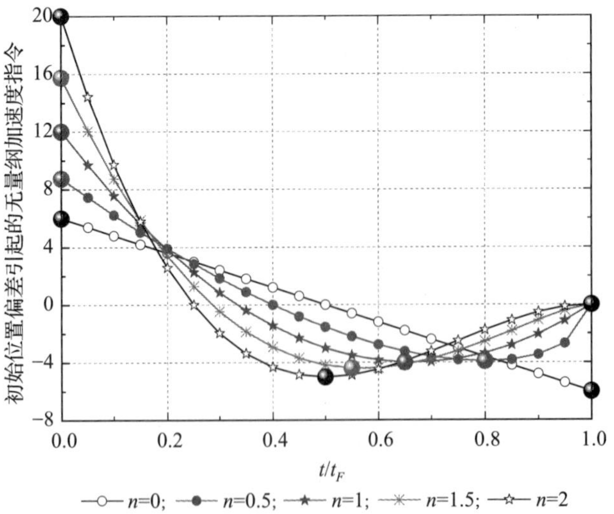

图 3.7　初始位置偏差引起的无量纲加速度指令

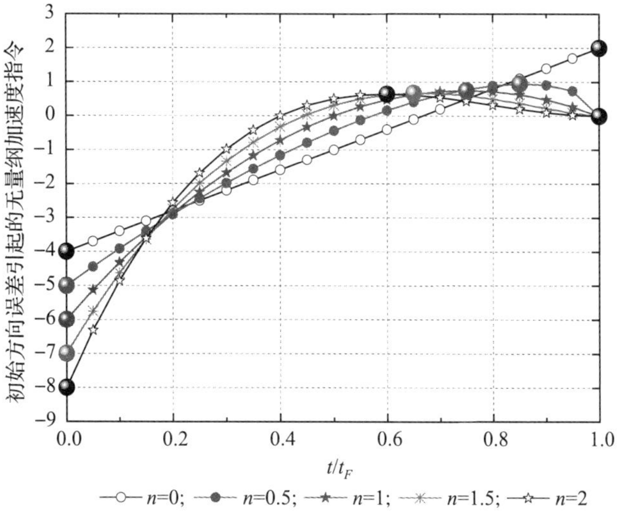

图 3.8　初始方向误差引起的无量纲加速度指令

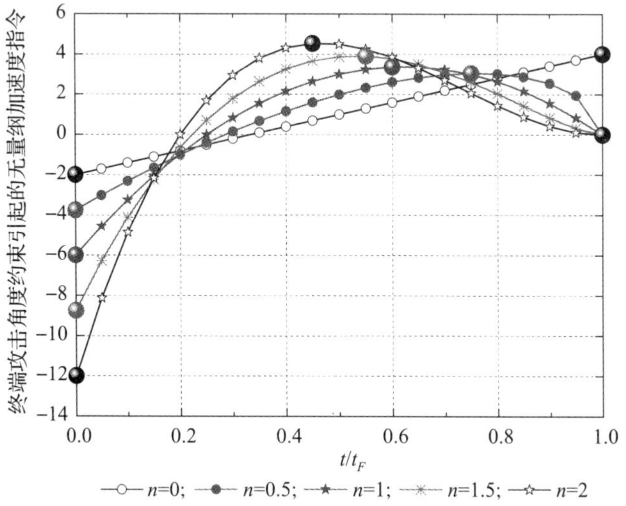

图 3.9　终端角度约束引起的无量纲加速度指令

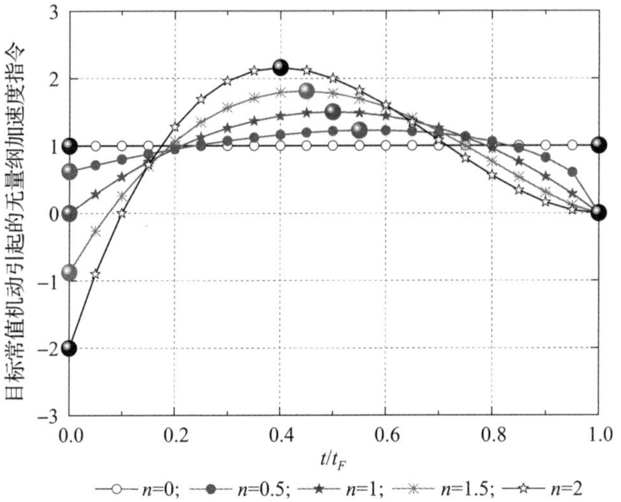

图 3.10　目标机动引起的无量纲加速度指令

根据式（3.56）~式（3.62）、图 3.4 ~ 图 3.10 以及给定的初始条件和终端约束条件，制导系统工程师可计算弹道初始时刻、终端时刻的加速度指令大小以及在整个飞行过程中的加速度指令极值及其出现时刻，分析 EOIACGL 在全弹道飞行时间上的加速度变化规律，预估制导系统可能存在的过载饱和点，为 EOIACGL 的工程应用奠定理论基础。

3.4　引入制导动力学滞后及量测误差的 EOIACGL 制导特性分析

在工程应用中，制导动力学滞后、量测误差、过载限制等附加因素的引入，使得制导系统也很难按照 EOIACGL 达到理想的终端位置、终端攻击角度等约束指标，这其中，制导动力学滞后是引起制导性能下降的主要因素之一，特别是在制导末段，动力学滞后对制导性能的影响更为显著。

对一个具有实际意义的制导系统，制导动力学是必须要考虑的内容，这其中包括导引头动力学、制导滤波器、驾驶仪动力学等。这些动力学既可能是高阶的，也可能是低阶的，这取决于建模的准确性及系统的需求[5]。对驾驶仪动力学，在设计制导律时一般有两种处理方法，一种是在制导律推导之初就将驾驶仪动力学考虑进去，这样所设计的制导律在满足终端位置、终端攻击角度约束的同时还能使末段的加速度指令为零，但最终的制导律形式较为复杂且要求驾驶仪时间常数、time - to - go 等精确已知，这部分内容将在第 4 章进行研究；另一种是如式（3.24）所示，在推导过程中并不含驾驶仪动力学，是无驾驶仪动力学情况下的最优制导律，但当驾驶仪动力学、导引头动力学以及初始方向误差、导引头零位误差、导引头量测噪声等引入制导系统中时，EOIACGL 退化为非最优的，此时的 EOIACGL 制导特性如何是本节需要研究的内容。

本节的研究分四大部分：首先，假设目标为地面固定或慢速移动目标（即不考虑目标机动），在终端攻击角度约束下，分析一阶驾驶仪动力学滞后的引入对 EOIACGL 制导特性的影响；其次，基于同样的假设和终端攻击角度约束，分析高阶驾驶仪动力学滞后的引入对 EOIACGL 制导特性的影响；又次，依然假设目标为地面固定或慢速移动目标，分析同时引入一阶导引头动力学、一阶驾驶仪动力学以及导引头量测误差情况下的 EOIACGL 制导特性；最后，分析在目标机动作用下，一阶驾驶仪动力学滞后的引入对 EOIACGL 制导特性的影响。

为简化描述、突出重点，在后面的分析中，若无特别说明，EOIACGL 中均略去目标常值机动项。在下面的脱靶量和终端攻击角度误差仿真结果中，虚－实线表示伴随法仿真结果，离散点表示打点法仿真结果。

3.4.1 引入一阶驾驶仪动力学滞后的 EOIACGL 制导特性分析

不考虑目标机动，引入一阶驾驶仪动力学的 EOIACGL 制导系统结构框图如图 3.11 所示，对应的无量纲化终端位置误差（脱靶量）、终端角度误差伴随系统如图 3.12～图 3.13 所示。图中，$\bar{\tau}=(t_F-t)/T_g$，T_g 为一阶驾驶仪动力学滞后时间常数；$\bar{y}'_{MT\text{miss}}|_{q_F}$、$\bar{\theta}_{\text{miss}}|_{q_F}$、分别表示由终端攻击角度约束引起的无量纲脱靶量和终端攻击角度误差，$y'_{MT\text{miss}}|_{q_F}$、$\bar{\theta}_{\text{miss}}|_{q_F}$表示对应的有量纲值。

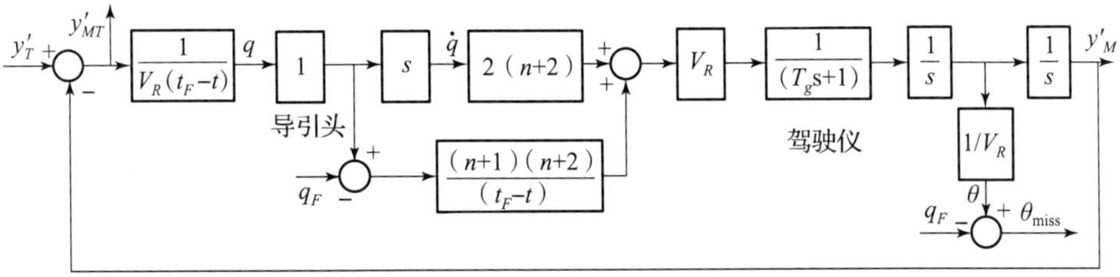

图 3.11 引入一阶驾驶仪动力学的 EOIACGL 制导系统结构框图

图 3.14 给出了引入一阶驾驶仪动力学后，由终端攻击角度约束引起的无量纲加速度指令和响应。对比图 3.9 可以看出，由于驾驶仪动力学的引入，EOIACGL 制导系统的终端加速度指令和响应均与期望值不符，且有发散的趋势。

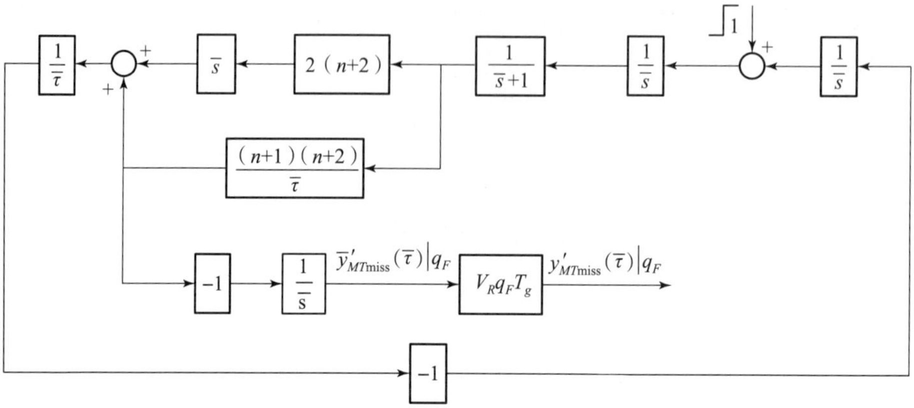

图 3.12　引入一阶驾驶仪动力学的 EOIACGL 脱靶量伴随系统

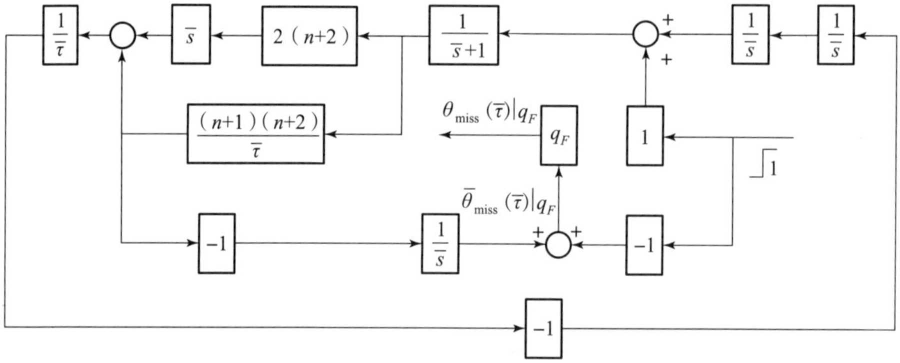

图 3.13　引入一阶驾驶仪动力学的 EOIACGL 终端角度误差伴随系统

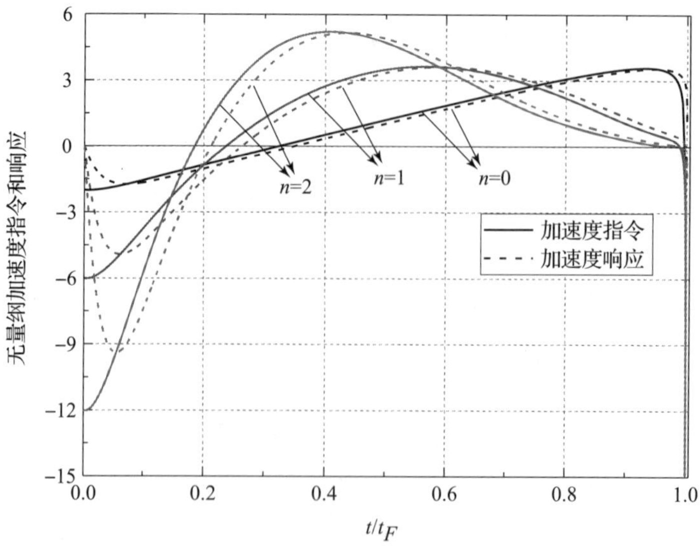

图 3.14　由一阶驾驶仪动力学引起的 EOIACGL 无量纲加速度指令及响应

图 3.15～图 3.16 分别给出了 n 为 0、1、2 时 EOIACGL 制导系统在一阶驾驶仪动力学及终端攻击角度约束作用下的无量纲脱靶量和无量纲终端角度误差。仿真结果表明，当末导时间 t_F 为驾驶仪动力学滞后时间常数的 15 倍左右时（即 $t_F/T_g \approx 15$），由一阶驾驶仪动力学及终端攻击角度约束引起的脱靶量和终端攻击角度误差均趋近于 0；随着 n 的增大，脱靶量和终端攻击角度误差振荡加剧，收敛时间加长。

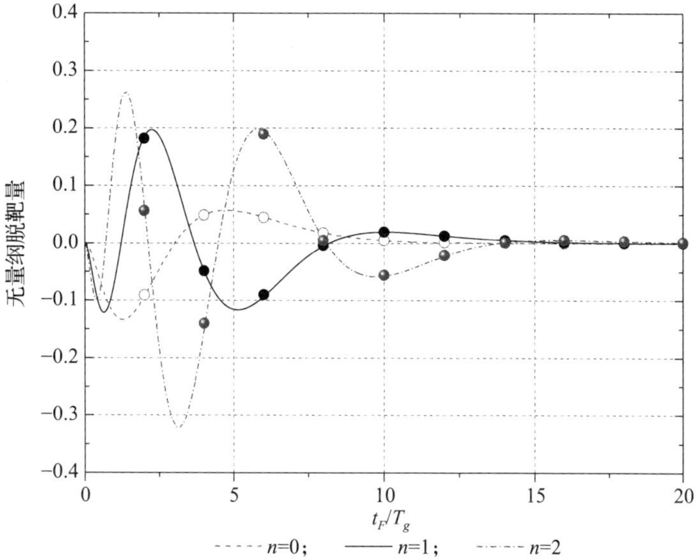

图 3.15　由一阶驾驶仪及终端攻击角度约束引起的无量纲脱靶量

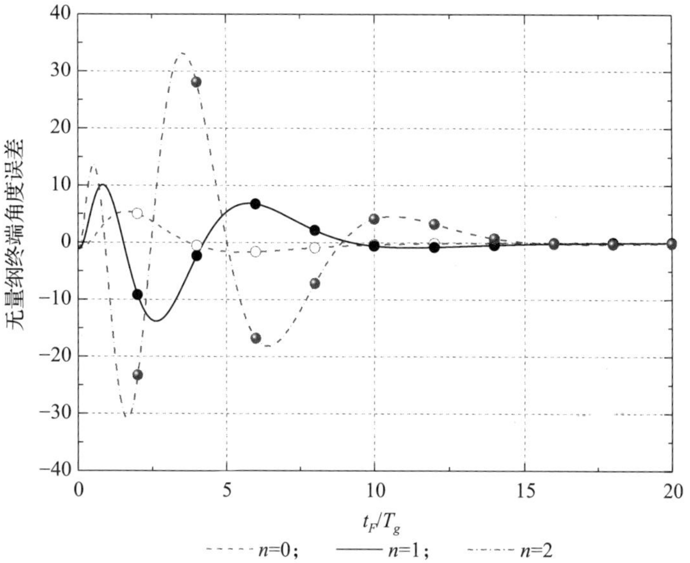

图 3.16　由一阶驾驶仪及终端攻击角度约束引起的无量纲终端角度误差

初始方向误差对制导系统的影响与终端攻击角度约束对制导系统的影响非常类似，此处不再赘述。

3.4.2 引入高阶驾驶仪动力学滞后的 EOIACGL 制导特性分析

将图 3.11 中的一阶驾驶仪 $1/(T_g s+1)$ 换成 m 阶驾驶仪 $1/(T_g s/m+1)^m$，m 为 1 ~5 的整数，则制导系统如图 3.17 所示。对 $m\in[1, 5]$ 的 m 阶驾驶仪 $1/(T_g s/m+1)^m$，其一阶项时间常数为 T_g，并不受 m 取值的影响，这为制导特性的分析创造了方便。

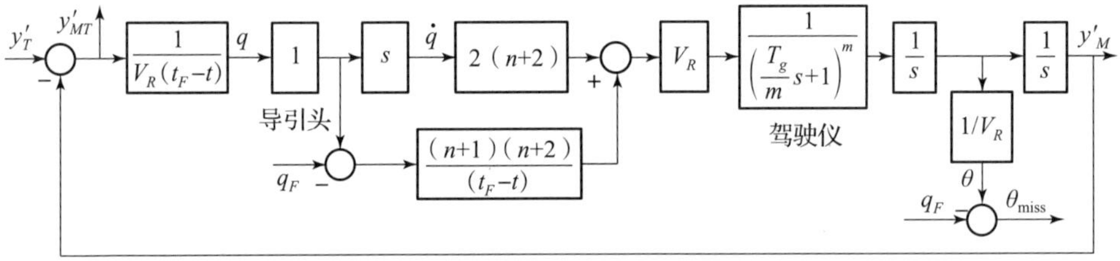

图 3.17 引入高阶驾驶仪动力学的 EOIACGL 制导系统

图 3.18 ~ 图 3.19 给出了在终端攻击角度约束下由 m 阶驾驶仪动力学引起的无量纲脱靶量随动力学阶数 m 及幂指数 n 的变化曲线。由此可以看出，驾驶仪动力学阶数 m 和幂指数 n 越大，脱靶量振荡越厉害，且幂指数 n 对脱靶量的影响更大；当末导时间 t_f 大于驾驶仪动力学滞后时间常数 T_g 的 15 倍左右时，无量纲脱靶量收敛到零附近。

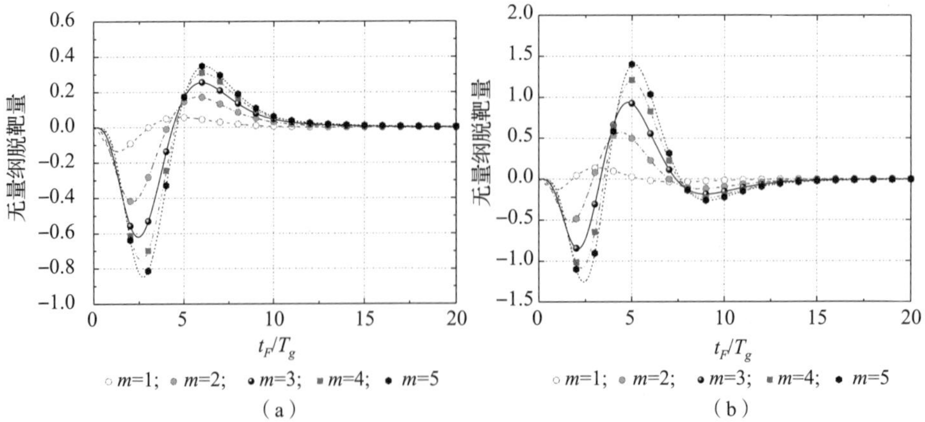

图 3.18 由 q_F 引起的无量纲脱靶量随动力学阶数 m 变化曲线

(a) $n=0$；(b) $n=0.5$

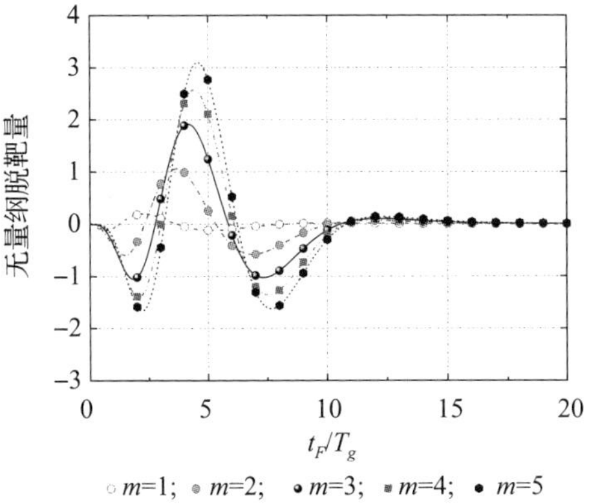

（c）

图 3.18　由 q_F 引起的无量纲脱靶量随动力学阶数 m 变化曲线（续）

（c）$n=1$

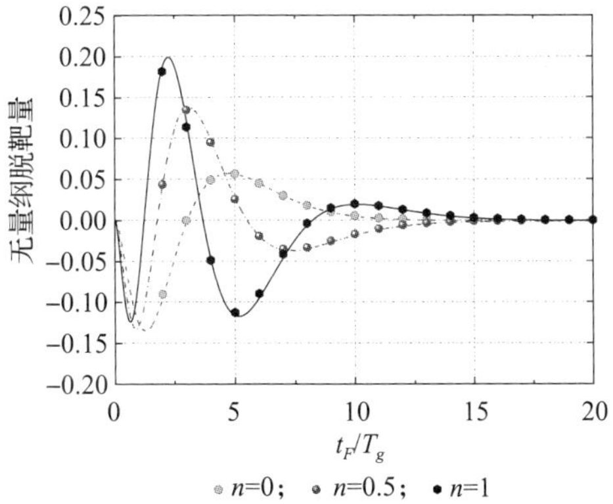

（a）

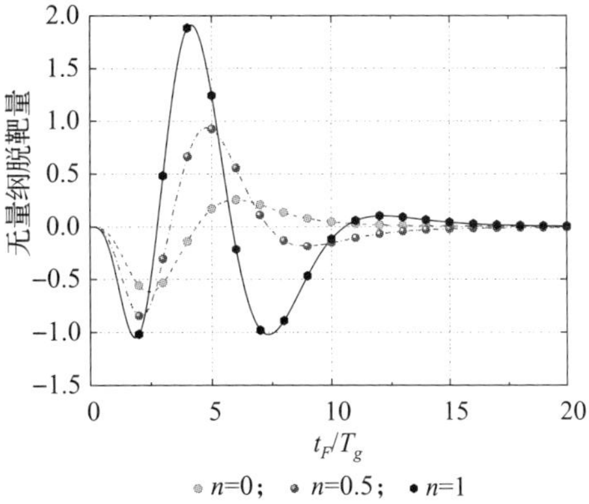

（b）

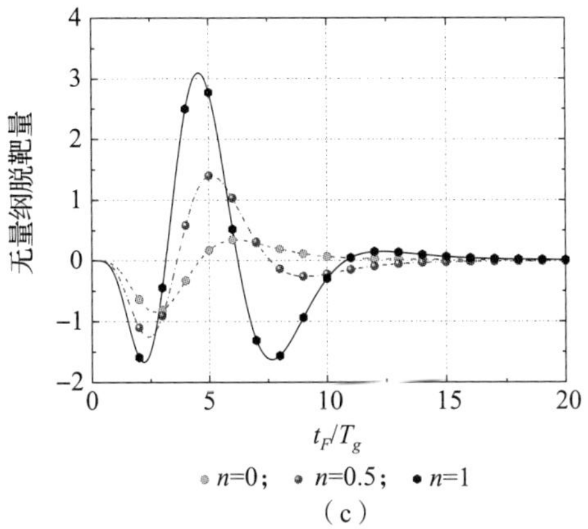

（c）

图 3.19　由 q_F 引起的无量纲脱靶量随幂指数 n 变化曲线

（a）$m=1$；（b）$m=3$；（c）$m=5$

图 3.20 ~ 图 3.21 给出了在终端攻击角度约束下由 m 阶驾驶仪动力学引起的无量纲终端角度误差随动力学阶数 m 及幂指数 n 的变化曲线。由此可知，n 越大，终端角度误差振荡越厉害；当 $m=1$ 且无量纲末导时间较短时，终端角度误差振荡较大；当 m 取 2 ~ 5 时，终端角度误差振荡趋势一致。同样，当末导时间达到驾驶仪动力学滞后时间常数的 15 倍左右时，终端角度误差也都收敛到零附近。

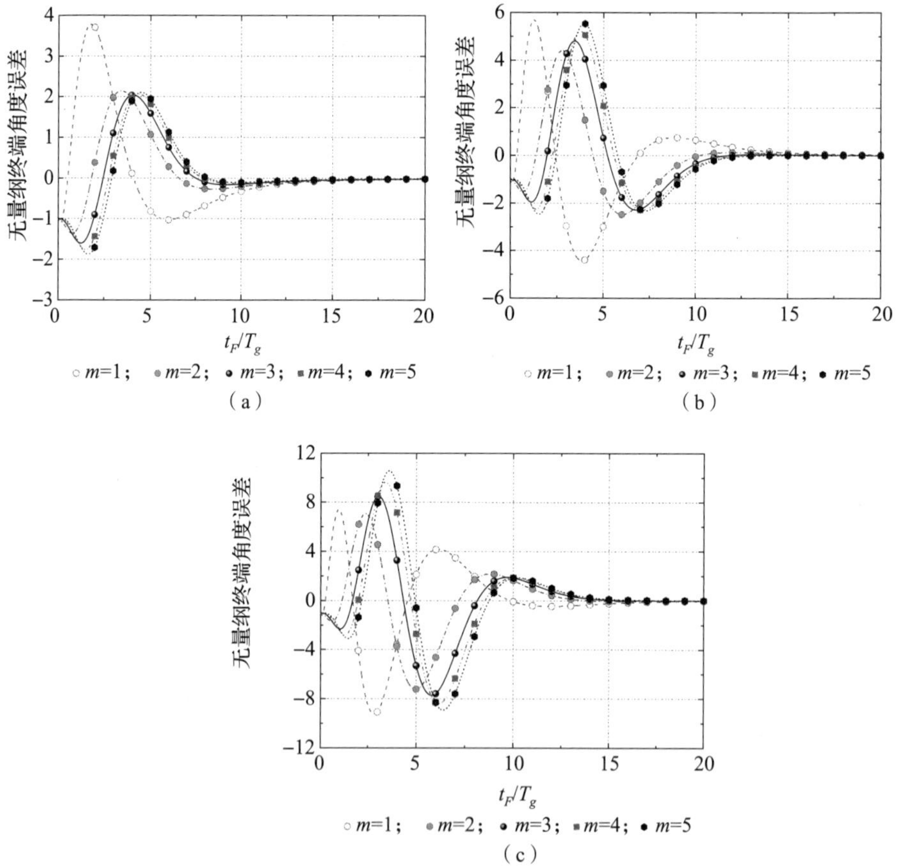

图 3.20　由 q_F 引起的无量纲终端攻击角度误差随 m 变化曲线

(a) $n=0$；(b) $n=0.5$；(c) $n=1$

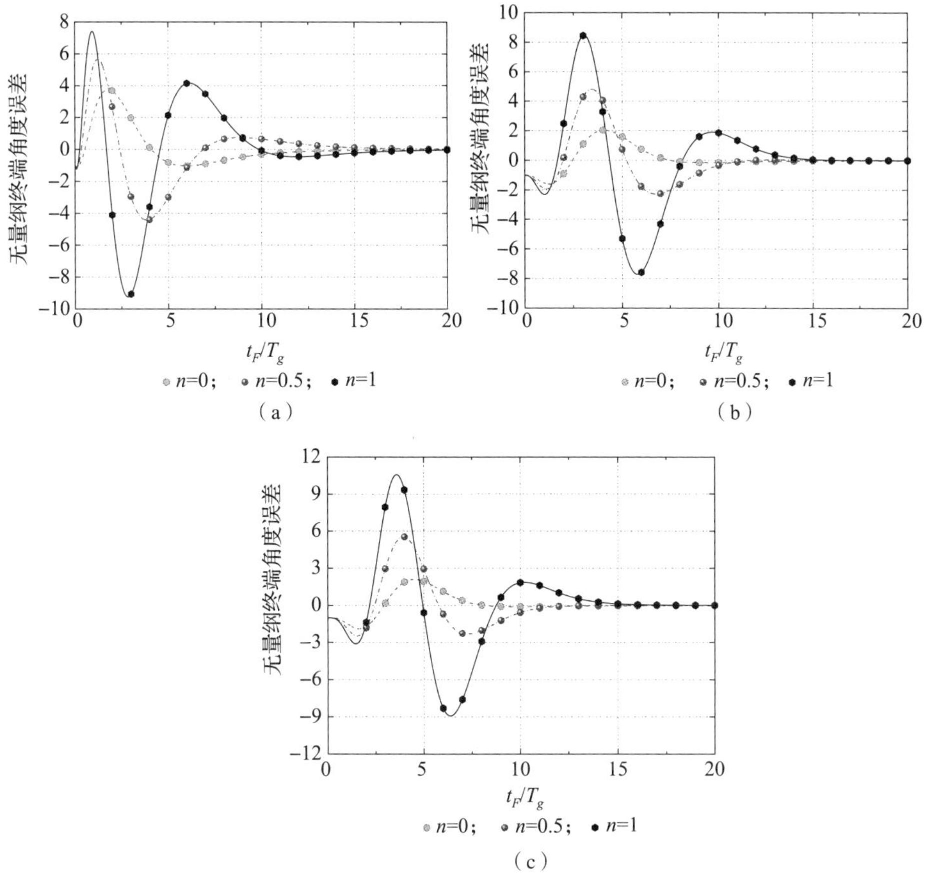

图 3.21　由 q_F 引起的无量纲终端角度误差随 n 变化曲线

（a）$m=1$；（b）$m=3$；（c）$m=5$

3.4.3　引入一阶制导动力学及量测误差的 EOIACGL 制导特性分析

不考虑目标机动，分别引入一阶导引头动力学 $1/(T_h s+1)$ 和一阶驾驶仪动力学 $1/(T_a s+1)$，系统总滞后时间常数为 T_g，即 $T_g=T_h+T_a$。同时，引入导引头弹目视线角速度零位误差 $\Delta\dot{q}$、弹目视线角度零位误差 Δq 以及导引头角噪声 u_a（功率谱密度为 K_a^2），此时，EOIACGL 的制导系统框图如图 3.22 所示。改变图 3.22 中导引头和驾驶仪动力学滞后在总滞后中的权重比，即可研究导引头和驾驶仪动力学的快速性比值对制导系统脱靶量和终端角度误差的影响。用无量纲的 $\bar{s}$ 替换 $T_g s$ 后，导引头和驾驶仪的权状态选取如表 3.3 所示。

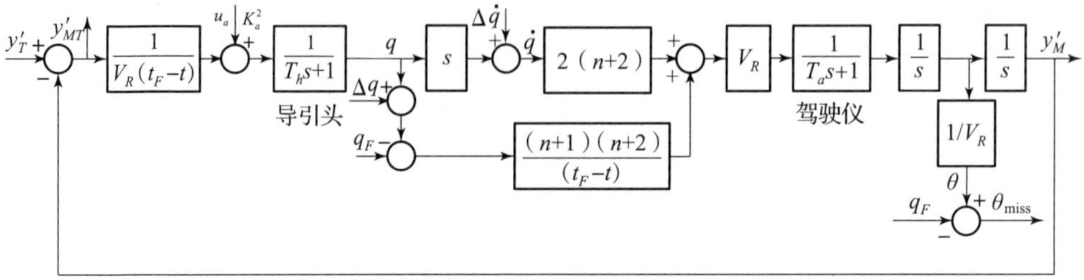

图 3.22　引入制导动力学以及导引头量测误差的 EOIACGL 制导系统框图

表 3.3　导引头和驾驶仪动力学不同选取状态

权状态	No. 1	No. 2	No. 3	No. 4	No. 5
导引头动力学	$1/\left(\frac{T_g}{6}s+1\right)$	$1/\left(\frac{T_g}{3}s+1\right)$	$1/\left(\frac{T_g}{2}s+1\right)$	$1/\left(\frac{2T_g}{3}s+1\right)$	$1/\left(\frac{5T_g}{6}s+1\right)$
驾驶仪动力学	$1/\left(\frac{5T_g}{6}s+1\right)$	$1/\left(\frac{2T_g}{3}s+1\right)$	$1/\left(\frac{T_g}{2}s+1\right)$	$1/\left(\frac{T_g}{3}s+1\right)$	$1/\left(\frac{T_g}{6}s+1\right)$
T_h/T_a 比值	1/5	1/2	1	2	5

定义 $\bar{y}'_{MT\text{miss}}|_{\Delta q}$、$\bar{y}'_{MT\text{miss}}|_{\Delta\dot{q}}$、$\bar{\sigma}_{\text{miss}}|_a$ 分别为导引头弹目视线角及角速率零位误差、探测器噪声引起的无量纲脱靶量；$\bar{\theta}_{\text{miss}}|_{\Delta q}$、$\bar{\theta}_{\text{miss}}|_{\Delta\dot{q}}$、$\bar{\sigma}_{\theta\text{miss}}|_a$ 为对应的无量纲终端攻击角度误差。有量纲的脱靶量、终端攻击角度误差和无量纲的脱靶量、终端攻击角度误差间的关系为

$$y'_{MT\text{miss}}|_{\Delta q}=\bar{y}'_{MT\text{miss}}|_{\Delta q}V_R\Delta qT_g,\theta_{\text{miss}}|_{\Delta q}=\bar{\theta}_{\text{miss}}|_{\Delta q}\Delta q \tag{3.63}$$

$$y'_{MT\text{miss}}|_{\Delta\dot{q}}=\bar{y}'_{MT\text{miss}}|_{\Delta\dot{q}}V_R\Delta\dot{q}T_g^2,\theta_{\text{miss}}|_{\Delta\dot{q}}=\bar{\theta}_{\text{miss}}|_{\Delta\dot{q}}\Delta\dot{q}T_g \tag{3.64}$$

$$\sigma_{\text{miss}}|_a=\bar{\sigma}_{\text{miss}}|_aV_RK_aT_g^{1/2},\sigma_{\theta\text{miss}}|_a=\bar{\sigma}_{\theta\text{miss}}|_a\frac{K_a}{T_g^{1/2}} \tag{3.65}$$

由式（3.63）~式（3.65）可以看出，弹目视线角零位误差引起的脱靶量与 V_R、Δq、T_g 成正比，终端攻击角度误差与 Δq 成正比；弹目视线角速率零位误差引起的脱靶量与 V_R、$\Delta\dot{q}$、T_g^2 成正比，终端攻击角度误差与 $\Delta\dot{q}$、T_g 成正比；导引头角噪声引起的脱靶量与 K_a、V_R、$T_g^{1/2}$ 成正比，终端攻击角度误差与 K_a 成正比、与 $T_g^{1/2}$ 成反比。

图 3.23 ~ 图 3.24 给出了由一阶制导动力学及导引头弹目视线角零位误差引起的无量纲脱靶量和终端攻击角度误差。由此可以看出，对不同的指数 n 及不同的导引头和驾驶仪动力学滞后时间常数权重选取状态，当末导时间是

制导系统滞后时间常数的 15 倍左右时，由导引头弹目视线角零位误差引起的无量纲脱靶量收敛到零附近、无量纲终端攻击角度误差收敛到 -1 附近；随着指数 n 的增大及导引头动力学的变慢，无量纲脱靶量和终端攻击角度误差振荡趋势加剧、峰值加大；与驾驶仪动力学相比，增加导引头的快速性能更有效地减少导引头弹目视线角零位误差对制导精度的影响。

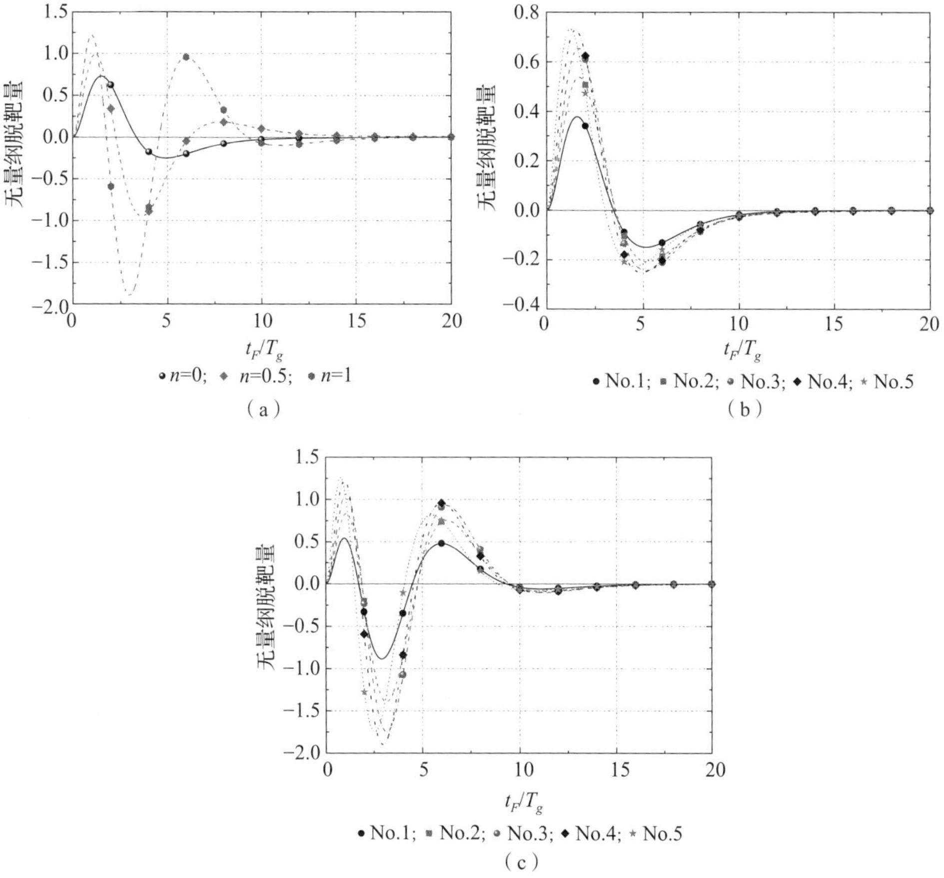

图 3.23　由一阶制导动力学及 Δq 引起的无量纲脱靶量

(a) $T_h/T_a=2$；(b) $n=0$；(c) $n=1$

下面分析终端攻击角度误差收敛到 -1 的产生原因。由式（3.29）可知，终端攻击角度约束项为$(q-q_F)/t_{go}$，弹目视线角 q 追踪终端约束角 q_F；当弹目视线角有零位误差 Δq 时，落角约束项实际变为$[q-(q_F-\Delta q)]/t_{go}$，弹目视线角 q 实际追踪的是（$q_F-\Delta q$）。若末导时间足够长，在弹道末端，$\theta_F=(q_F-\Delta q)$，则无量纲终端攻击角度误差为$(\theta_F-q_F)/\Delta q=-\Delta q/\Delta q=-1$，即上述仿真结果与理论分析是一致的。

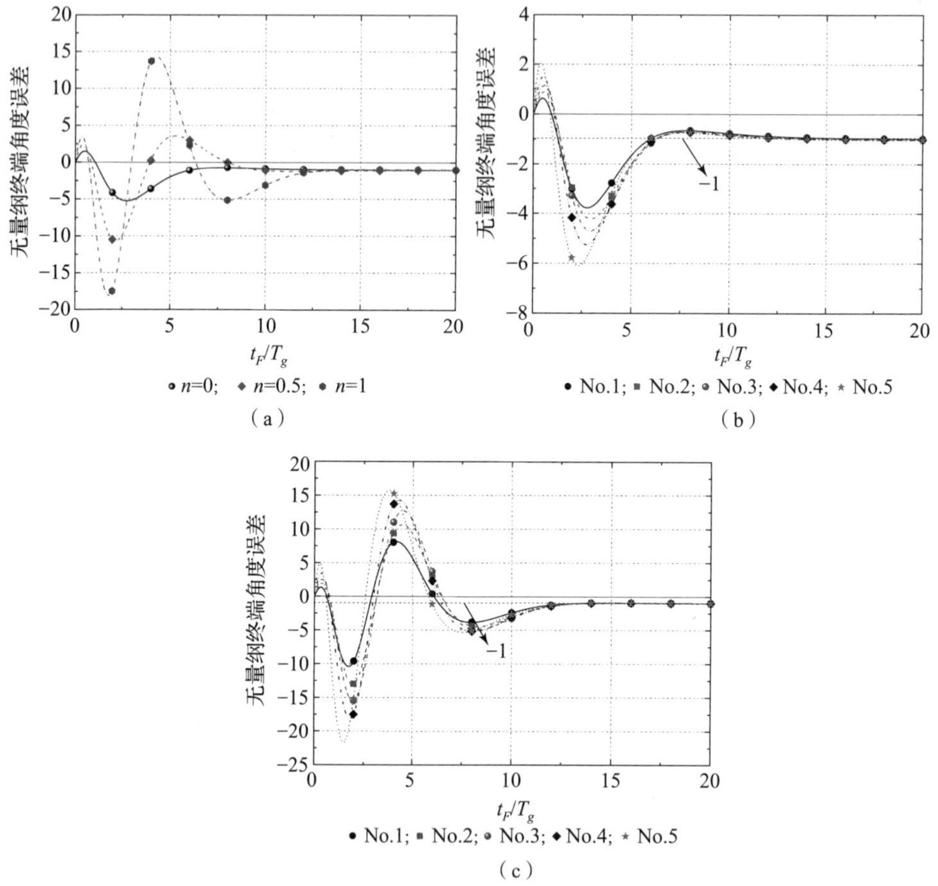

图 3.24　由一阶制导动力学及 Δq 引起的无量纲终端攻击角度误差

(a) $T_h/T_a=2$；(b) $n=0$；(c) $n=1$

图 3.25～图 3.26 分别给出了由一阶制导动力学及导引头弹目视线角速率零位误差引起的无量纲脱靶量和终端攻击角度误差。由图 3.25（a）～(b)、图 3.26（a）～(b）可以看出，当 t_F/T_g 较小时，n 越大，无量纲脱靶量振荡过程越厉害；当 $n\in[0,\ 0.5]$ 时，无量纲脱靶量和终端攻击角度误差都较大，因此，为了使脱靶量和终端攻击角度误差都处于较低的水平，要求 $n>0.5$，即要求较大的指数 n。图 3.25（b）～(c)、图 3.26（b）～(c）表明，提高导引头的响应速度比提高驾驶仪的响应速度更有利于降低 EOIACGL 制导系统的脱靶量和终端攻击角度误差。

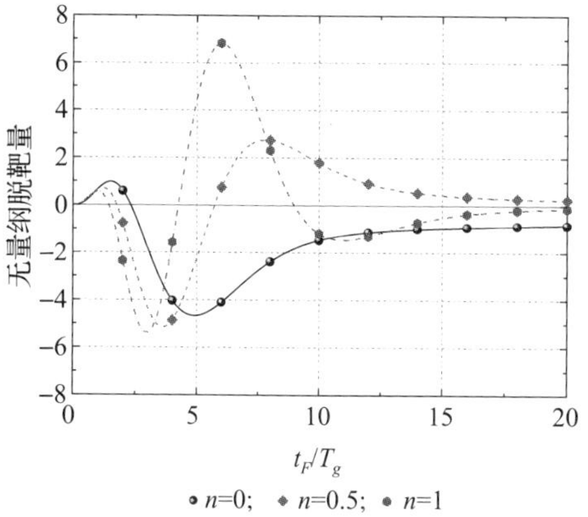

（a）

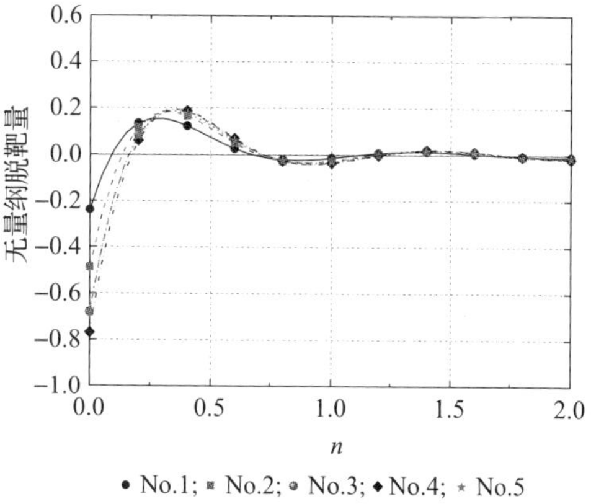

（b）

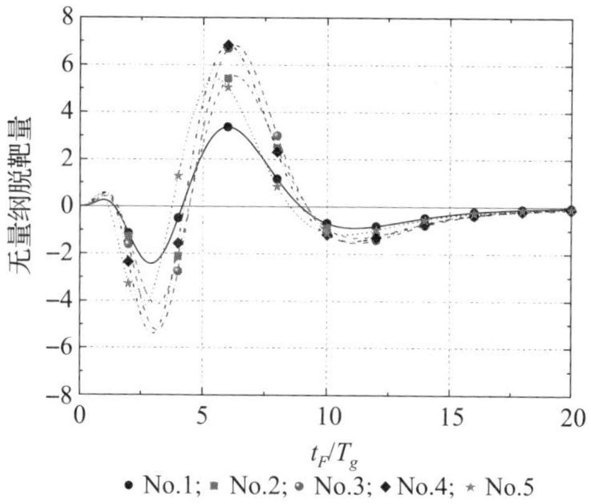

（c）

图 3.25　由一阶制导动力学及 $\Delta\dot{q}$ 引起的无量纲脱靶量

（a）$T_h/T_a=2$；（b）$t_F/T_g=30$；（c）$n=1$

图 3.27 ~ 图 3.28 分别给出了由一阶制导动力学及导引头探测器角噪声引起的无量纲脱靶量和终端攻击角度误差。由仿真结果可以看出，伴随法仿真结果与打点法仿真结果完全一致。图 3.27（a）~（b）、图 3.28（a）~（b）的仿真结果表明，导引头探测器角噪声引起的无量纲脱靶量和终端攻击角度误差并不随无量纲末导时间的增大而趋向于零，当末导时间大于制导系统滞后时间常数的 10 倍时，脱靶量和终端攻击角度误差达到稳态值，且随着指数 n 的增大，该稳态值显著增大。图 3.27（b）~（c）、图 3.28（b）~（c）的仿真结果表明，在系统总滞后时间常数一定及脱靶量和终端攻击角度误差达到稳态值（$t_F/T_g>15$）的情况下，随着导引头和驾驶仪时间常数比值的变化，当

导引头与驾驶仪响应速度一致时，EOIACGL 系统无量纲脱靶量和终端攻击角度误差均达到最大值。由于导引头探测器角噪声引起的脱靶量与 $T_g^{1/2}$ 成正比，终端攻击角度误差与 $T_g^{1/2}$ 成反比，因此，在制导系统滞后时间常数 T_g 一定的情况下，为了尽量降低探测器角噪声对制导精度的影响，指数 n 不应选得过大，这与比例导引的相关结论是类似的。

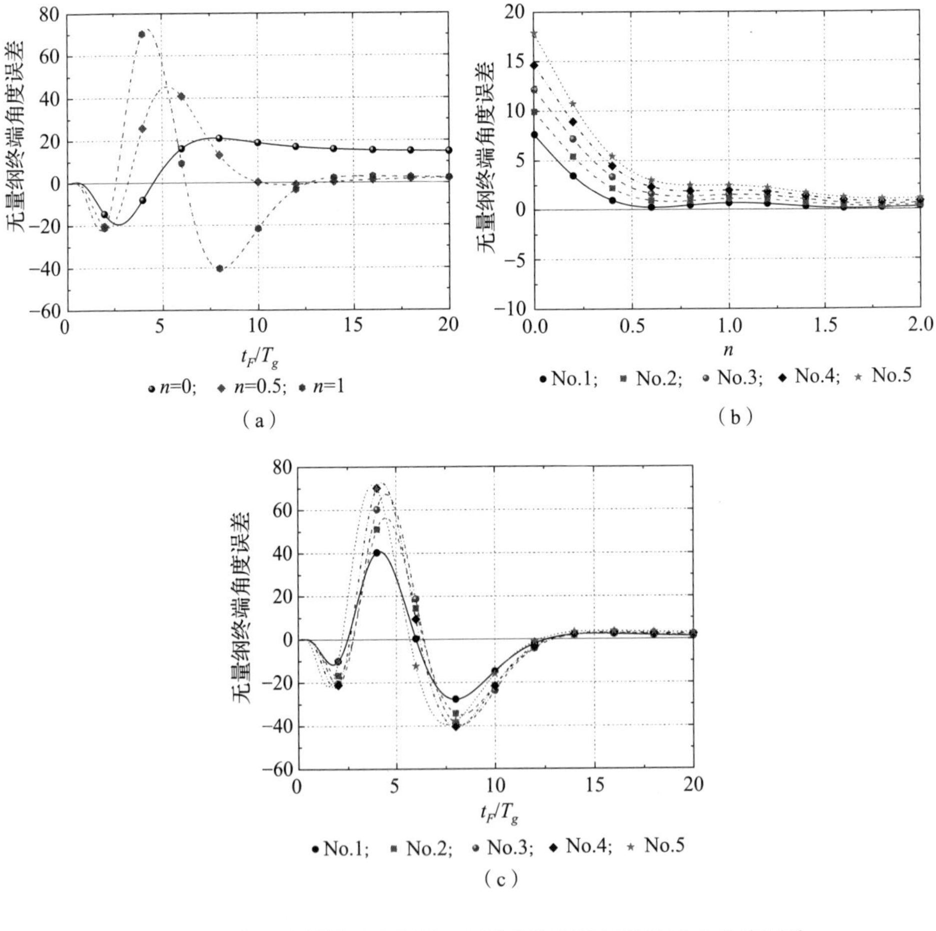

图 3.26　由一阶制导动力学及 $\Delta\dot{q}$ 引起的无量纲终端攻击角度误差

（a）$T_h/T_a=2$；（b）$t_F/T_g=30$；（c）$n=1$

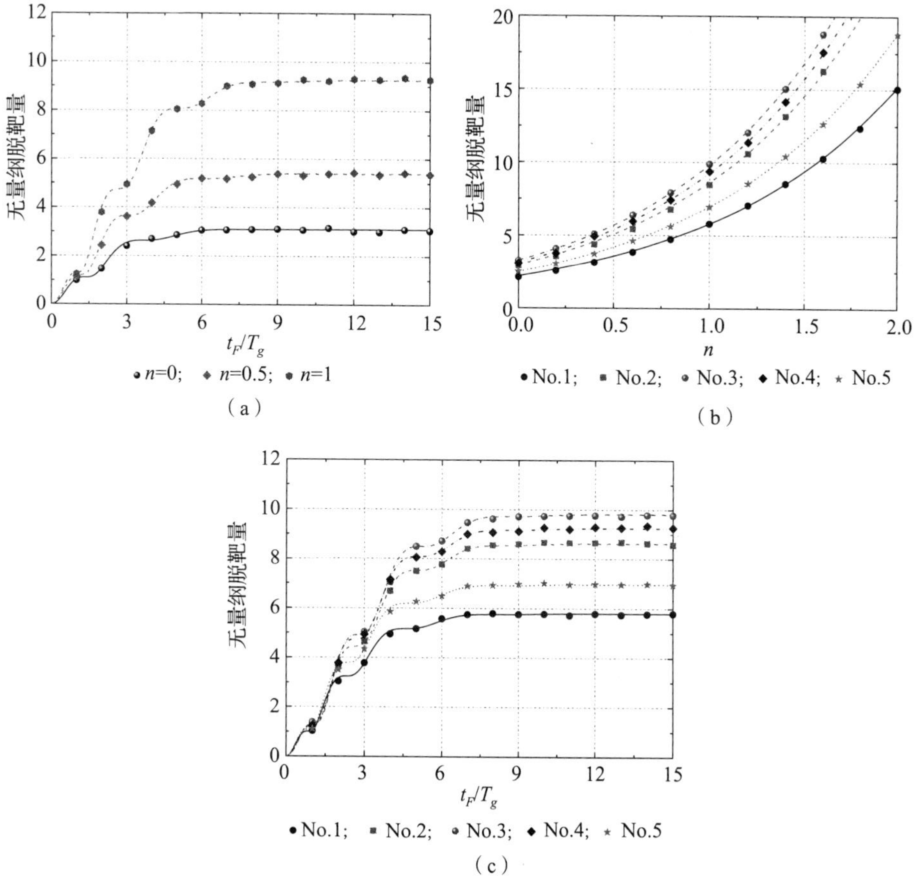

图 3.27　由一阶制导动力学及导引头探测器角噪声引起的无量纲脱靶量

(a) $T_h/T_a=2$；(b) $t_F/T_g=15$；(c) $n=1$

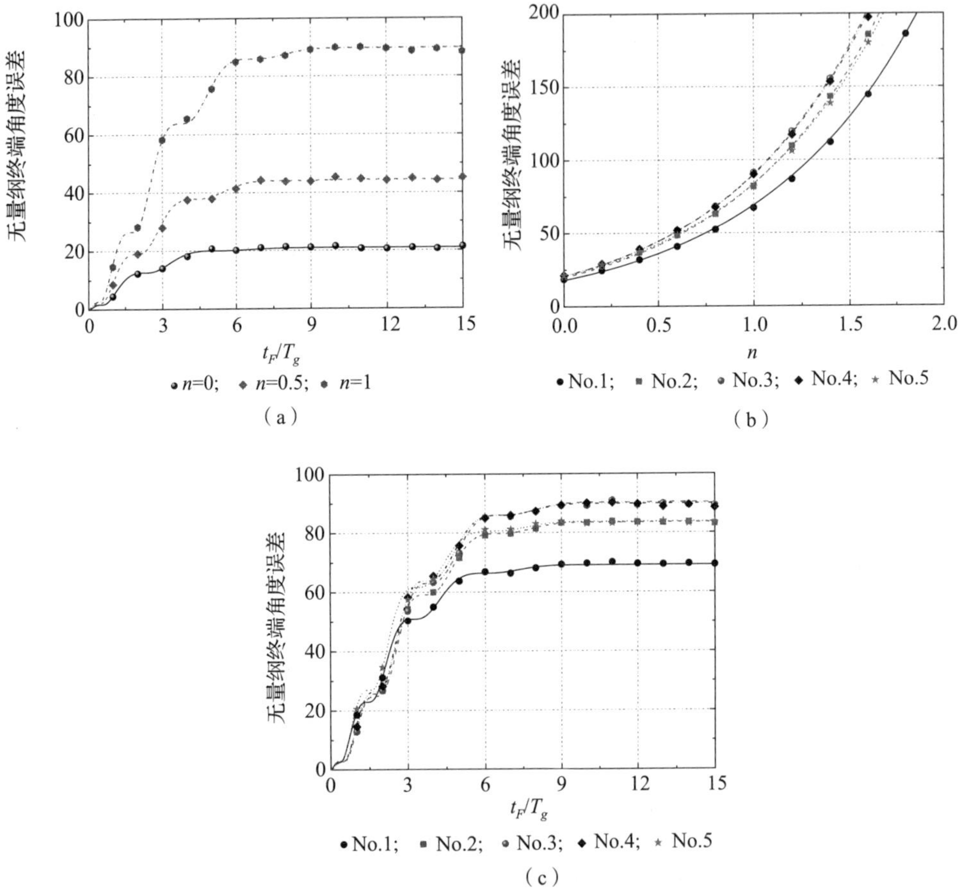

图 3.28　由一阶制导动力学及导引头探测器角噪声引起的无量纲终端攻击角度误差

（a）$T_h/T_a=2$；（b）$t_F/T_g=15$；（c）$n=1$

3.4.4　引入一阶驾驶仪及目标机动的 EOIACGL 制导特性分析

根据不同的攻击/拦截目标特性，可以建立不同的目标机动模型。对地面机动车辆或海上移动舰船来说，速度和机动能力相对导弹差距较大，将其假设为匀速直线运动的慢速目标是合理的。对弹道导弹这样一类空中目标，由于质量或结构布局的不对称，导弹在再入大气层时，会产生螺旋机动或波形机动（weave maneuver），因此可采用波形机动模型来描述。对其他重要的空中机动目标，如战术导弹、战斗机等，瞬态机动能力较强且需实时预测，在做制导特性研究时通常采用常值或随机加速度机动模型。常值机动是指在从末制导启动的 0 时刻到末制导终点时刻的时间 t_F 内，目标维持一个固定的加速度 a_T。目标随机机动可用图 3.29 所示的等效框图来描述，其中 u_{at}是具有功

率谱密度 $\Phi_{at}=a_T^2/t_F$ 的白噪声，$x(t)$ 是机动加速度为 a_T、机动起始时刻均匀分布在 t_F 内的单位阶跃运动[5]。

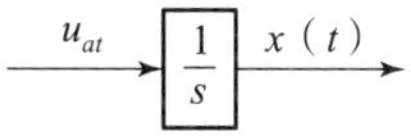

图 3.29　目标随机机动模型

一般而言，数学模型只能在某些特定的条件下接近真实情况，要完全描述目标的运动特性是很困难的。但上述机动模型表达式简单、物理意义明确，在做制导特性研究时依然具有较大的理论和工程价值，并被广泛采用。同时，在不同的模型下，制导律的“最优性”也不相同，如式（3.27）对常值机动目标的最优制导律，对随机机动目标是非最优的；式（3.28）对固定或慢速移动目标可理解成最优的，但对常值机动或随机机动目标不是最优的。

本节以式（3.27）为基础，研究分别考虑目标常值机动和随机机动时制导律的制导性能。同样，为简化研究，仅引入一阶驾驶仪动力学。

图 3.30 给出了考虑目标常值机动和随机机动的 EOIACGL 制导系统框图，其中，K_1、K_2 分别为目标常值机动、随机机动标志量，$K_1=1$、$K_2=0$ 表示只引入目标常值机动，$K_1=0$、$K_2=1$ 表示只引入目标随机机动。

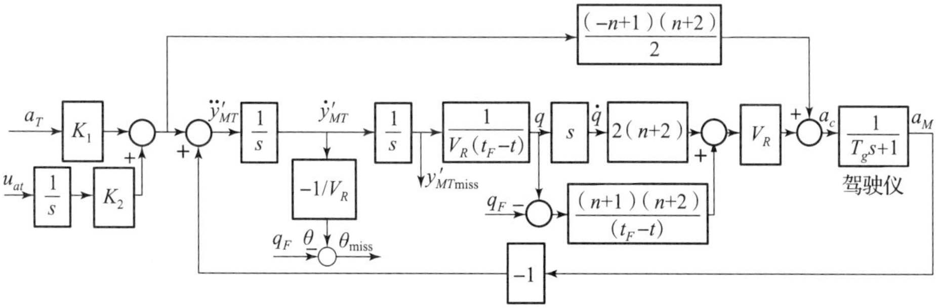

图 3.30　目标常值机动和随机机动输入下的 EOIACGL 制导系统

定义 $\bar{y}'_{MT\mathrm{miss}}|_{a_T}$、$\bar{\theta}_{\mathrm{miss}}|_{a_T}$，$\bar{\sigma}_{\mathrm{miss}}|_{a_T}$、$\bar{\sigma}_{\theta\mathrm{miss}}|_{a_T}$ 分别表示由目标常值机动、随机机动引起的无量纲脱靶量和无量纲终端攻击角度误差，$y'_{MT\mathrm{miss}}|_{a_T}$、$\theta_{\mathrm{miss}}|_{a_T}$，$\sigma_{\mathrm{miss}}|_{a_T}$、$\sigma_{\theta\mathrm{miss}}|_{a_T}$ 表示有量纲的值，二者之间的关系式为

$$\bar{y}'_{MT\mathrm{miss}}|_{a_T}=\frac{y'_{MT\mathrm{miss}}|_{a_T}}{a_T T_g^2},\ \bar{\theta}_{\mathrm{miss}}|_{a_T}=\frac{\theta_{\mathrm{miss}}|_{a_T}}{V_R^{-1}a_T T_g}\tag{3.66}$$

$$\bar{\sigma}_{\mathrm{miss}}|_{a_T}=\frac{\sigma_{\mathrm{miss}}|_{a_T}}{t_F^{-1/2}a_T T_g^{5/2}},\ \bar{\sigma}_{\theta\mathrm{miss}}|_{a_T}=\frac{\sigma_{\theta\mathrm{miss}}|_{a_T}V_R}{t_F^{-1/2}a_T T_g^{3/2}}\tag{3.67}$$

图 3.31 ~ 图 3.34 分别给出了由一阶驾驶仪动力学滞后及目标常值机动、

目标随机机动引起的无量纲脱靶量和无量纲终端攻击角度误差。图 3.31 ~ 图 3.34 的仿真结果表明，当 $t_F/T_g>15$，即末导时间大于驾驶仪动力学滞后时间常数的 15 倍左右时，可使目标常值机动作用下的无量纲脱靶量和终端攻击角度误差趋近于零；同时，随着指数 n 的增大，无量纲脱靶量和终端攻击角度误差振荡加剧，收敛时间也相应地加长。图 3.33 ~ 图 3.34 的仿真结果表明，随着无量纲末导时间的增大，无量纲脱靶量和终端攻击角度误差并不收敛到零，而是维持在一个稳态的值；而且 n 越大，无量纲脱靶量和终端攻击角度误差的稳态值也越大，这与比例导引的相关结论也是对应的。

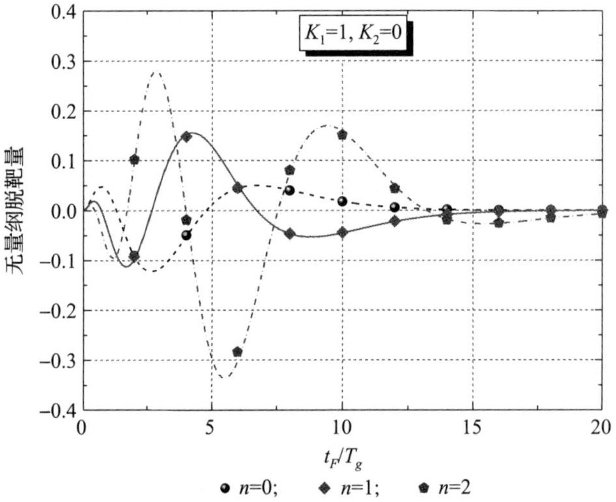

图 3.31　由目标常值机动引起的无量纲脱靶量

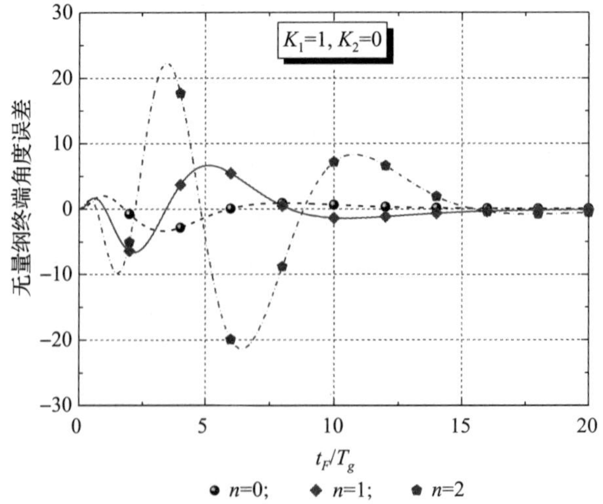

图 3.32　由目标常值机动引起的无量纲终端攻击角度误差

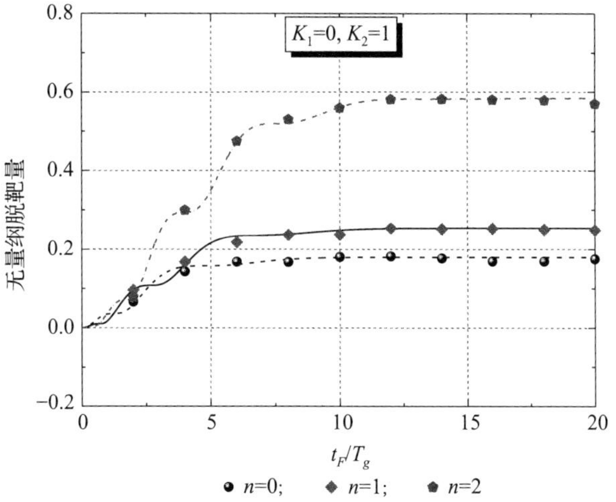

图 3.33　由目标随机机动引起的无量纲脱靶量

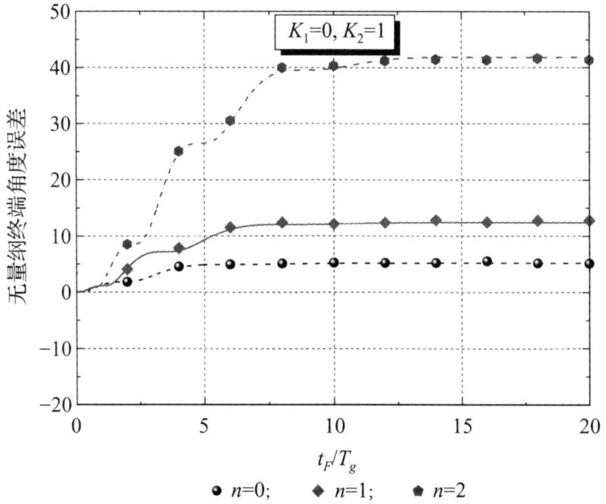

图 3.34　由目标随机机动引起的无量纲终端攻击角度误差

3.5　总结与拓展阅读

本章首先研究了给定终端约束的线性最优控制问题，给出了在指定终端约束下的二次型最优控制解。通过将最优制导问题中的传统权函数 R 扩展为剩余飞行时间的幂函数形式，利用线性二次型最优控制解对传统的角度控制最优制导律进行了扩展，得到扩展的角度控制最优制导律并讨论了 EOIACGL 与 COIACGL 的继承关系。其次，利用 Schwartz 不等式理论研究了给定初值和终端约束的最优制导问题，得到在给定的初值和终端约束情况下的 EOIACGL 加速度指令闭环解，若将初始时刻设为当前时刻，则 EOIACGL 的加速度指令闭环解等价于 EOIACGL 制导律本身。此外，基于推导的 EOIACGL 加速度指令闭环解详细讨论了 EOIACGL 加速度指令在初始时刻、终端时刻、极值时刻以及全弹道飞行时间上的变化规律，研究结果有助于预估制导系统可能存在的过载饱和点。最后，系统地研究了制导动力学以及不同的导引头量测误差对 EOIACGL 的制导特性影响，为 EOIACGL 的工程应用奠定了理论基础。

需要强调的是，由于 EOIACGL 中的导航系数 N_p、N_q、N_a 与幂指数 n 一一对应，因此确定了幂指数 n，也就确定了导航系数。幂指数 n 大时有利于消除导引头弹目视线角速率零位误差引起的脱靶量，也能加快制导系统响应；但大的 n 会放大导引头探测器角噪声引起的制导误差，也会使导引头弹目视线角零位误差、终端攻击角度约束、初始方向误差等引起的制导误差振荡加剧、收敛时间变长，同时在弹道初始段也容易造成过载饱和。因此，制导系统工程师应根据导弹过载能力、各种量测误差引起的制导误差与总体技术指标间的关系，综合确定幂指数 n 的取值范围。

在 Paul Zarchan 的经典著作 *Tactical and Strategic Missile Guidance* 中，将带有终端角度控制最优制导律称为弹道成型（trajectory shaping）[5]，并对其性能进行了详细的分析，读者可自行阅读；此外，文献［16－17］中首次提出了含有剩余飞行时间 n 次幂的目标函数形式，文献［18－20］以构造制导律的多项式表达式为研究切入点，所得制导律形式与本书可互为印证。

本章参考文献

［1］CHERRY G. A general explicit, optimizing guidance law for rocket－propelled spacecraft［C］//AIAA Astrodynamics guidance and control conference, 1964: 1－32.

［2］KIM M, GRIDER K V. Terminal guidance for impact attitude angle constrained flight trajectories［J］. IEEE transactions on aerospace and electronic systems, 1973, AES－9（6）: 852－859.

［3］BRYSON A E, HO Y C. Applied optimal control: optimization, estimation, and control［M］. New York: John Wiley & Sons, 1975: 148－176.

［4］BEN－ASHER J Z, YAESH I. Advances in missile guidance theory［M］. Virginia: AIAA Inc., 1998: 25－43.

［5］ZARCHAN P. Tactical and strategic missile guidance［M］. 6th ed. Virginia:

AIAA Inc., 2012: 541 - 569.

[6] WANG H, LIN D F, CHENG Z X, et al. Optimal guidance of extended trajectory shaping [J]. Chinese journal of aeronautics, 2014, 27 (5): 1259 - 1272.

[7] 王辉，林德福，祁载康，等. 扩展弹道成型末制导律特性分析与应用研究 [J]. 兵工学报, 2013, 34 (7): 801 - 809.

[8] 王辉，林德福，祁载康，等. 目标机动对扩展弹道成型制导系统脱靶量影响分析 [J]. 红外与激光工程, 2013, 42 (12): 3339 - 3346.

[9] 刘大卫，夏群力，崔莹莹，等. 具有终端位置和角度约束的广义弹道成型制导律 [J]. 北京理工大学学报, 2011, 31 (12): 1408 - 1413.

[10] RYOO C K, CHO H, TAHK M J. Closed - form solutions of optimal guidance with terminal impact angle constraint [C]//Proceedings of 2003 IEEE International Conference on Control Application, 2003: 504 - 509.

[11] RYOO C K, CHO H, TAHK M J. Optimal guidance laws with terminal impact angle constraint [J]. Journal of guidance, control, and dynamics, 2005, 28 (4): 724 - 732.

[12] LEE J I, JEON I S, TAHK M J. Guidance law to control impact time and angle [J]. IEEE transactions on aerospace and electronic systems, 2007, 43 (1): 301 - 310.

[13] RYOO C K, SHIN H S, TAHK M J. Energy optimal waypoint guidance synthesis for antiship missiles [J]. IEEE transactions on aerospace and electronic systems, 2010, 46 (1): 80 - 95.

[14] LEE Y I, KIM S H, TAHK M J. Optimality of linear time - varying guidance for impact angle control [J]. IEEE transactions on aerospace and electronic systems, 2012, 48 (3): 2802 - 2817.

[15] LEE Y I, KIM S H, LEE J I. Analytic solutions of generalized impact angle control guidance law for first - order lag system [J]. Journal of guidance, control, and dynamics, 2013, 36 (1): 96 - 112.

[16] OHLMEYER E J, PHILLIPS C A. Generalized vector explicit guidance [J]. Journal of guidance, control, and dynamics, 2006, 29 (2): 261 - 268.

[17] RYOO C K, CHO H, TAHK M J. Time - to - go weighted optimal guidance with impact angle constraints [J]. IEEE transactions on control systems technology, 2006, 14 (3): 483 - 492.

[18] KIM T H, LEE C H, TAHK M J, et al. Time - to - go polynomial guidance with trajectory modulation for observability enhancement [J]. IEEE transac-

tions on aerospace and electronic systems, 2013, 49 (1): 55 –73.

[19] LEE C H, KIM T H, TAHK M J, et al. Polynomial guidance laws considering terminal impact angle and acceleration constraints [J]. IEEE transactions on aerospace and electronic systems, 2013, 49 (1): 74 –92.

[20] KIM T H, LEE C H, JEON I S, et al. Augmented polynomial guidance with impact time and angle constraints [J]. IEEE transactions on aerospace and electronic systems, 2013, 49 (4): 2806 –2817.

第 4 章

考虑驾驶仪动力学的终端多约束广义最优制导律

4.1 引　　言

第 3 章在对扩展的角度控制最优制导律进行理论推导时，数学模型中并没有考虑驾驶仪动力学，因此 EOIACGL 是在无驾驶仪动力学滞后情况下的最优制导律。当在 EOIACGL 制导系统中引入额外的驾驶仪动力学时，EOIACGL 退化为非最优的，且由于驾驶仪动力学的引入，制导律的终端加速度、脱靶量和终端攻击角度误差偏离了期望值。在工程应用中，制导系统工程师可以通过解析或仿真的方法来分析额外引入的驾驶仪动力学对 EOIACGL 制导特性的影响。在理论上，可以在构造制导模型的时候就考虑驾驶仪动力学，这样所设计的制导律在驾驶仪动力学存在的情况下依然是最优的[1-6]。

本章重点研究考虑一阶驾驶仪动力学滞后的终端多约束广义最优制导律（GOGL），其中终端多约束指终端位置约束、终端攻击角度约束、终端加速度指令约束或终端加速度响应约束。在理想情况下驾驶仪动力学无限快，亦即无驾驶仪动力学，此时导弹的加速度指令等于加速度响应，但当有驾驶仪动力学时，导弹的加速度响应滞后于加速度指令，二者并不相等[1,2,6]。广义最优是指在制导模型的构造中将驾驶仪动力学、基于 time - to - go 幂函数的扩展目标罚函数以及终端位置约束、终端攻击角度约束、终端加速度响应约束全部引入进来，所得的制导律表达式具有通用性[6]。在不同的假设条件和简化情况下，所得的最优制导律通用表达式可以进一步简化为传统的比例导引、扩展的比例导引、考虑一阶驾驶仪动力学的扩展比例导引、传统的角度控制最优制导律、扩展的角度控制最优制导律、带终端加速度指令约束的扩展角度控制最优制导律（EOIACGL - ACC）以及带终端加速度响应约束的扩展角度控制最优制导律（EOIACGL - ARC）等。由于所得结果几乎涵盖了所有基于二次型最优控制理论的线性最优制导律形式，因此称为终端多约束广义最优制导律[1,6]。

在本章的研究过程中，认为目标是固定或慢速移动的，不考虑目标机动；同时，认为导弹剩余飞行时间（time - to - go）是精确已知的，且不考虑 time - to - go 的理论求解算法，也不讨论 time - to - go 的求解误差对制导系统的影响。

4.2 终端多约束广义最优制导律的通用表达式

4.2.1 多终端状态约束下的最优控制问题及最优解

给定如下的线性微分方程：

$$\dot{\boldsymbol{x}}=\boldsymbol{A}\boldsymbol{x}+\boldsymbol{B}u,\boldsymbol{x}(t_0)=\boldsymbol{x}_0,\boldsymbol{x}(t_F)=\text{specified} \tag{4.1}$$

其中，t_0 为起始时刻；t_F 为终端时刻（或飞行总时间）；$\boldsymbol{x}(t_0)$为状态初值；$\boldsymbol{x}(t_F)$为状态终值。对形如式（4.1）所示的线性微分方程，考虑如下最优问题：找到最优控制 $\boldsymbol{u}$，使式（4.2）性能指标 J 最小，即

$$J=\frac{1}{2}[\boldsymbol{x}(t_F)-\boldsymbol{x}_F]^{\mathrm{T}}\boldsymbol{S}_F[\boldsymbol{x}(t_F)-\boldsymbol{x}_F]+\frac{1}{2}\int_{t_0}^{t_F}u^TRu\mathrm{d}t \tag{4.2}$$

其中，$\boldsymbol{S}_F\geqslant 0$，$R>0$；$\boldsymbol{x}_F$表示期望的状态终值。

式（4.1）和式（4.2）所示的最优问题的解为[2]

$$u^*=-R^{-1}\boldsymbol{B}^{\mathrm{T}}\boldsymbol{\Phi}^{\mathrm{T}}(t_F,t)\boldsymbol{S}_F[\boldsymbol{x}(t_F)-\boldsymbol{x}_F] \tag{4.3}$$

其中，矩阵 $\boldsymbol{\Phi}(t_F,\ t)$ 表示从 t 到 t_F 的状态转移矩阵，$\boldsymbol{x}(t_F)-\boldsymbol{x}_F$ 的表达式为

$$\boldsymbol{x}(t_F)-\boldsymbol{x}_F=\left[\boldsymbol{I}+\int_t^{t_F}\boldsymbol{\Phi}(t_F,\tau)\boldsymbol{B}R^{-1}\boldsymbol{B}^{\mathrm{T}}\boldsymbol{\Phi}^{\mathrm{T}}(t_F,\tau)\boldsymbol{S}_F\mathrm{d}\tau\right]^{-1}[\boldsymbol{\Phi}(t_F,t)\boldsymbol{x}(t)-\boldsymbol{x}_F] \tag{4.4}$$

对比式（4.3）与第 1 章中的式（1.52）可以看出，两个表达式都是在指定的终端约束下基于线性二次型最优控制理论的最优解；式（1.52）在使控制量 $\boldsymbol{u}$ 最优的同时直接将终端状态约束到期望的值，式（4.3）同样表示最优解 $\boldsymbol{u}$，但其中状态终值的约束情况与终端状态权矩阵 $\boldsymbol{S}_F$ 的选取密切相关，选取不同的 $\boldsymbol{S}_F$，可以得到不同终端状态约束下的最优解。因此，式（4.3）的涵盖范围更广，意义更丰富。

4.2.2 考虑驾驶仪动力学的导弹纵向运动方程

根据导弹纵向运动方程组，有如下关系式：

$$\dot{y}_M(t)=V_M(t)\sin\theta(t),\quad y_M(0)=y_{M0}$$
$$V_M(t)\dot{\theta}_M(t)=a_M,\qquad \theta_M(0)=\theta_{M0} \tag{4.5}$$

式中，y_M 为弹道坐标系下的导弹纵向位置；V_M 为导弹速度；θ_M 为弹道倾角；a_M 为导弹纵向加速度响应。在推导线性最优制导律时，通常假设 V_M 为常值且 θ_M 为小角，经过线性化后，式（4.5）又可表示为

$$\dot{y}_M(t)=V_M\theta_M(t),\ \dot{\theta}_M(t)=a_M/V_M \tag{4.6}$$

对任意的 m 阶过载驾驶仪，其状态方程可表示为如下的矩阵形式[2]

$$\begin{bmatrix}\dot{a}_M\\ \dot{\boldsymbol{p}}_M\end{bmatrix}=\begin{bmatrix}a_{11} & \boldsymbol{a}_{12}\\ \boldsymbol{a}_{21} & \boldsymbol{a}_{22}\end{bmatrix}\begin{bmatrix}a_M\\ \boldsymbol{p}_M\end{bmatrix}+\begin{bmatrix}b_1\\ \boldsymbol{b}_2\end{bmatrix}a_c,\begin{bmatrix}a_M(0)\\ \boldsymbol{p}_M(0)\end{bmatrix}=\begin{bmatrix}0\\ \boldsymbol{0}\end{bmatrix} \tag{4.7}$$

其中，a_c 为加速度指令；第一个状态变量选择为导弹加速度响应 a_M，其余的 $(m-1)$ 个状态向量表示为 $\boldsymbol{p}_M$。因此，式（4.7）中，a_{11}、b_1 为标量，$\boldsymbol{a}_{12}$ 为 $1\times(m-1)$ 维矢量，$\boldsymbol{a}_{21}$、$\boldsymbol{b}_2$ 为 $(m-1)\times 1$ 维矢量，$\boldsymbol{a}_{22}$ 为 $(m-1)\times(m-1)$ 矩阵。

驾驶仪阶数越高，考虑驾驶仪动力学的制导律也就越复杂。为了便于推导，书中仅考虑一阶驾驶仪动力学时的情况。对形如 $a_M(s)/a_c(s)=1/(T_g s+1)$ 的一阶过载驾驶仪，其微分方程可表示为

$$\dot{a}_M=(a_c-a_M)/T_g \tag{4.8}$$

此时，a_{11}、b_1 的值为

$$a_{11}=-1/T_g,\ b_1=1/T_g \tag{4.9}$$

在目标为固定或慢速移动的假设下，根据式（4.6）~式（4.9），考虑导弹驾驶仪动力学特性的弹目运动方程可由导弹的纵向运动来表示，即

$$\begin{bmatrix}\dot{y}_M\\ \dot{\theta}_M\\ \dot{a}_M\end{bmatrix}=\begin{bmatrix}0 & V_M & 0\\ 0 & 0 & 1/V_M\\ 0 & 0 & a_{11}\end{bmatrix}\begin{bmatrix}y_M\\ \theta_M\\ a_M\end{bmatrix}+\begin{bmatrix}0\\ 0\\ b_1\end{bmatrix}u \tag{4.10}$$

$$\boldsymbol{x}=\begin{bmatrix}y_M\\ \theta_M\\ a_M\end{bmatrix},\boldsymbol{A}=\begin{bmatrix}0 & V_M & 0\\ 0 & 0 & 1/V_M\\ 0 & 0 & a_{11}\end{bmatrix},\boldsymbol{B}=\begin{bmatrix}0\\ 0\\ b_1\end{bmatrix},u=a_c \tag{4.11}$$

$$\boldsymbol{x}(0)=\begin{bmatrix}y_M(0)\\ \theta_M(0)\\ a_M(0)\end{bmatrix}=\begin{bmatrix}y_{M0}\\ \theta_{M0}\\ a_{M0}\end{bmatrix},\boldsymbol{x}(t_F)=\begin{bmatrix}y_M(t_F)\\ \theta_M(t_F)\\ a_M(t_F)\end{bmatrix} \tag{4.12}$$

其中，$y_M(t_F)$ 的期望值为 y_F，表示导弹的终端位置，也表示拟攻击的目标位置；$\theta_M(t_F)$ 的期望值为 θ_F，表示导弹的终端攻击角度；$a_M(t_F)$ 的期望值为

a_F，表示导弹的终端加速度响应。

4.2.3 终端多约束广义最优制导律的通用表达式理论推导

根据式（4.2）及式（4.10）~式（4.12），将目标罚函数中的终端状态权矩阵 $\boldsymbol{S}_F$ 和控制权矩阵 $\boldsymbol{R}$ 分别选为

$$\boldsymbol{S}_F=\begin{bmatrix} s_1 & 0 & 0 \\ 0 & s_2 & 0 \\ 0 & 0 & s_3 \end{bmatrix},\boldsymbol{R}=\frac{1}{(t_F-t)^n}=\frac{1}{t_{\mathrm{go}}^n},n\geqslant 0 \tag{4.13}$$

注意到，式（4.13）的控制权矩阵 $\boldsymbol{R}$ 是 time - to - go 的负 n 次幂函数，因此式（4.2）的右边第二项与第 2 章中的扩展目标罚函数是完全一致的。

令 $\boldsymbol{X}(s)$ 和 $u(s)$ 分别为状态变量 $\boldsymbol{x}(t)$ 和控制变量 $u(t)$ 的拉氏变换。考虑初始状态，对式（4.1）进行拉氏变换，得到

$$\frac{\boldsymbol{X}(s)}{u(s)}=(s\boldsymbol{I}-\boldsymbol{A})^{-1}\boldsymbol{B},\frac{\boldsymbol{X}(s)}{\boldsymbol{x}(0)}=(s\boldsymbol{I}-\boldsymbol{A})^{-1} \tag{4.14}$$

结合式（4.11），有

$$(s\boldsymbol{I}-\boldsymbol{A})^{-1}=\begin{bmatrix} 1/s & V_M/s^2 & 1/[s^2(s-a_{11})] \\ 0 & 1/s & 1/[V_M s(s-a_{11})] \\ 0 & 0 & 1/(s-a_{11}) \end{bmatrix} \tag{4.15}$$

对式（4.6）进行拉氏变换，得到

$$\frac{y_M(s)}{\theta_M(s)}=\frac{V_M}{s},\ \frac{\theta_M(s)}{a_M(s)}=\frac{1}{V_M}\frac{1}{s} \tag{4.16}$$

$$\frac{y_M(s)}{y_M(0)}=\frac{1}{s},\ \frac{\theta_M(s)}{\theta_M(0)}=\frac{1}{s},\ \frac{y_M(s)}{\theta_M(0)}=\frac{V_M}{s^2} \tag{4.17}$$

结合式（4.4）和式（4.14）~式（4.17），矩阵 $\boldsymbol{\Phi}(t_F,t)\boldsymbol{B}$ 可表示为

$$\begin{aligned}\boldsymbol{\Phi}(t_F,t)\boldsymbol{B}&=L^{-1}[(s\boldsymbol{I}-\boldsymbol{A})^{-1}]_{t_F-t}\boldsymbol{B}=L^{-1}\left[\frac{y_M(s)}{u(s)}\quad\frac{\theta_M(s)}{u(s)}\quad\frac{a_M(s)}{u(s)}\right]^T_{t_F-t}\\&=\left[L^{-1}\left\{\frac{1}{s^2}\frac{a_M(s)}{u(s)}\right\}_{t_F-t}\quad\frac{1}{V_M}L^{-1}\left\{\frac{1}{s}\frac{a_M(s)}{u(s)}\right\}_{t_F-t}\quad L^{-1}\left\{\frac{a_M(s)}{u(s)}\right\}_{t_F-t}\right]^T\end{aligned} \tag{4.18}$$

同时，式（4.4）中的 $\boldsymbol{\Phi}(t_F,t)\boldsymbol{x}(t)-\boldsymbol{x}_F$ 项暗示了零控脱靶量，因此可以将 $\boldsymbol{\Phi}(t_F,t)\boldsymbol{x}(t)-\boldsymbol{x}_F$ 进一步表示为

$$\boldsymbol{\Phi}(t_F,t)\boldsymbol{x}(t)-\boldsymbol{x}_F=L^{-1}[\boldsymbol{X}(s)/\boldsymbol{x}(0)]_{t_F-t}\boldsymbol{x}(t)-\boldsymbol{x}_F \tag{4.19}$$

结合式（4.17），展开 $L^{-1}[\boldsymbol{X}(s)/\boldsymbol{x}(0)]_{t_F-t}$，得到

$$L^{-1}\left[\frac{\boldsymbol{X}(s)}{\boldsymbol{x}(0)}\right]_{t_F-t}=L^{-1}\begin{bmatrix}\dfrac{y_M(s)}{y_M(0)} & \dfrac{y_M(s)}{\theta_M(0)} & \dfrac{y_M(s)}{a_M(0)}\\ \dfrac{\theta_M(s)}{y_M(0)} & \dfrac{\theta_M(s)}{\theta_M(0)} & \dfrac{\theta_M(s)}{a_M(0)}\\ \dfrac{a_M(s)}{y_M(0)} & \dfrac{a_M(s)}{\theta_M(0)} & \dfrac{a_M(s)}{a_M(0)}\end{bmatrix}_{t_F-t}$$

$$=\begin{bmatrix}1 & V_M(t_F-t) & L^{-1}\left\{\dfrac{1}{s^2}\dfrac{a_M(s)}{a_M(0)}\right\}_{t_F-t}\\ 0 & 1 & L^{-1}\left\{\dfrac{1}{V_M}\dfrac{1}{s}\dfrac{a_M(s)}{a_M(0)}\right\}_{t_F-t}\\ 0 & 0 & L^{-1}\left\{\dfrac{a_M(s)}{a_M(0)}\right\}_{t_F-t}\end{bmatrix} \tag{4.20}$$

将 $L^{-1}[\boldsymbol{X}(s)/\boldsymbol{x}(0)]_{t_F-t}$、$\boldsymbol{x}(t)$、$\boldsymbol{x}_F$ 代入式（4.19），得到

$$\boldsymbol{\Phi}(t_F,t)\boldsymbol{x}(t)-\boldsymbol{x}_F=\begin{bmatrix}y_M(t)-y_{MF}+V_M(t_F-t)\theta_M(t)+L^{-1}\left\{\dfrac{1}{s^2}\dfrac{a_M(s)}{a_M(0)}\right\}_{t_F-t} & a_M(t)\\ \theta_M(t)-\theta_{MF}+L^{-1}\left\{\dfrac{1}{V_M}\dfrac{1}{s}\dfrac{a_M(s)}{a_M(0)}\right\}_{t_F-t} & a_M(t)\\ L^{-1}\left\{\dfrac{a_M(s)}{a_M(0)}\right\}_{t_F-t} & a_M(t)-a_{MF}\end{bmatrix} \tag{4.21}$$

根据式（4.13）、式（4.18），计算得到方程（4.4）中 $\boldsymbol{\Phi}(t_F,\tau)\boldsymbol{B}\boldsymbol{R}^{-1}\boldsymbol{B}^{\mathrm{T}}\boldsymbol{\Phi}^{\mathrm{T}}(t_F,\tau)\boldsymbol{S}_F$ 的详细表达式，如式（4.23）所示。结合系统状态方程（4.10）~系统状态方程（4.12），将式（4.13）、式（4.18）代入式（4.3）中，得到式（4.24）。

对方程（4.4），为了避免求逆，对两边同时乘以

$$\boldsymbol{C}=\boldsymbol{I}+\int_t^{t_F}\boldsymbol{\Phi}(t_F,\tau)\boldsymbol{B}\boldsymbol{R}^{-1}\boldsymbol{B}^{\mathrm{T}}\boldsymbol{\Phi}^{\mathrm{T}}(t_F,\tau)\boldsymbol{S}_F\mathrm{d}\tau$$

则方程（4.4）可重新表示为

$$\boldsymbol{C}[\boldsymbol{x}(t_F)-\boldsymbol{x}_F]=[\boldsymbol{\Phi}(t_F,t)\boldsymbol{x}(t)-\boldsymbol{x}_F] \tag{4.22}$$

$$
\boldsymbol{\Phi}(t_F,\tau)\boldsymbol{B}\boldsymbol{R}^{-1}\boldsymbol{B}^{\mathrm{T}}\boldsymbol{\Phi}^{\mathrm{T}}(t_F,\tau)\boldsymbol{S}_F=
$$

$$
(t_F-t)^n\cdot\begin{bmatrix}
s_1\left[L^{-1}\left\{\dfrac{1}{s^2}\dfrac{a_M(s)}{u(s)}\right\}_{t_F-t}\right]^2 & \dfrac{s_2}{V_M}L^{-1}\left\{\dfrac{1}{s^2}\dfrac{a_M(s)}{u(s)}\right\}_{t_F-t}L^{-1}\left\{\dfrac{1}{s}\dfrac{a_M(s)}{u(s)}\right\}_{t_F-t} & s_3L^{-1}\left\{\dfrac{1}{s^2}\dfrac{a_M(s)}{u(s)}\right\}_{t_j-t}L^{-1}\left\{\dfrac{a_M(s)}{u(s)}\right\}_{t_F-t}\\
\dfrac{s_1}{V_M}L^{-1}\left\{\dfrac{1}{s}\dfrac{a_M(s)}{u(s)}\right\}_{t_F-t}L^{-1}\left\{\dfrac{1}{s^2}\dfrac{a_M(s)}{u(s)}\right\}_{t_F-t} & \dfrac{s_2}{V_M^2}\left[L^{-1}\left\{\dfrac{1}{s}\dfrac{a_M(s)}{u(s)}\right\}_{t_F-t}\right]^2 & \dfrac{s_3}{V_M}L^{-1}\left\{\dfrac{1}{s}\dfrac{a_M(s)}{u(s)}\right\}_{t_F-t}L^{-1}\left\{\dfrac{a_M(s)}{u(s)}\right\}_{t_F-t}\\
s_1L^{-1}\left\{\dfrac{a_M(s)}{u(s)}\right\}_{t_F-t}L^{-1}\left\{\dfrac{1}{s^2}\dfrac{a_M(s)}{u(s)}\right\}_{t_F-t} & \dfrac{s_2}{V_M}L^{-1}\left\{\dfrac{a_M(s)}{u(s)}\right\}_{t_F-t}L^{-1}\left\{\dfrac{1}{s}\dfrac{a_M(s)}{u(s)}\right\}_{t_F-t} & s_3\left[L^{-1}\left\{\dfrac{a_M(s)}{u(s)}\right\}_{t_F-t}\right]^2
\end{bmatrix}
\tag{4.23}
$$

$$
\begin{aligned}
u^*(t)=-(t_F-t)^n\Bigg\{&s_1[y_M(t_F)-y_F]L^{-1}\left\{\frac{1}{s^2}\frac{a_M(s)}{u(s)}\right\}_{t_F-t}+\frac{s_2}{V_M}[\theta_M(t_F)-\theta_F]L^{-1}\left\{\frac{1}{s}\frac{a_M(s)}{u(s)}\right\}_{t_F-t}+\\
&s_3[a_M(t_F)-a_F]L^{-1}\left\{\frac{a_M(s)}{u(s)}\right\}_{t_F-t}\Bigg\}
\end{aligned}
\tag{4.24}
$$

下面讨论如何求解 $[y_M(t_F)-y_F]$、$[\theta_M(t_F)-\theta_F]$ 以及 $[a_M(t_F)-a_F]$。

令 $\boldsymbol{C}=\begin{bmatrix} M_{11} & M_{12} & M_{13} \\ M_{21} & M_{22} & M_{23} \\ M_{31} & M_{32} & M_{33} \end{bmatrix}$，其中 $M_{ij}(i=1,2,3;\ j=1,2,3)$ 的表达式为

$$M_{11}=1+s_1\int_t^{t_F}(t_F-\tau)^n\left[L^{-1}\left\{\frac{1}{s^2}\frac{a_M(s)}{u(s)}\right\}_{t_F-\tau}\right]^2\mathrm{d}\tau \tag{4.25}$$

$$M_{12}=\frac{s_2}{V_M}\int_t^{t_F}(t_F-\tau)^nL^{-1}\left\{\frac{1}{s^2}\frac{a_M(s)}{u(s)}\right\}_{t_F-\tau}L^{-1}\left\{\frac{1}{s}\frac{a_M(s)}{u(s)}\right\}_{t_F-\tau}\mathrm{d}\tau \tag{4.26}$$

$$M_{13}=s_3\int_t^{t_F}(t_F-\tau)^nL^{-1}\left\{\frac{1}{s^2}\frac{a_M(s)}{u(s)}\right\}_{t_F-\tau}L^{-1}\left\{\frac{a_M(s)}{u(s)}\right\}_{t_F-\tau}\mathrm{d}\tau \tag{4.27}$$

$$M_{21}=\frac{s_1}{V_M}\int_t^{t_F}(t_F-\tau)^nL^{-1}\left\{\frac{1}{s}\frac{a_M(s)}{u(s)}\right\}_{t_F-\tau}L^{-1}\left\{\frac{1}{s^2}\frac{a_M(s)}{u(s)}\right\}_{t_F-\tau}\mathrm{d}\tau \tag{4.28}$$

$$M_{22}=1+\frac{s_2}{V_M^2}\int_t^{t_F}(t_F-\tau)^n\left[L^{-1}\left\{\frac{1}{s}\frac{a_M(s)}{u(s)}\right\}_{t_F-\tau}\right]^2\mathrm{d}\tau \tag{4.29}$$

$$M_{23}=\frac{s_3}{V_M}\int_t^{t_F}(t_F-\tau)^nL^{-1}\left\{\frac{1}{s}\frac{a_M(s)}{u(s)}\right\}_{t_F-\tau}L^{-1}\left\{\frac{a_M(s)}{u(s)}\right\}_{t_F-\tau}\mathrm{d}\tau \tag{4.30}$$

$$M_{31}=s_1\int_t^{t_F}(t_F-\tau)^nL^{-1}\left\{\frac{a_M(s)}{u(s)}\right\}_{t_F-\tau}L^{-1}\left\{\frac{1}{s^2}\frac{a_M(s)}{u(s)}\right\}_{t_F-\tau}\mathrm{d}\tau \tag{4.31}$$

$$M_{32}=\frac{s_2}{V_M}\int_t^{t_F}(t_F-\tau)^nL^{-1}\left\{\frac{a_M(s)}{u(s)}\right\}_{t_F-\tau}L^{-1}\left\{\frac{1}{s}\frac{a_M(s)}{u(s)}\right\}_{t_F-\tau}\mathrm{d}\tau \tag{4.32}$$

$$M_{33}=1+s_3\int_t^{t_F}(t_F-\tau)^n\left[L^{-1}\left\{\frac{a_M(s)}{u(s)}\right\}_{t_F-\tau}\right]^2\mathrm{d}\tau \tag{4.33}$$

对矩阵 $\boldsymbol{C}$ 求逆，得到

$$\boldsymbol{C}^{-1}=\begin{bmatrix} \dfrac{M_{22}M_{33}-M_{23}M_{32}}{\Delta} & \dfrac{-(M_{12}M_{33}-M_{13}M_{32})}{\Delta} & \dfrac{M_{12}M_{23}-M_{13}M_{22}}{\Delta} \\ \dfrac{-(M_{21}M_{33}-M_{23}M_{31})}{\Delta} & \dfrac{M_{11}M_{33}-M_{13}M_{31}}{\Delta} & \dfrac{-(M_{11}M_{23}-M_{13}M_{21})}{\Delta} \\ \dfrac{(M_{21}M_{32}-M_{22}M_{31})}{\Delta} & \dfrac{-(M_{11}M_{32}-M_{12}M_{31})}{\Delta} & \dfrac{M_{11}M_{22}-M_{12}M_{21}}{\Delta} \end{bmatrix} \tag{4.34}$$

式中

$$\begin{aligned}\Delta=&M_{11}M_{22}M_{33}+M_{12}M_{23}M_{31}+M_{13}M_{21}M_{32}-M_{13}M_{22}M_{31}\\&-M_{11}M_{32}M_{23}-M_{12}M_{21}M_{33}\end{aligned}$$

联立式（4.21）、式（4.22）和式（4.34），得到

$$\begin{bmatrix} y_M(t_F)-y_F \\ \theta_M(t_F)-\theta_F \\ a_M(t_F)-a_F \end{bmatrix} = \boldsymbol{C}^{-1}\begin{bmatrix} y_M(t)-y_F+V_M(t_F-t)\theta_M(t)+L^{-1}\left\{\dfrac{1}{s^2}\dfrac{a_M(s)}{a_M(0)}\right\}_{t_F-t}a_M(t) \\ \theta_M(t)-\theta_F+L^{-1}\left\{\dfrac{1}{V_M}\dfrac{1}{s}\dfrac{a_M(s)}{a_M(0)}\right\}_{t_F-t}a_M(t) \\ L^{-1}\left\{\dfrac{a_M(s)}{a_M(0)}\right\}_{t_F-t}a_M(t)-a_F \end{bmatrix} \tag{4.35}$$

求解式（4.35），得到

$$\begin{aligned} y_M(t_F)-y_F = &\frac{1}{\Delta}\left\{\begin{aligned}&(M_{22}M_{33}-M_{23}M_{32})[y_M(t)-y_F]\\ &+(M_{22}M_{33}-M_{23}M_{32})V_M(t_F-t)\theta_M(t)\\ &-(M_{12}M_{33}-M_{13}M_{32})[\theta_M(t)-\theta_F]\end{aligned}\right\}+ \\ &\frac{1}{\Delta}\left\{\begin{aligned}&(M_{22}M_{33}-M_{23}M_{32})L^{-1}\left\{\frac{1}{s^2}\frac{a_M(s)}{a_M(0)}\right\}_{t_F-t}\\ &-\frac{(M_{12}M_{33}-M_{13}M_{32})}{V_M}L^{-1}\left\{\frac{1}{s}\frac{a_M(s)}{a_M(0)}\right\}_{t_F-t}\end{aligned}\right\}a_M(t)+ \\ &\frac{(M_{12}M_{23}-M_{13}M_{22})}{\Delta}\left\{L^{-1}\left\{\frac{a_M(s)}{a_M(0)}\right\}_{t_F-t}a_M(t)-a_F\right\} \end{aligned} \tag{4.36}$$

$$\begin{aligned} \theta_M(t_F)-\theta_F = &\frac{1}{\Delta}\left\{\begin{aligned}&-(M_{21}M_{33}-M_{23}M_{31})[y_M(t)-y_F]\\ &-(M_{21}M_{33}-M_{23}M_{31})V_M(t_F-t)\theta_M(t)\\ &+(M_{11}M_{33}-M_{13}M_{31})[\theta_M(t)-\theta_F]\end{aligned}\right\}+ \\ &\frac{1}{\Delta}\left\{\begin{aligned}&-(M_{21}M_{33}-M_{23}M_{31})L^{-1}\left\{\frac{1}{s^2}\frac{a_M(s)}{a_M(0)}\right\}_{t_F-t}\\ &+\frac{(M_{11}M_{33}-M_{13}M_{31})}{V_M}L^{-1}\left\{\frac{1}{s}\frac{a_M(s)}{a_M(0)}\right\}_{t_F-t}\end{aligned}\right\}a_M(t)- \\ &\frac{(M_{11}M_{23}-M_{13}M_{21})}{\Delta}\left\{L^{-1}\left\{\frac{a_M(s)}{a_M(0)}\right\}_{t_F-t}a_M(t)-a_F\right\} \end{aligned} \tag{4.37}$$

$$a_M(t_F)-a_F = \frac{1}{\Delta}\left\{\begin{aligned}&(M_{21}M_{32}-M_{22}M_{31})[y_M(t)-y_F]\\ &+(M_{21}M_{32}-M_{22}M_{31})V_M(t_F-t)\theta_M(t)\\ &-(M_{11}M_{32}-M_{12}M_{31})[\theta_M(t)-\theta_F]\end{aligned}\right\}+$$

$$\frac{1}{\Delta}\left\{\begin{aligned}&(M_{21}M_{32}-M_{22}M_{31})L^{-1}\left\{\frac{1}{s^2}\frac{a_M(s)}{a_M(0)}\right\}_{t_F-t}\\&-\frac{(M_{11}M_{32}-M_{12}M_{31})}{V_M}L^{-1}\left\{\frac{1}{s}\frac{a_M(s)}{a_M(0)}\right\}_{t_F-t}\end{aligned}\right\}a_M(t)+$$

$$\frac{(M_{11}M_{22}-M_{12}M_{21})}{\Delta}\left\{L^{-1}\left\{\frac{a_M(s)}{a_M(0)}\right\}_{t_F-t}a_M(t)-a_F\right\}\tag{4.38}$$

结合式（4.36）~式（4.38）及给定的一阶驾驶仪动力学，则最优解式（4.24）可用当前时刻的状态量和期望的终端状态约束来表示。由于式（4.24）中涵盖了驾驶仪动力学、基于 time - to - go 幂指数的控制权函数以及终端位置约束、终端攻击角度约束、终端加速度指令约束等目前仍在研究的诸多内容，因此，式（4.24）是一种通用表达式，适用于固定或慢速移动目标，亦可称为终端多约束广义最优制导律。

4.2.4　终端多约束广义最优制导律的进一步推导

由式（4.24）可以看出，通用表达式中包含的参数较多，形式上与常见的最优制导律表现形式差异也较大，不便于直观理解。下面对上述相关表达式进一步展开，得到更简洁直观的通用表达式。

根据式（4.8）所示的一阶驾驶仪动力学，有

$$\frac{a_M(s)}{a_c(s)}=\frac{1}{T_gs+1},\frac{a_M(s)}{a_M(0)}=\frac{T_g}{T_gs+1}\tag{4.39}$$

$$\begin{cases}L^{-1}\left\{\dfrac{1}{s^2}\dfrac{a_M(s)}{a_M(0)}\right\}_{t_F-t}=T_gL^{-1}\left\{\dfrac{1}{s^2}\dfrac{a_M(s)}{u(s)}\right\}_{t_F-t}=T_gD_1\\L^{-1}\left\{\dfrac{1}{s}\dfrac{a_M(s)}{a_M(0)}\right\}_{t_F-t}=T_gL^{-1}\left\{\dfrac{1}{s}\dfrac{a_M(s)}{u(s)}\right\}_{t_F-t}=T_gD_2\\L^{-1}\left\{\dfrac{a_M(s)}{a_M(0)}\right\}_{t_F-t}=T_gL^{-1}\left\{\dfrac{a_M(s)}{u(s)}\right\}_{t_F-t}=T_gD_3\end{cases}\tag{4.40}$$

其中

$$\begin{cases}D_1=L^{-1}\left\{\dfrac{1}{s^2}\dfrac{a_M(s)}{u(s)}\right\}_{t_F-t}=T_g(e^{-t_{go}/T_g}+t_{go}/T_g-1)\\D_2=L^{-1}\left\{\dfrac{1}{s}\dfrac{a_M(s)}{u(s)}\right\}_{t_F-t}=1-e^{-t_{go}/T_g}\\D_3=L^{-1}\left\{\dfrac{a_M(s)}{u(s)}\right\}_{t_F-t}=e^{-t_{go}/T_g}/T_g\end{cases}\tag{4.41}$$

此时，式（4.36）~式（4.38）可表示为

$$
\begin{aligned}
&[y_M(t_F)-y_F]=\\
&\frac{1}{\Delta}\{(M_{22}M_{33}-M_{23}M_{32})[y_M(t)-y_F]+(M_{22}M_{33}-M_{23}M_{32})V_M t_{go}\theta_M(t)\}+\\
&\frac{1}{\Delta}\left\{\begin{aligned}&-(M_{12}M_{33}-M_{13}M_{32})[\theta_M(t)-\theta_F]-(M_{12}M_{23}-M_{13}M_{22})a_F\\&+\begin{bmatrix}(M_{22}M_{33}-M_{23}M_{32})D_1-(M_{12}M_{33}-M_{13}M_{32})D_2/V_M\\+(M_{12}M_{23}-M_{13}M_{22})D_3\end{bmatrix}T_g a_M(t)\end{aligned}\right\}
\end{aligned}
\tag{4.42}
$$

$$
\begin{aligned}
&[\theta_M(t_F)-\theta_F]=\\
&\frac{1}{\Delta}\{-(M_{21}M_{33}-M_{23}M_{31})[y_M(t)-y_F]-(M_{21}M_{33}-M_{23}M_{31})V_M t_{go}\theta_M(t)\}+\\
&\frac{1}{\Delta}\left\{\begin{aligned}&(M_{11}M_{33}-M_{13}M_{31})[\theta_M(t)-\theta_F]+(M_{11}M_{23}-M_{13}M_{21})a_F\\&+\begin{bmatrix}-(M_{21}M_{33}-M_{23}M_{31})D_1+(M_{11}M_{33}-M_{13}M_{31})D_2/V_M\\-(M_{11}M_{23}-M_{13}M_{21})D_3\end{bmatrix}T_g a_M(t)\end{aligned}\right\}
\end{aligned}
\tag{4.43}
$$

$$
\begin{aligned}
&[a_M(t_F)-a_F]=\\
&\frac{1}{\Delta}\{(M_{21}M_{32}-M_{22}M_{31})[y_M(t)-y_F]+(M_{21}M_{32}-M_{22}M_{31})V_M t_{go}\theta_M(t)\}+\\
&\frac{1}{\Delta}\left\{\begin{aligned}&-(M_{11}M_{32}-M_{12}M_{31})[\theta_M(t)-\theta_F]-(M_{11}M_{22}-M_{12}M_{21})a_F\\&+\begin{bmatrix}(M_{21}M_{32}-M_{22}M_{31})D_1-(M_{11}M_{32}-M_{12}M_{31})D_2/V_M\\+(M_{11}M_{22}-M_{12}M_{21})D_3\end{bmatrix}T_g a_M(t)\end{aligned}\right\}
\end{aligned}
\tag{4.44}
$$

其中

$$
M_{11}=1+s_1\int_t^{t_F}t_{go}^nD_1^2\mathrm{d}\tau,\ M_{12}=\frac{s_2}{V_M}\int_t^{t_F}t_{go}^nD_1D_2\mathrm{d}\tau,\ M_{13}=s_3\int_t^{t_F}t_{go}^nD_1D_3\mathrm{d}\tau
\tag{4.45}
$$

$$
M_{21}=\frac{s_1}{V_M}\int_t^{t_F}t_{go}^nD_1D_2\mathrm{d}\tau,\ M_{22}=1+\frac{s_2}{V_M^2}\int_t^{t_F}t_{go}^nD_2^2\mathrm{d}\tau,\ M_{23}=\frac{s_3}{V_M}\int_t^{t_F}t_{go}^nD_2D_3\mathrm{d}\tau
\tag{4.46}
$$

$$
M_{31}=s_1\int_t^{t_F}t_{go}^nD_1D_3\mathrm{d}\tau,\ M_{32}=\frac{s_2}{V_M}\int_t^{t_F}t_{go}^nD_2D_3\mathrm{d}\tau,\ M_{33}=1+s_3\int_t^{t_F}t_{go}^nD_3^2\mathrm{d}\tau
\tag{4.47}
$$

$$\Delta = M_{11}M_{22}M_{33} + M_{12}M_{23}M_{31} + M_{13}M_{21}M_{32} - M_{13}M_{22}M_{31} - M_{11}M_{32}M_{23} - M_{12}M_{21}M_{33} \tag{4.48}$$

采用分部积分法，求解式（4.45）~式（4.47），得到

$$\int_t^{t_F} t_{go}^n D_1^2 \mathrm{d}\tau = n!T_g^{n+3}\left[\left(\frac{1}{2}\right)^{n+1} + 2n\right] + \frac{t_{go}^{n+3}}{n+3} - 2T_g\frac{t_{go}^{n+2}}{n+2} + T_g^2\frac{t_{go}^{n+1}}{n+1} - 2T_g e^{-t_{go}/T_g} \times \left[\sum_{i=0}^{n+1}\frac{(n+1)!}{(n+1-i)!}t_{go}^{n+1-i}T_g^{i+1} - T_g\sum_{i=0}^{n}\frac{n!}{(n-i)!}t_{go}^{n-i}T_g^{i+1}\right] - T_g^2 e^{-2t_{go}/T_g}\sum_{i=0}^{n}\frac{n!}{(n-i)!}t_{go}^{n-i}\left(\frac{T_g}{2}\right)^{i+1} \tag{4.49}$$

$$\int_t^{t_F} t_{go}^n D_1 D_2 \mathrm{d}\tau = -n!T_g^{n+2}\left[\left(\frac{1}{2}\right)^{n+1} + n - 1\right] + \frac{t_{go}^{n+2}}{n+2} - T_g\frac{t_{go}^{n+1}}{n+1} + T_g e^{-2t_{go}/T_g} \times \sum_{i=0}^{n}\frac{n!}{(n-i)!}\left(\frac{T_g}{2}\right)^{i+1}t_{go}^{n-i} - e^{-t_{go}/T_g}\left[2\sum_{i=0}^{n}\frac{n!}{(n-i)!}t_{go}^{n-i}T_g^{i+2} - \sum_{i=0}^{n+1}\frac{(n+1)!}{(n+1-i)!}t_{go}^{n+1-i}T_g^{i+1}\right] \tag{4.50}$$

$$\int_t^{t_F} t_{go}^n D_2^2 \mathrm{d}\tau = \frac{t_{go}^{n+1}}{n+1} + n!T_g^{n+1}\left[\left(\frac{1}{2}\right)^{n+1} - 2\right] + 2e^{-t_{go}/T_g}\sum_{i=0}^{n}\frac{n!}{(n-i)!}T_g^{i+1}t_{go}^{n-i} - e^{-2t_{go}/T_g}\sum_{i=0}^{n}\frac{n!}{(n-i)!}\left(\frac{T_g}{2}\right)^{i+1}t_{go}^{n-i} \tag{4.51}$$

$$\int_t^{t_F} t_{go}^n D_1 D_3 \mathrm{d}\tau = T_g^{n+1}\left[(n+1)! - n! + n!\left(\frac{1}{2}\right)^{n+1}\right] - e^{-2t_{go}/T_g}\sum_{i=0}^{n}\frac{n!}{(n-i)!}t_{go}^{n-i}\left(\frac{T_g}{2}\right)^{i+1} - e^{-t_{go}/T_g}\left[\frac{1}{T_g}\sum_{i=0}^{n+1}\frac{(n+1)!}{(n+1-i)!}t_{go}^{n+1-i}T_g^{i+1} - \sum_{i=0}^{n}\frac{n!}{(n-i)!}t_{go}^{n-i}T_g^{i+1}\right] \tag{4.52}$$

$$\int_t^{t_F} t_{go}^n D_2 D_3 \mathrm{d}\tau = n!T_g^n\left[1 - \left(\frac{1}{2}\right)^{n+1}\right] - e^{-t_{go}/T_g}\frac{1}{T_g}\sum_{i=0}^{n}\frac{n!}{(n-i)!}t_{go}^{n-i}T_g^{i+1} + e^{-2t_{go}/T_g}\frac{1}{T_g}\sum_{i=0}^{n}\frac{n!}{(n-i)!}t_{go}^{n-i}\left(\frac{T_g}{2}\right)^{i+1} \tag{4.53}$$

$$\int_t^{t_F} t_{go}^n D_3^2 \mathrm{d}\tau = n!\frac{1}{T_g^2}\left(\frac{T_g}{2}\right)^{n+1} - e^{-2t_{go}/T_g}\frac{1}{T_g^2}\sum_{i=0}^{n}\frac{n!}{(n-i)!}t_{go}^{n-i}\left(\frac{T_g}{2}\right)^{i+1} \tag{4.54}$$

其中

$$\int_t^{t_F} t_{go}^n e^{-t_{go}/T_g}\mathrm{d}\tau = -e^{-t_{go}/T_g}\sum_{i=0}^{n}\frac{n!}{(n-i)!}t_{go}^{n-i}T_g^{i+1} + n!T_g^{n+1} \tag{4.55}$$

$$\int_t^{t_F} t_{go}^n e^{-2t_{go}/T_g}\mathrm{d}\tau = -e^{-2t_{go}/T_g}\sum_{i=0}^{n}\frac{n!}{(n-i)!}t_{go}^{n-i}\left(\frac{T_g}{2}\right)^{i+1} + n!\left(\frac{T_g}{2}\right)^{n+1} \tag{4.56}$$

$$\int_{t}^{t_F} t_{go}^{n+1} e^{-t_{go}/T_g} d\tau = -\sum_{i=0}^{n+1} \frac{(n+1)!}{(n+1-i)!} t_{go}^{n+1-i} T_g^{i+1} e^{-t_{go}/T_g} + (n+1)! T_g^{n+2} \tag{4.57}$$

为了表达的方面，定义一组新变量 $g_{ij}(i=1\sim3,\ j=1\sim3)$，即

$$\begin{cases} g_{11} = \int_{t}^{t_F} t_{go}^{n} D_1^2 d\tau, g_{12} = \int_{t}^{t_F} t_{go}^{n} D_1 D_2 d\tau, g_{13} = \int_{t}^{t_F} t_{go}^{n} D_1 D_3 d\tau \\ g_{21} = g_{12}, g_{22} = \int_{t}^{t_F} t_{go}^{n} D_2^2 d\tau, g_{23} = \int_{t}^{t_F} t_{go}^{n} D_2 D_3 d\tau \\ g_{31} = g_{13}, g_{32} = g_{23}, g_{33} = \int_{t}^{t_F} t_{go}^{n} D_3^2 d\tau \end{cases} \tag{4.58}$$

这样，式（4.45）~式（4.47）又可重新表述为

$$M_{11} = 1 + s_1 g_{11},\ M_{12} = \frac{s_2}{V_M} g_{12},\ M_{13} = s_3 g_{13} \tag{4.59}$$

$$M_{21} = \frac{s_1}{V_M} g_{21},\ M_{22} = 1 + \frac{s_2}{V_M^2} g_{22},\ M_{23} = \frac{s_3}{V_M} g_{23} \tag{4.60}$$

$$M_{31} = s_1 g_{31},\ M_{32} = \frac{s_2}{V_M} g_{32},\ M_{33} = 1 + s_3 g_{33} \tag{4.61}$$

进一步，得到

$$M_{22}M_{33} - M_{23}M_{32} = 1 + \frac{s_2}{V_M^2} g_{22} + s_3 g_{33} + \frac{s_2 s_3}{V_M^2}(g_{22}g_{33} - g_{23}g_{32}) \tag{4.62}$$

$$M_{21}M_{33} - M_{23}M_{31} = \frac{s_1}{V_M} g_{21} + \frac{s_1 s_3}{V_M}(g_{21}g_{33} - g_{23}g_{31}) \tag{4.63}$$

$$M_{21}M_{32} - M_{22}M_{31} = \frac{s_1 s_2}{V_M^2}(g_{21}g_{32} - g_{22}g_{31}) - s_1 g_{31} \tag{4.64}$$

$$M_{12}M_{33} - M_{13}M_{32} = \frac{s_2}{V_M} g_{12} + \frac{s_2 s_3}{V_M}(g_{12}g_{33} - g_{13}g_{32}) \tag{4.65}$$

$$M_{11}M_{33} - M_{13}M_{31} = 1 + s_1 g_{11} + s_3 g_{33} + s_1 s_3 (g_{11}g_{33} - g_{13}g_{31}) \tag{4.66}$$

$$M_{11}M_{32} - M_{12}M_{31} = \frac{s_2}{V_M} g_{32} + \frac{s_1 s_2}{V_M}(g_{11}g_{32} - g_{12}g_{31}) \tag{4.67}$$

$$M_{12}M_{23} - M_{13}M_{22} = \frac{s_2 s_3}{V_M^2}(g_{12}g_{23} - g_{13}g_{22}) - s_3 g_{13} \tag{4.68}$$

$$M_{11}M_{23} - M_{13}M_{21} = \frac{s_3}{V_M} g_{23} + \frac{s_1 s_3}{V_M}(g_{11}g_{23} - g_{13}g_{21}) \tag{4.69}$$

$$M_{11}M_{22} - M_{12}M_{21} = 1 + s_1 g_{11} + \frac{s_2}{V_M^2} g_{22} + \frac{s_1 s_2}{V_M^2}(g_{11}g_{22} - g_{12}g_{21}) \tag{4.70}$$

将式（4.40）~式（4.70）代入式（4.24）中，经过一系列符号运算和

简化，得到

$$u^*(t) = -t_{\mathrm{go}}^n [W_1(y_M(t) - y_F) + W_2\theta_M(t) + W_3\theta_F + W_4 a_M(t) + W_5 a_F] \tag{4.71}$$

其中，$W_1 \sim W_5$ 的详细表达式为

$$W_1 = \left(\frac{1}{\Delta}\right)\left[s_1 D_1(M_{22}M_{33} - M_{23}M_{32}) - \frac{s_2 D_2}{V_M}(M_{21}M_{33} - M_{23}M_{31}) + s_3 D_3(M_{21}M_{32} - M_{22}M_{31})\right] \tag{4.72}$$

$$W_2 = \left(\frac{1}{\Delta}\right)\begin{bmatrix} s_1 D_1(M_{22}M_{33} - M_{23}M_{32}) \\ -\dfrac{s_2}{V_M}D_2(M_{21}M_{33} - M_{23}M_{31}) \\ +s_3 D_3(M_{21}M_{32} - M_{22}M_{31}) \end{bmatrix} V_M t_{\mathrm{go}} + \left(\frac{1}{\Delta}\right)\begin{bmatrix} -s_1 D_1(M_{12}M_{33} - M_{13}M_{32}) \\ +\dfrac{s_2}{V_M}D_2(M_{11}M_{33} - M_{13}M_{31}) \\ -s_3 D_3(M_{11}M_{32} - M_{12}M_{31}) \end{bmatrix} \tag{4.73}$$

$$W_3 = \left(\frac{1}{\Delta}\right)\left[s_1 D_1(M_{12}M_{33} - M_{13}M_{32}) - \frac{s_2}{V_M}D_2(M_{11}M_{33} - M_{13}M_{31}) + s_3 D_3(M_{11}M_{32} - M_{12}M_{31})\right] \tag{4.74}$$

$$\begin{aligned} W_4 = s_1 D_1\left(\frac{T_g}{\Delta}\right)&\begin{bmatrix} (M_{22}M_{33} - M_{23}M_{32})D_1 \\ -(M_{12}M_{33} - M_{13}M_{32})D_2/V_M \\ +(M_{12}M_{23} - M_{13}M_{22})D_3 \end{bmatrix} + \\ s_2\frac{D_2}{V_M}\left(\frac{T_g}{\Delta}\right)&\begin{bmatrix} -(M_{21}M_{33} - M_{23}M_{31})D_1 \\ +(M_{11}M_{33} - M_{13}M_{31})D_2/V_M \\ -(M_{11}M_{23} - M_{13}M_{21})D_3 \end{bmatrix} + \\ s_3 D_3\left(\frac{T_g}{\Delta}\right)&\begin{bmatrix} (M_{21}M_{32} - M_{22}M_{31})D_1 \\ -(M_{11}M_{32} - M_{12}M_{31})D_2/V_M \\ +(M_{11}M_{22} - M_{12}M_{21})D_3 \end{bmatrix} \end{aligned} \tag{4.75}$$

$$\begin{aligned} W_5 = \frac{1}{\Delta}\Big[&-s_1 D_1(M_{12}M_{23} - M_{13}M_{22}) + \frac{s_2}{V_M}D_2(M_{11}M_{23} - M_{13}M_{21}) - \\ &s_3 D_3(M_{11}M_{22} - M_{12}M_{21}) \Big] \end{aligned} \tag{4.76}$$

$$\begin{aligned} \Delta = &\left(1 + s_1 g_{11} + \frac{s_2 g_{22}}{V_M^2} + \frac{s_1 s_2 g_{11} g_{22}}{V_M^2}\right)(1 + s_3 g_{33}) + \frac{s_1 s_2 s_3}{V_M^2}(g_{12}g_{23}g_{31} + g_{13}g_{21}g_{32}) - \\ &\left(s_1 s_3 g_{13} g_{31} + \frac{s_2 s_3}{V_M^2}g_{23}g_{32} + \frac{s_1 s_2}{V_M^2}g_{12}g_{21}\right) - \end{aligned}$$

$$\frac{s_1 s_2 s_3}{V_M^2}(g_{13}g_{31}g_{22}+g_{11}g_{23}g_{32}+g_{12}g_{21}g_{33}) \tag{4.77}$$

式（4.71）为终端多约束广义最优制导律通用表达式的最终形式，式中终端状态权系数 s_1、s_2、s_3 的不同取值，控制权函数中幂指数 n 的不同取值以及不同驾驶仪动力学选取情况均可简化为不同的最优制导律，详情如表 4.1 所示。需要说明的是，理论上，参数 $n\geqslant 0$ 都是合理的，但第 2 章的研究结果显示幂指数 n 也不能取得过大，因此，根据已有的研究成果[5-12]，在表中对幂指数 n 的取值范围进行了限制。

表 4.1　根据式（4.71）不同参数取值得到的最优制导律形式

制导律中文名称	制导律英文简写	式（4.71）中参数的不同取值				
		s_1	s_2	s_3	T_g	n
传统的比例导引制导律	CPNGL	$\to\infty$	0	0	0	0
扩展的比例导引制导律	EPNGL	$\to\infty$	0	0	0	0~3
考虑一阶驾驶仪动力学的传统比例导引制导律	CPNGL-1	$\to\infty$	0	0	T_g	0
考虑一阶驾驶仪动力学的扩展比例导引制导律	EPNGL-1	$\to\infty$	0	0	T_g	0~3
传统的角度控制最优制导律	COIACGL	$\to\infty$	$\to\infty$	0	0	0
扩展的角度控制最优制导律	EOIACGL	$\to\infty$	$\to\infty$	0	0	0~2
带终端加速度指令约束的传统角度控制最优制导律	COIACGL-ACC	$\to\infty$	$\to\infty$	0	T_g	0
带终端加速度指令约束的扩展角度控制最优制导律	EOIACGL-ACC	$\to\infty$	$\to\infty$	0	T_g	0~2
带终端加速度响应约束的传统角度控制最优制导律	COIACGL-ARC	$\to\infty$	$\to\infty$	$\to\infty$	T_g	0
带终端加速度响应约束的扩展角度控制最优制导律	EOIACGL-ARC	$\to\infty$	$\to\infty$	$\to\infty$	T_g	0~2

需要强调的是，式（4.71）及表 4.1 中的带终端加速度响应约束的扩展角度控制最优制导律在是本书首次提出的[6]，也是本章重点研究的内容。

4.3　不同终端状态约束下的角度控制最优制导律

本节重点研究表 4.1 中不同终端状态约束下的角度控制最优制导律。比例导引相关的制导律的研究已经比较充分，书中不再详细研究，仅给出简要结论。

4.3.1　带终端加速度响应约束的扩展角度控制最优制导律

令 $s_1\to\infty$、$s_2\to\infty$、$s_3\to\infty$，则表达式（4.71）可简化为如下形式

$$a_c(t)=t_{go}^n\{W_1[y_F-y_M(t)]-W_2\theta_M(t)-W_3\theta_F-W_4a_M(t)-W_5a_F\} \tag{4.78}$$

$$W_1=\left(\frac{1}{\Delta}\right)[D_1(g_{22}g_{33}-g_{23}g_{32})-D_2(g_{21}g_{33}-g_{23}g_{31})+D_3(g_{21}g_{32}-g_{22}g_{31})] \tag{4.79}$$

$$W_2=\left(\frac{V_Mt_{go}}{\Delta}\right)[D_1(g_{22}g_{33}-g_{23}g_{32})-D_2(g_{21}g_{33}-g_{23}g_{31})+D_3(g_{21}g_{32}-g_{22}g_{31})]+\left(\frac{V_M}{\Delta}\right)[-D_1(g_{12}g_{33}-g_{13}g_{32})+D_2(g_{11}g_{33}-g_{13}g_{31})-D_3(g_{11}g_{32}-g_{12}g_{31})] \tag{4.80}$$

$$W_3=-\left(\frac{V_M}{\Delta}\right)[-D_1(g_{12}g_{33}-g_{13}g_{32})+D_2(g_{11}g_{33}-g_{13}g_{31})-D_3(g_{11}g_{32}-g_{12}g_{31})] \tag{4.81}$$

$$W_4=\left(\frac{T_g}{\Delta}\right)D_1\begin{bmatrix}(g_{22}g_{33}-g_{23}g_{32})D_1-\\(g_{12}g_{33}-g_{13}g_{32})D_2+\\(g_{12}g_{23}-g_{13}g_{22})D_3\end{bmatrix}+\left(\frac{T_g}{\Delta}\right)D_2\begin{bmatrix}-(g_{21}g_{33}-g_{23}g_{31})D_1+\\(g_{11}g_{33}-g_{13}g_{31})D_2-\\(g_{11}g_{23}-g_{13}g_{21})D_3\end{bmatrix}+\left(\frac{T_g}{\Delta}\right)D_3\begin{bmatrix}(g_{21}g_{32}-g_{22}g_{31})D_1-\\(g_{11}g_{32}-g_{12}g_{31})D_2+\\(g_{11}g_{22}-g_{12}g_{21})D_3\end{bmatrix} \tag{4.82}$$

$$W_5=\left(\frac{1}{\Delta}\right)[-D_1(g_{12}g_{23}-g_{13}g_{22})+D_2(g_{11}g_{23}-g_{13}g_{21})-D_3(g_{11}g_{22}-g_{12}g_{21})] \tag{4.83}$$

$$\Delta=(g_{11}g_{22}g_{33}+g_{12}g_{23}g_{31}+g_{13}g_{21}g_{32})-(g_{13}g_{31}g_{22}+g_{11}g_{23}g_{32}+g_{12}g_{21}g_{33}) \tag{4.84}$$

式（4.78）即为带终端加速度响应约束的扩展角度控制最优制导律，其包含了终端位置约束、终端攻击角度约束及终端加速度响应约束。当取 $n=0$ 时，制导律退化为文献［1］的结果，称为带加速度响应约束的传统角度控制最优制导律。

在工程应用时，式（4.78）所示的制导律需要弹载惯导系统能够提供导弹的位置和速度矢量角信息。一方面，为了保证制导精度，要求惯导信息精度要高；另一方面，由于战术使用要求不同或受成本限制，很多导弹并没有惯导或仅采用低成本惯组，难以提供有效可用的位置、速度矢量角等信息。因此，用导引头的量测信息（弹目视线角速度 $\dot{q}$ 和弹目视线角 q）来代替式中的位置和角度信息是有意义的，这也是研究线性最优制导律时的通用方法。

对地面固定目标或慢速移动目标，在小角假设下，弹目视线角 q 可表示为

$$q \approx \sin q = \frac{y_F - y_M(t)}{V_M t_{go}}, \dot{q} = \frac{-\dot{y}_M(t)}{V_M t_{go}} + \frac{y_F - y_M(t)}{V_M t_{go}^2} \tag{4.85}$$

根据式（4.6）中 $\dot{y}_M(t) = V_M \theta_M(t)$，$\dot{q}$ 又可表示为

$$\dot{q} = -\theta_M(t)/t_{go} + [y_F - y_M(t)]/V_M t_{go}^2 \tag{4.86}$$

联立式（4.78）和式（4.85）~式（4.86），得到

$$a_c(t) = N'_p V_M \dot{q} + N'_q V_M (q - q_F)/t_{go} + N'_a a_M + N'_{a_F} a_F \tag{4.87}$$

其中，各导航系数的表达式为

$$N'_p = t_{go}^{n+1}\left(W_1 t_{go} - \frac{W_3}{V_M}\right), N'_q = \left(t_{go}^{n+1}\frac{W_3}{V_M}\right), N'_a = -t_{go}^n W_4, N'_{a_F} = -t_{go}^n W_5 \tag{4.88}$$

表达式（4.87）为 EOIACGL－ARC 适合工程应用的常见形式。对地面固定或慢速移动目标，根据式（4.85）~式（4.86），$\dot{q}$ 又可表示为 $\dot{q} = (q - \theta_M)/t_{go}$，此时，式（4.87）又可表示为

$$a_c(t) = N'_p V_M \frac{(q - \theta_M)}{t_{go}} + N'_q V_M \frac{(q - q_F)}{t_{go}} + N'_a a_M + N'_{a_F} a_F \tag{4.89}$$

式（4.89）适用于导引头无法测量得到弹目视线角速度的情况，是一种角度型制导律。

4.3.2 带终端加速度指令约束的扩展角度控制最优制导律

若仅约束终端位置和终端攻击角度，不约束终端加速度响应，则制导律相当于带有终端加速度指令约束。令 $s_3=0$，则 $M_{13}=M_{23}=0$，$M_{33}=1$，此时，

式（4.72）~式（4.77）可重新表示为

$$W_1=\left(\frac{1}{\Delta}\right)\left[s_1D_1+\frac{s_1s_2}{V_M^2}(D_1g_{22}-D_2g_{12})\right] \tag{4.90}$$

$$W_2=\left(\frac{1}{\Delta}\right)\begin{bmatrix}(s_1D_1V_Mt_{go}+s_2D_2/V_M)\\ +s_1s_2D_1(g_{22}t_{go}-g_{12})/V_M\\ +s_1s_2D_2(g_{11}-g_{21}t_{go})/V_M\end{bmatrix} \tag{4.91}$$

$$W_3=(1/\Delta)[-s_2D_2/V_M+s_1s_2(D_1g_{12}-D_2g_{11})/V_M] \tag{4.92}$$

$$W_4=\left(\frac{T_g}{\Delta}\right)\begin{bmatrix}s_1D_1^2+s_2D_2^2/V_M^2+s_1s_2g_{22}D_1^2/V_M^2\\ +s_1s_2\begin{pmatrix}-g_{12}D_1D_2/V_M^2-g_{21}D_1D_2/V_M^2\\ +g_{11}D_2^2/V_M^2\end{pmatrix}\end{bmatrix} \tag{4.93}$$

$$W_5=0 \tag{4.94}$$

$$\Delta=1+s_1g_{11}+\frac{s_2g_{22}}{V_M^2}+\frac{s_1s_2}{V_M^2}(g_{11}g_{22}-g_{12}g_{21}) \tag{4.95}$$

再令 $s_1\to\infty$，$s_2\to\infty$，则式（4.71）可以简化为

$$\begin{aligned}a_c(t)&=-t_{go}^n\begin{Bmatrix}W'_1(y_M(t)-y_F)+V_M(W'_1t_{go}+W'_3)\theta_M(t)\\ -V_MW'_3\theta_F+T_g(D_1W'_1+D_2W'_3)a_M(t)\end{Bmatrix}\\ &=N'_pV_M\dot{q}+N'_qV_M(q-q_F)/t_{go}+N'_aa_M\end{aligned} \tag{4.96}$$

此时，式（4.96）中的导航系数 N'_p、N'_q、N'_a 的具体表达式为

$$N'_p=t_{go}^{n+1}(W'_1t_{go}+W'_3),N'_q=-t_{go}^{n+1}W'_3,N'_a=-T_gt_{go}^n(D_1W'_1+D_2W'_3) \tag{4.97}$$

$$W'_1=(D_1g_{22}-D_2g_{12})/(g_{11}g_{22}-g_{12}g_{21}),W'_3=(D_2g_{11}-D_1g_{12})/(g_{11}g_{22}-g_{12}g_{21}) \tag{4.98}$$

式（4.96）即为带终端加速度指令约束的扩展角度控制最优制导律，适用于固定或慢速移动目标。当取 $n=0$ 时，制导律退化为文献［11］的结果，称为带终端加速度指令约束的传统角度控制最优制导律；当 $T_g\to0$ 时，即无驾驶仪动力学滞后，则制导律退化为扩展角度控制最优制导律［不考虑目标常值机动，如式（4.99）所示］；当 $T_g\to0$ 且 $n=0$ 时，制导律退化为传统的角度控制最优制导律［不考虑目标常值机动，如式（4.100）所示］。

$$\begin{aligned}a_c(t)&=N_pV_M\dot{q}+N_qV_M(q-q_F)/t_{go}\\ &=2(n+2)V_M\dot{q}+(n+1)(n+2)V_M(q-q_F)/t_{go}\end{aligned} \tag{4.99}$$

$$a_c(t)=4V_M\dot{q}+2V_M(q-q_F)/t_{go} \tag{4.100}$$

需要注意的是，当目标为固定或慢速移动时，认为弹目相对速度 V_R 与导弹速度 V_M 近似相等。

同样，当导引头无法测量得到弹目视线角速度时，式（4.96）也可表示为

$$a_c(t) = N'_p V_M(q-\theta_M)/t_{go} + N'_q V_M(q-q_F)/t_{go} + N'_a a_M \tag{4.101}$$

4.3.3 EOIACGL - ARC 和 EOIACGL - ACC 的导航系数对比分析

将幂指数 n 分别取为 0、1、2，EOIACGL - ARC 和 EOIACGL - ACC 的导航系数对比曲线如图 4.1 ~ 图 4.3 所示，图 4.4 给出了 EOIACGL - ARC 导航系数 N'_{a_F} 的变化曲线。图中的横轴均为无量纲时间 t_{go}/T_g，当 $t_{go}/T_g \to \infty$ 时表示 $T_g \to 0$，即相当于无驾驶仪动力学滞后；当 $t_{go}/T_g \to 0$ 时表示 $t_{go} \to 0$，即导弹靠近目标。由图 4.1 ~ 图 4.3 可以看出，EOIACGL - ARC 的导航系数 N'_p、N'_q、N'_a 与 EOIACGL - ACC 导航系数 N'_p、N'_q、N'_a 的变化趋势基本一致；当 $t_{go}/T_g \to \infty$ 时，即 $T_g \to 0$，N'_p、N'_q 退化为 EOIACGL 的导航系数，N'_a 趋近于 0；当 $t_{go}/T_g \to 0$ 时，N'_p、N'_q、N'_a 均趋向于∞。由图 4.4 可以看出，当 $t_{go}/T_g \to \infty$ 时 N'_{a_F} 同样趋近于 0。上述仿真结果与理论分析是完全一致的。

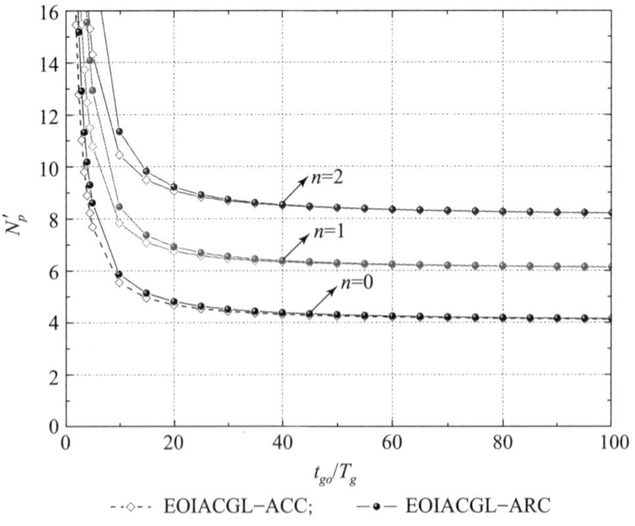

图 4.1　EOIACGL - ARC/ACC 导航系数 N'_p 对比

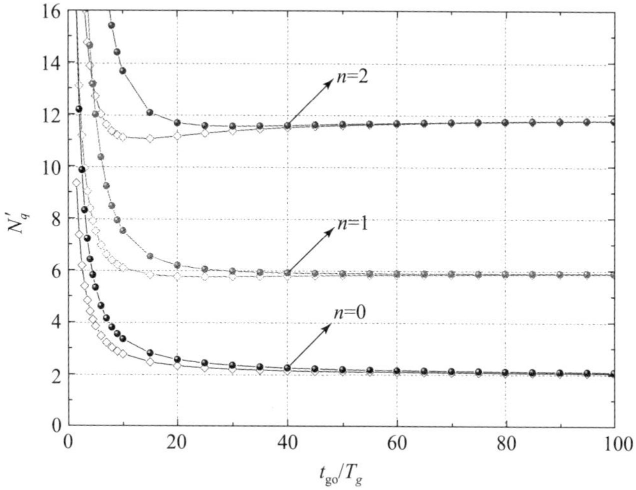

图 4.2　**EOIACGL - ARC/ACC 导航系数 N'_q 对比**

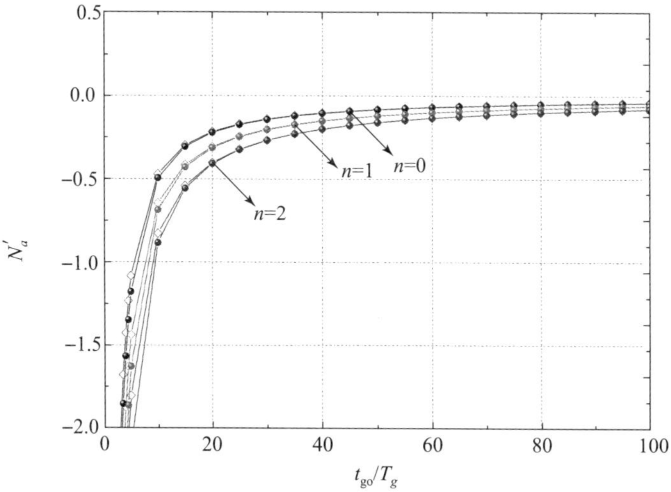

图 4.3　**EOIACGL - ARC/ACC 导航系数 N'_a 对比**

4.3.4　比例导引相关的简要情况

若仅约束终端位置，不约束终端攻击角度和终端加速度响应，则制导律（4.71）退化为考虑一阶驾驶仪动力学的扩展比例导引。令 $s_2 = s_3 = 0$，则式（4.59）~式（4.61）、式（4.72）~式（4.77）退化为

$$M_{11} = 1 + s_1 g_{11},\ M_{12} = 0,\ M_{13} = 0 \tag{4.102}$$

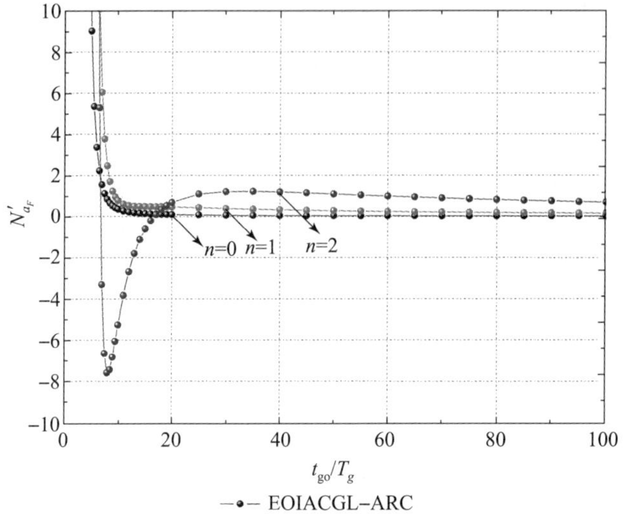

图 4.4　EOIACGL-ARC 导航系数 N'_{a_F}

$$M_{21}=\frac{s_1}{V_M}g_{21},\ M_{22}=1,\ M_{23}=0 \tag{4.103}$$

$$M_{31}=s_1g_{31},\ M_{32}=0,\ M_{33}=1 \tag{4.104}$$

$$W_1=s_1\frac{D_1}{\Delta},\ W_2=s_1\frac{D_1V_Mt_{go}}{\Delta},\ W_3=0,\ W_4=s_1\frac{D_1^2T_g}{\Delta},\ W_5=0,\ \Delta=(1+s_1g_{11}) \tag{4.105}$$

再令 $s_1\rightarrow\infty$，则式（4.105）又可表示为

$$W_1=D_1/g_{11},\ W_2=D_1V_Mt_{go}/g_{11},\ W_3=0,\ W_4=D_1^2T_g/g_{11},\ W_5=0 \tag{4.106}$$

则式（4.71）可最终表示为

$$a_c(t)=N'_pV_M\dot{q}+N'_aa_M \tag{4.107}$$

其中

$$N'_p=t_{go}^{n+2}D_1/g_{11},\ N'_a=-t_{go}^nD_1^2T_g/g_{11} \tag{4.108}$$

式（4.107）为考虑一阶驾驶仪动力学的扩展比例导引，适用于地面固定或慢速移动目标。当 $T_g\rightarrow0$ 时，制导律退化为 $a_c(t)=(n+3)V_M\dot{q}$；当 n 取 0 时，制导律退化为

$$a_c(t)=N'[V_M\dot{q}-(T_g/t_{go})^2(e^{-t_{go}/T_g}+t_{go}/T_g-1)a_M] \tag{4.109}$$

其中

$$N'=\frac{(e^{-t_{go}/T_g}+t_{go}/T_g-1)}{\frac{1}{2}\left(\frac{T_g}{t_{go}}\right)^2+\frac{1}{3}\left(\frac{t_{go}}{T_g}\right)-2\left(\frac{T_g}{t_{go}}\right)e^{-t_{go}/T_g}-\frac{1}{2}\left(\frac{T_g}{t_{go}}\right)^2e^{-2t_{go}/T_g}} \tag{4.110}$$

式（4.109）与文献［13，14］的结论是一致的。

4.4　EOIACGL – ARC 和 EOIACGL – ACC 归一化加速度特性对比分析

根据前面推导的 EOIACGL – ARC，构造制导系统结构框图，如图 4.5 所示。当研究 EOIACGL – ACC 时，将图中的 N'_{a_F} 置 0 即可；当研究式（4.99）所示的 EOIACGL 时，将 N'_a、N'_{a_F} 置 0 并将 N'_p、N'_q 分别设为 $2(n+2)$、$(n+1)(n+2)$ 即可。图中引入了终端位置约束 y_F、终端攻击角度约束 q_F 以及终端加速度响应约束 a_F，在仿真时，$y_F=0$、$a_F=0$、$q_F=-60°$、$\varepsilon=3°$；$V_M=300$ m/s、$t_F=20$ s、$T_g=0.5$ s；幂指数 n 分别取 0、1、2。

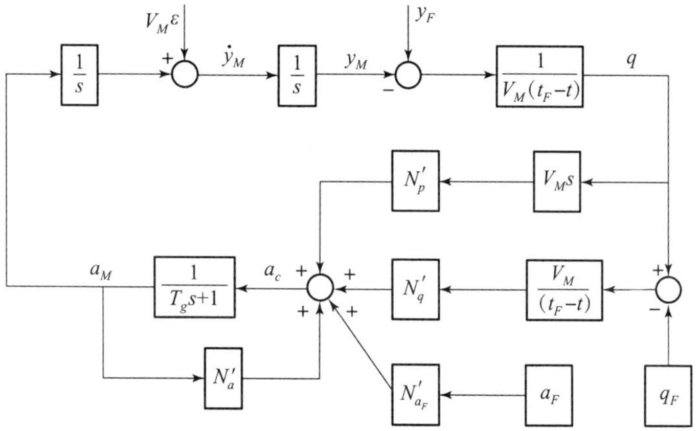

图 4.5　EOIACGL – ARC/ACC 及引入一阶驾驶仪的 EOIACGL 制导系统结构框图

图 4.6 给出了 EOIACGL – ARC、EOIACGL – ACC 以及 EOIACGL（引入一阶驾驶仪动力学）的弹道对比曲线。由此可以看出，在不同的幂指数 n 下，EOIACGL – ARC 和 EOIACGL – ACC 的弹道差异较小，二者弹道基本一致；n 越大，EOIACGL 的弹道与 EOIACGL – ARC/EOIACGL – ACC 的弹道差异越大。

图 4.7 ~ 图 4.10 分别给出了在终端攻击角度约束 q_F 以及初始方向误差 ε 作用下，EOIACGL – ACC 和 EOIACGL – ARC 的归一化加速度指令和加速度响应曲线。从图中可以看出，对不同的 n，EOIACGL – ACC 都可以保证末端加速度指令为零，且随着 n 的增大其末端加速度响应趋近于零，但并不严格为零；而对 EOIACGL – ARC，虽然其末端加速度指令并不为零，且 n 越小其末端加速度指令越大，但对不同的 n，其末端加速度响应都严格收敛到零，这也正是 EOIACGL – ACC 在设计时期望达到的性能。

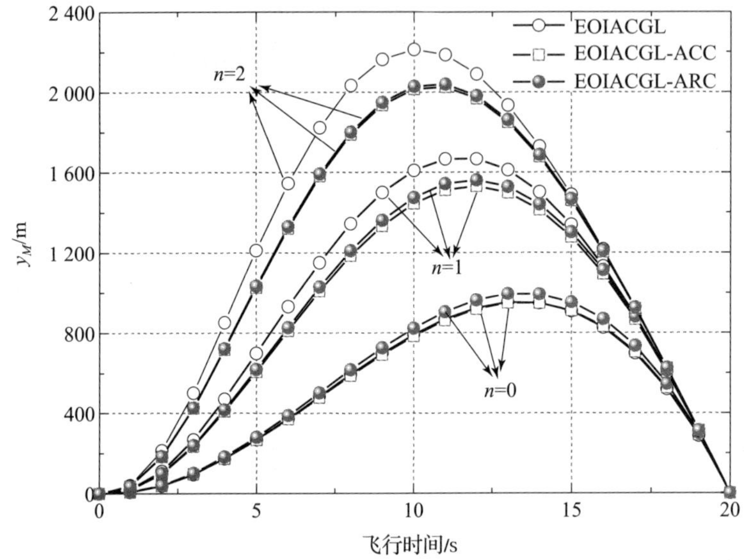

图 4.6 弹道对比曲线

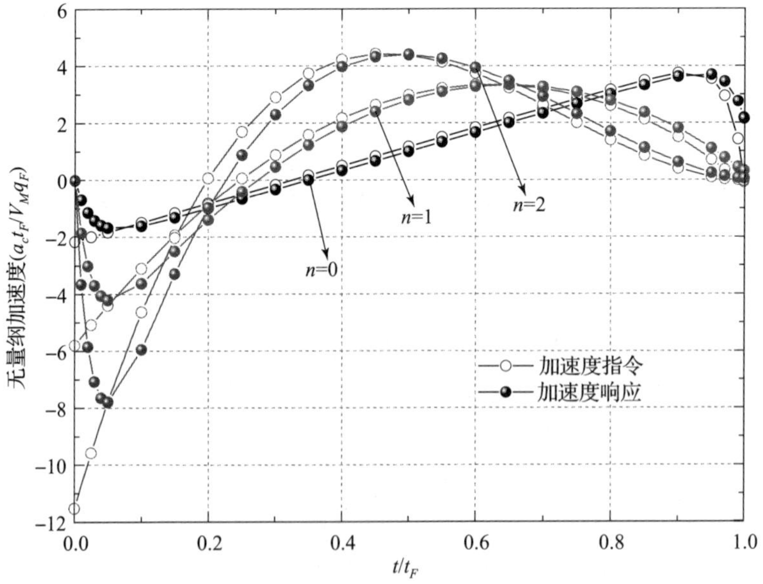

图 4.7 EOIACGL－ACC 由 q_F 引起的无量纲加速度指令和响应

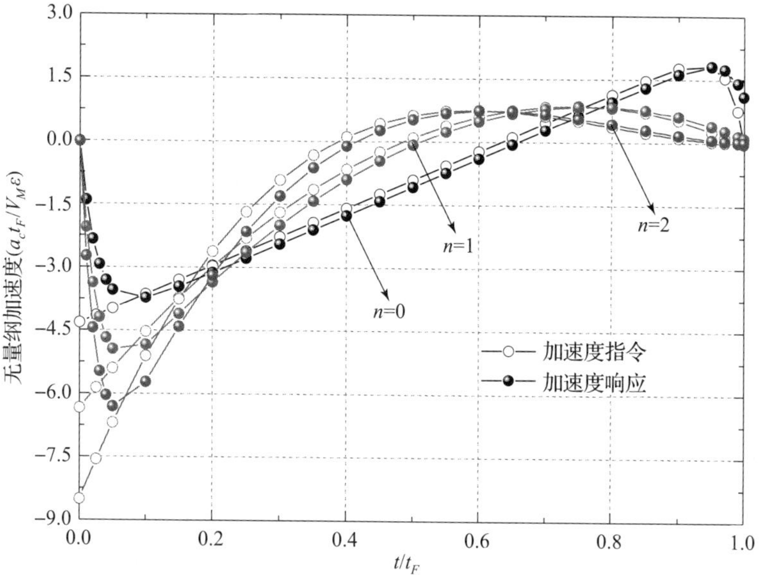

图 4.8　EOIACGL – ACC 由初始方向误差 ε 引起的无量纲加速度指令和响应

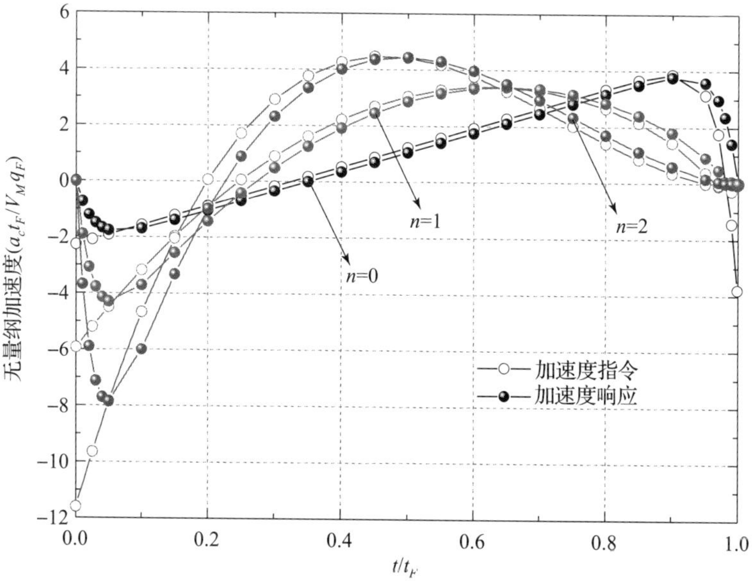

图 4.9　EOIACGL – ARC 由 q_F 引起的无量纲加速度指令和响应

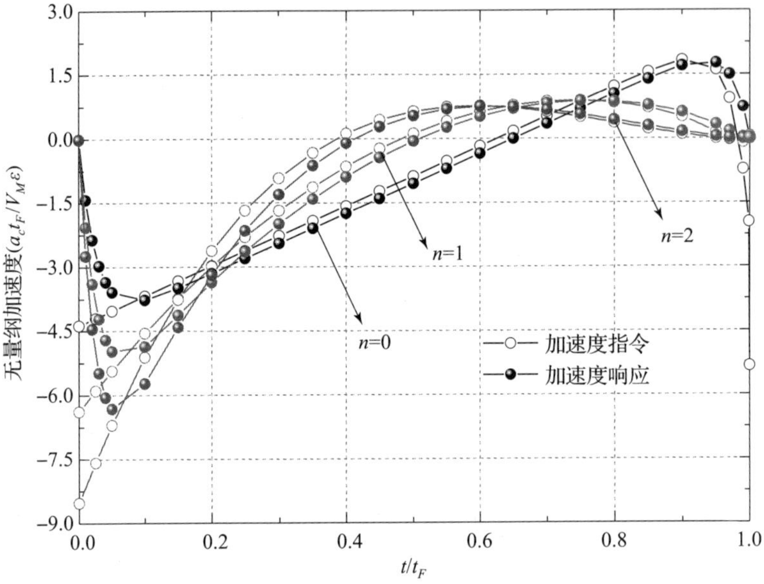

图 4.10　EOIACGL – ARC 由初始方向误差 ε 引起的无量纲加速度指令和响应

图 4.11 ~ 图 4.14 给出了分别由终端攻击角度约束和初始方向误差引起的 EOIACGL – ARC/EOIACGL – ACC 归一化加速度指令、加速度响应的对比曲线，可以更直观地看出二者的差异。

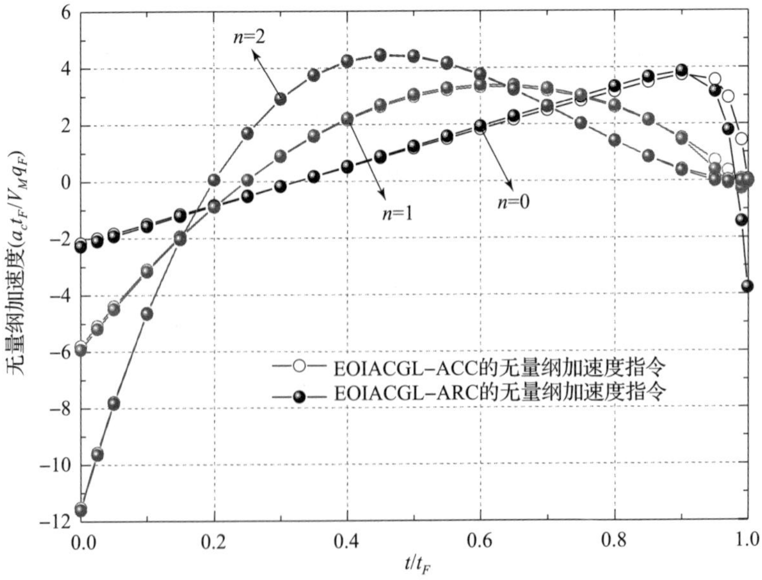

图 4.11　由 q_F 引起的 EOIACGL – ARC/ACC 无量纲加速度指令对比

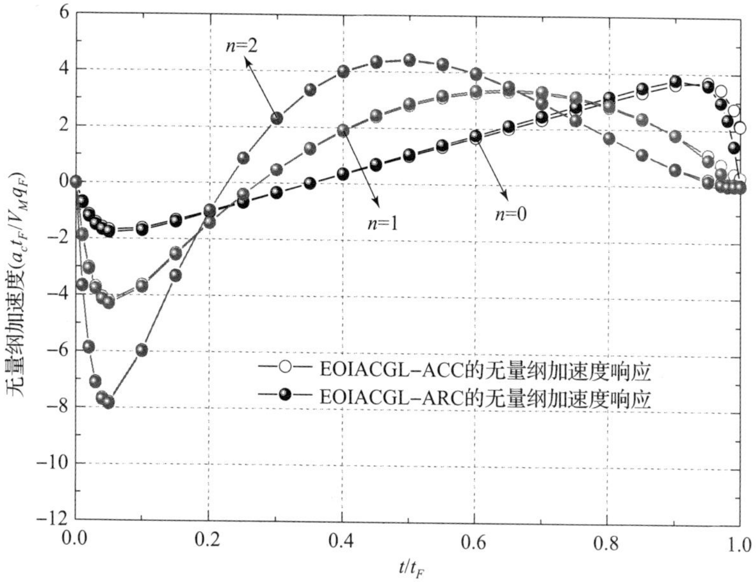

图 4.12　由 q_F 引起的 EOIACGL - ARC/ACC 无量纲加速度响应对比

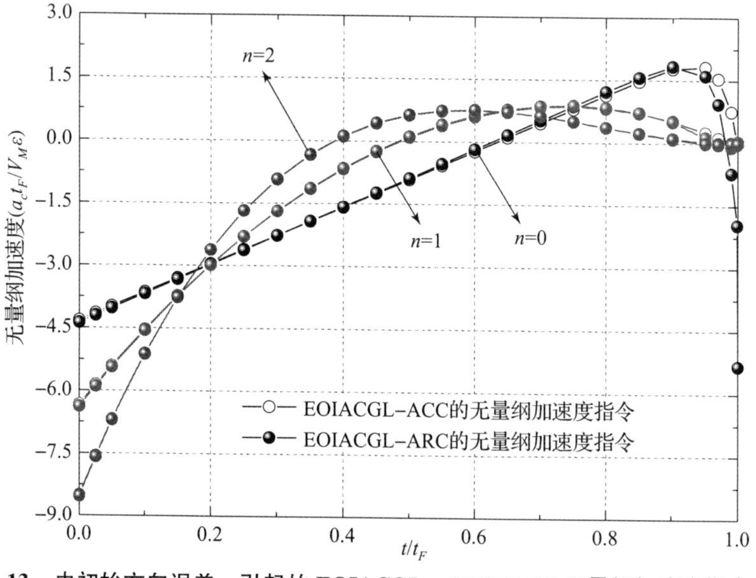

图 4.13　由初始方向误差 ε 引起的 EOIACGL - ARC/ACC 无量纲加速度指令对比

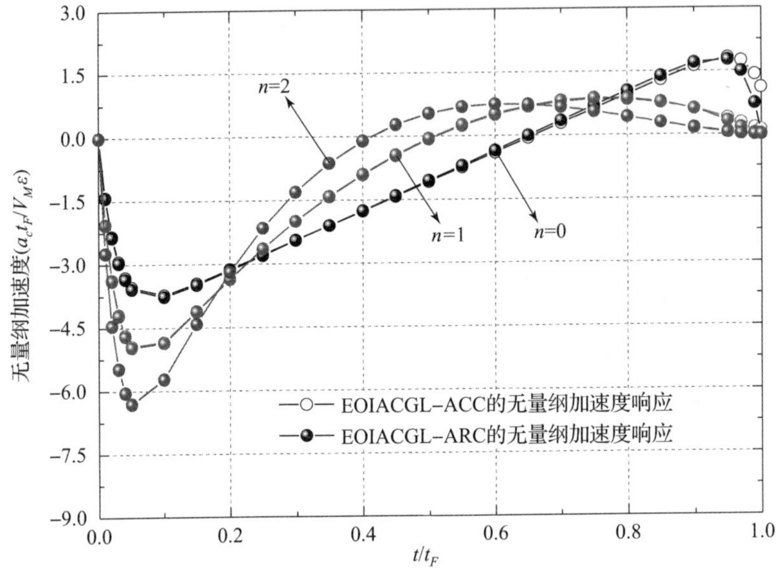

图 4.14　由初始方向误差 ε 引起的 EOIACGL－ARC/ACC 无量纲加速度响应对比

概括地说，EOIACGL－ACC 可以使制导系统在 $n>0$ 时的加速度响应近似为 0，当 $n=0$ 时这种近似效果较差；而 EOIACGL－ARC 可以使制导系统在 $n\geqslant 0$ 时的加速度响应精确为 0，这是二者的根本区别。当然，从制导律的表达式上，EOIACGL－ARC 较 EOIACGL－ACC 更复杂，不利于工程应用。在弹道末端，可以近似认为攻角正比于弹体加速度，因此，当制导任务对末端攻角具有严格要求时，EOIACGL－ARC 是值得考虑的。从这个意义上说，EOIACGL－ARC 为末端攻角的精确控制提供了一种理论选择。

4.5　总结与拓展阅读

本章研究了考虑一阶驾驶仪动力学滞后的终端多约束广义最优制导律。考虑终端位置约束、终端攻击角度约束、终端加速度（指令/响应）约束，引入一阶驾驶仪动力学，推导出了终端多约束广义最优制导律的通用表达式，选取不同的终端约束，简化得到 EOIACGL－ARC、EOIACGL－ACC、EOIACGL 等最优制导律。重点研究了 EOIACGL－ARC、EOIACGL－ACC 的推导过程，并对二者的归一化加速度特性进行了详细的对比分析。研究指出，对不同的幂指数 n，EOIACGL－ACC 可以保证末端加速度指令为零，且随着 n 的增大其末端加速度响应趋近于零，但并不严格为零；而对 EOIACGL－ARC，虽然其末端加速度指令并不为零，且 n 越小其末端加速度指令越大，但对不

同的 n，其末端加速度响应都严格收敛到零。

在本章的研究中，当在 EOIACGL 制导系统中额外引入一阶驾驶仪动力学时，若仍想达到某一精确的落点和终端攻击角度，则末导时间 t_F 与驾驶仪滞后时间常数 T_g 必须满足一定的约束条件，如 $t_F/T_g > 15$，且导引头量测误差（噪声）也必须控制在一定的指标约束下。对 EOIACGL - ARC 或 EOIACGL - ACC，由于二者均是在考虑一阶驾驶仪动力学情况下的最优制导律，因此当仅考虑一阶驾驶仪动力学和终端攻击角度约束或初始方向误差时，制导系统能精确达到指定的位置和终端攻击角度，此时制导系统的脱靶量和终端攻击角度误差都几乎为 0。然而，实际的驾驶仪动力学往往都是高阶的，且导引头也存在动力学；同时，导引头的量测噪声（角噪声、目标闪烁噪声）也是必然存在的、导弹的过载能力也是有限的，因此，即使采用了 EOIACGL - ARC 或 EOIACGL - ACC，制导系统也必然存在一定的制导误差。

有一点必须要强调的是，制导律的“最优”是相对的，是有限制条件的，一旦制导系统模型或误差引入与理论推导时不一致，“最优”将退化为非最优。更深层次地，若优化的目标函数或权矩阵（终端状态权矩阵、控制权矩阵）选取不同，则所得到的“最优”制导律的形式也是不一样的，作者将在后续的章节中进一步阐述这个观点。

相关部分内容的研究成果，还可参阅文献［1－3］以及文献［15－16］。

本章参考文献

［1］LEE Y I, RYOO C H, KIM E. Optimal guidance with constraints on impact angle and terminal acceleration［C］//AIAA Guidance, Navigation and Control Conference and Exhibit, Texas, 2003.

［2］RYOO C K, CHO H, TAHK M J. Optimal guidance laws with terminal impact angle constraint［J］. Journal of guidance, control, and dynamics, 2005, 28（4）: 724－732.

［3］RYOO C K, CHO H, TAHK M J. Time－to－go weighted optimal guidance with impact angle constraints［J］. IEEE transactions on control systems technology, 2006, 14（3）: 483－492.

［4］LEE Y I, KIM S H, LEE J I. Analytic solutions of generalized impact angle control guidance law for first－order lag system［J］. Journal of guidance, control, and dynamics, 2013, 36（1）: 96－112.

［5］WANG H, LIN D F, CHENG Z X, et al. Optimal guidance of extended trajectory shaping [J]. Chinese journal of aeronautics, 2014, 27 (5): 1259 - 1272.

[6] WANG H, WANG J, LIN D F. Generalized optimal impact - angle - control guidance with terminal acceleration response constraint [J]. Proceedings of the Institution of Mechanical Engineers, 2017, 231 (14): 2515 - 2536.

[7] GUO Y N, HAWKINS M, WIE B. Waypoint - optimized zero effort miss/zero effort velocity feedback guidance for Mars landing [J]. Journal of guidance, control, and dynamics, 2013, 36 (3): 799 - 809.

[8] GUO Y N, HAWKINS M, WIE B. Applications of generalized zero effort miss/zero effort velocity feedback guidance algorithm [J]. Journal of guidance, control, and dynamics, 2013, 36 (3): 810 - 820.

[9] 王辉，林德福，祁载康，等. 时变最优的增强型比例导引及其脱靶量解析研究 [J]. 红外与激光工程，2013，42 (3): 692 - 698.

[10] 王辉，林德福，祁载康，等. 扩展弹道成型末制导律特性分析与应用研究 [J]. 兵工学报，2013，34 (7): 801 - 809.

[11] LUKACS J A, YAKIMENKO O A. Trajectory shape varying missile guidance for interception of ballistic missiles during the boost phase [C]//AIAA Guidance, Navigation and Control Conference and Exhibit, South Carolina America, 2007.

[12] 刘大卫，夏群力，左媞媞，等. 包含弹体动力学的终端角度约束弹道成型制导律 [J]. 北京理工大学学报，2013，33 (4): 363 - 368.

[13] ZARCHAN P. Tactical and strategic missile guidance [M]. 6th ed. Virginia: AIAA Inc., 2012.

[14] 王辉，林德福. 考虑动力学滞后的最优比例导引律研究 [J]. 弹箭与制导学报，2011，31 (4): 33 - 36.

[15] 曲萍萍，周荻. 考虑导弹自动驾驶仪二阶动态特性的导引律 [J]. 系统工程与电子技术，2011，33 (10): 2263 - 2267.

[16] 曲萍萍，周荻. 考虑导弹自动驾驶仪二阶动态特性的三维导引律 [J]. 航空学报，2011，32 (11): 2096 - 2105.

第5章
基于幂级数解法的广义最优制导律特性研究

5.1 引　　言

前文所描述的扩展角度控制最优制导律是定义在弹目视线坐标系或弹道坐标系下，若要解析研究 EOIACGL 制导系统的闭环弹道、闭环速度以及闭环加速度指令特性，往往需将制导律表示成微分方程的形式。若不考虑目标机动，认为目标是固定或慢速移动的，则 EOIACGL 可以表示成二阶线性时变非齐次微分方程；若额外引入一阶驾驶仪动力学，则 EOIACGL 可以表示成三阶线性时变非齐次微分方程。由于非齐次微分方程不利于解析求解，因此，若能将非齐次微分方程转化为齐次的，则求解过程能得到较大程度的简化。

本章首先将角度控制最优制导律定义在预测的终端弹目视线坐标系下（以下简称终端弹目视线），假设目标是固定或慢速移动，不考虑驾驶仪动力学，建立相对于终端弹目视线的导弹运动方程，将 time - to - go 的负 n 次幂函数引入目标函数中，推导得到相对于终端弹目视线的 EOIACGL 和 EPNGL；同时，提出一种能综合描述 EOIACGL 和 EPNGL 的统一形式，并将其定义为广义最优制导律[1-2]。

在终端弹目视线系下，GOGL 可以表示成二阶齐次的时变微分方程；若引入一阶驾驶仪动力学，GOGL 可以表示成三阶齐次的时变微分方程。通过变量代换，将线性时变微分方程转换为线性时不变微分方程，并用特征根（characteristic roots，CR）代替导航系数，得到具有一般意义的微分方程。在此基础上，采用高阶微分方程的幂级数解法，分别求解上述二阶和三阶的齐次时变微分方程，得到终端弹目视线系下 GOGL 制导系统的闭环弹道、闭环速度以及闭环加速度指令的解析表达式，进而进行制导特性的解析分析。

5.2 终端弹目视线坐标系下的广义最优制导律

5.2.1 终端弹目视线坐标系下的扩展角度控制最优制导律

根据前面章节的定义，在弹目视线坐标系下，不考虑目标机动和导弹驾驶仪动力学，导弹加速度指令 a_c 与加速度响应 a_M 相等且可表示为 $\ddot{y}'_M$，目标的加速度 $\ddot{y}'_T=0$，根据定义有 $\ddot{y}'_{MT}=\ddot{y}'_T-\ddot{y}'_M=-a_c$，则将 EOIACGL 表示成微分方程的形式，有

$$\ddot{y}'_{MT}+2(n+2)\frac{\dot{y}'_{MT}(t)}{t_F-t}+(n+2)(n+3)\frac{y'_{MT}(t)}{(t_F-t)^2}=-(n+1)(n+2)\frac{\dot{y}'_{MT}(t_F)}{t_F-t} \tag{5.1}$$

可以看出，弹目视线坐标系下的 EOIACGL 微分方程是二阶线性时变非齐次的。当引入额外的一阶驾驶仪动力学时，即 $\dot{a}_M=(a_c-a_M)/T_g$，令 $a_M=\ddot{y}'_M=-\ddot{y}'_{MT}$、$\dot{a}_M=\dddot{y}'_M=-\dddot{y}'_{MT}$，代入 EOIACGL 的表达式，则得到三阶的线性时变非齐次微分方程

$$\begin{aligned}&\dddot{y}'_{MT}+\frac{1}{T_g}\left[\ddot{y}'_{MT}+2(n+2)\frac{\dot{y}'_{MT}(t)}{t_{\mathrm{go}}}+(n+2)(n+3)\frac{y'_{MT}(t)}{t_{\mathrm{go}}^2}\right]\\&=-\frac{1}{T_g}\left[(n+1)(n+2)\frac{\dot{y}'_{MT}(t_F)}{t_{\mathrm{go}}}\right]\end{aligned} \tag{5.2}$$

类似地，在弹道坐标系下的 EOIACGL 微分方程形式也是线性时变非齐次的。

由此可以看出，不管 EOIACGL 是定义在弹目视线坐标系下还是定义在弹道坐标系下，其微分方程都是非齐次的，不利于解析求解。若将 EOIACGL 定义在期望的终端弹目视线坐标系下，则可将微分方程转换成齐次的，下面进行详细阐述。

在预测的终端弹目视线坐标系下，弹目运动几何关系示意图如图 5.1 所示。图 5.1 中，OXY 表示相对于地面的惯性坐标系，oxy 表示预测的终端弹目视线坐标系，M_0 表示导弹初始位置，LOS 表示当前弹目视线，LOS_0 表示初始弹目视线，LOS_F 表示预测的终端攻击时刻的弹目视线，r_0、r 分别表示初始弹目斜距和当前弹目斜距；y_{M0}、y_M 分别表示导弹在弹道坐标系下的初始纵向位置和当前纵向位置；V_M 表示导弹速度，a_M 表示垂直于速度矢量的加速度；θ、θ_F 分别表示弹道倾角和期望的终端攻击角度，θ_0 为 θ 的初值；q_0、q 分别表示初始的弹目视线角和当前的弹目视线角，在终端时刻，q 的终值 q_F 等价于 θ_F。

为便于简化，定义相对于终端弹目视线的纵向位置 y 和速度矢量角 σ，初值分别为 y_0、σ_0；图中的角度逆时针定义为正，顺时针定义为负。

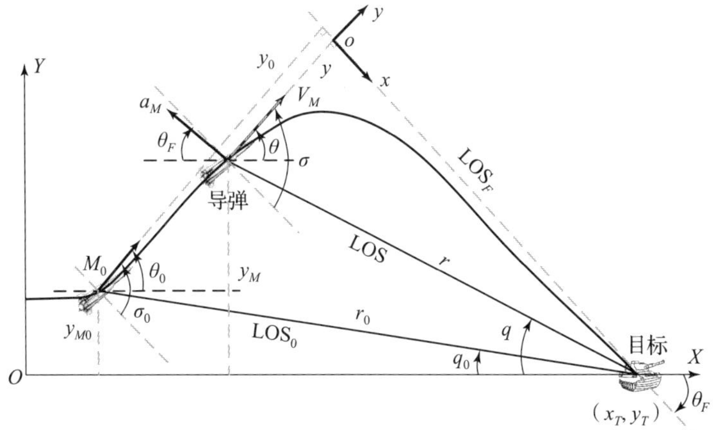

图5.1 预测的终端弹目视线系下的弹目运动几何关系示意图

由定义可知，σ、θ、θ_F 三个角度的关系为

$$\sigma = \theta - \theta_F,\ \sigma_0 = \theta_0 - \theta_F \tag{5.3}$$

导弹的纵向位置 y_M、y 与 θ_F、q 的关系为

$$\begin{aligned} &y_M = y_T - r\sin q, y_{M0} = y_T - r_0 \sin q_0 \\ &y = r\sin(\theta_F - q), y_0 = r_0 \sin(\theta_F - q_0) \end{aligned} \tag{5.4}$$

根据图5.1所示的弹目几何关系，认为目标固定或慢速移动，不考虑驾驶仪动力学，建立如下的运动方程：

$$\begin{aligned} &\dot{y} = V_M \sin \boldsymbol{\sigma}, y(t_0) = y_0, y(t_F) = y_F \\ &V_M \dot{\boldsymbol{\sigma}} = a_M, \boldsymbol{\sigma}(t_0) = \boldsymbol{\sigma}_0, \boldsymbol{\sigma}(t_F) = \boldsymbol{\sigma}_F \end{aligned} \tag{5.5}$$

假设速度 V_M 是常值，σ、q、$(\theta_F - q)$ 为小角，这是研究线性最优制导律时的两个常用假设，这样，经线性化后，式（5.4）可表示为

$$\begin{aligned} &y_M = y_T - rq, y_{M0} = y_T - r_0 q_0 \\ &y = r(\theta_F - q), y_0 = r_0(\theta_F - q_0) \end{aligned} \tag{5.6}$$

式（5.5）可表示为

$$\dot{\boldsymbol{x}} = \boldsymbol{A}\boldsymbol{x} + \boldsymbol{B}u, \boldsymbol{x}(t_0) = \boldsymbol{x}_0, \boldsymbol{x}(t_F) = \boldsymbol{x}_F \tag{5.7}$$

$$\boldsymbol{x} = \begin{bmatrix} y \\ v \end{bmatrix} = \begin{bmatrix} y \\ V_M \boldsymbol{\sigma} \end{bmatrix}, \boldsymbol{x}_0 = \begin{bmatrix} y_0 \\ v_0 \end{bmatrix}, \boldsymbol{x}_F = \begin{bmatrix} y_F \\ v_F \end{bmatrix}, v_F = V_M \boldsymbol{\sigma}_F \tag{5.8}$$

$$\boldsymbol{A} = \begin{bmatrix} 0 & 1 \\ 0 & 0 \end{bmatrix}, \boldsymbol{B} = \begin{bmatrix} 0 \\ 1 \end{bmatrix}, u = a_c \tag{5.9}$$

式（5.7）~式（5.9）中，$v=V_M\sigma$ 表示垂直于终端弹目视线的速度分量，σ_F 表示终端时刻的 σ；在不考虑制导动力学时，$\boldsymbol{x}_0$ 表示状态初值，$\boldsymbol{x}_F$ 表示状态终值。

目标函数依然定义为前文的扩展形式：

$$J=\frac{1}{2}\int_{t_0}^{t_F}R(t)u^2(t)\,\mathrm{d}t,R(t)=t_{\mathrm{go}}^{-n},n\geqslant 0 \tag{5.10}$$

根据式（5.8），将终端约束表示成矩阵形式，即

$$\boldsymbol{F}^{\mathrm{T}}(t_F)\boldsymbol{x}(t_F)=\boldsymbol{\psi} \tag{5.11}$$

将 y_F 和 σ_F 同时约束到0，则 $\boldsymbol{F}^{\mathrm{T}}(t_F)$、$\boldsymbol{\psi}$ 分别为

$$\boldsymbol{F}^{\mathrm{T}}(t_F)=\begin{bmatrix}1&0\\0&1\end{bmatrix},\boldsymbol{\psi}=\begin{bmatrix}y_F\\V_M\sigma_F\end{bmatrix}=\begin{bmatrix}0\\0\end{bmatrix} \tag{5.12}$$

根据最优控制理论，上述最优问题的解可表示为

$$u(t)=-R^{-1}\boldsymbol{B}^{\mathrm{T}}\boldsymbol{F}\boldsymbol{G}^{-1}[\boldsymbol{\psi}-\boldsymbol{F}^{\mathrm{T}}(t)\boldsymbol{x}(t)] \tag{5.13}$$

其中

$$\dot{\boldsymbol{F}}+\boldsymbol{A}^{\mathrm{T}}\boldsymbol{F}=\boldsymbol{0},\ \boldsymbol{F}^{\mathrm{T}}(t_F)=\left(\frac{\partial\boldsymbol{\psi}}{\partial\boldsymbol{x}}\right)_{t=t_F} \tag{5.14}$$

$$\boldsymbol{G}(t)=-\int_t^{t_F}(\boldsymbol{F}^{\mathrm{T}}\boldsymbol{B}R^{-1}\boldsymbol{B}^{\mathrm{T}}\boldsymbol{F})\,\mathrm{d}t,\boldsymbol{G}(t_F)=0 \tag{5.15}$$

容易求解得到

$$\boldsymbol{F}=\begin{bmatrix}1&0\\t_{\mathrm{go}}&1\end{bmatrix},\boldsymbol{G}=-\begin{bmatrix}\dfrac{t_{\mathrm{go}}^{n+3}}{n+3}&\dfrac{t_{\mathrm{go}}^{n+2}}{n+2}\\\dfrac{t_{\mathrm{go}}^{n+2}}{n+2}&\dfrac{t_{\mathrm{go}}^{n+1}}{n+1}\end{bmatrix},$$

$$\boldsymbol{G}^{-1}=-\frac{(n+1)(n+2)^2(n+3)}{t_{\mathrm{go}}^{2n+4}}\begin{bmatrix}\dfrac{t_{\mathrm{go}}^{n+1}}{n+1}&-\dfrac{t_{\mathrm{go}}^{n+2}}{n+2}\\-\dfrac{t_{\mathrm{go}}^{n+2}}{n+2}&\dfrac{t_{\mathrm{go}}^{n+3}}{n+3}\end{bmatrix} \tag{5.16}$$

联立式（5.7）~式（5.16），得到相对于终端弹目视线的最优制导律，即

$$a_c(t)=-\begin{bmatrix}\dfrac{(n+2)(n+3)}{t_{\mathrm{go}}^2}&\dfrac{2(n+2)}{t_{\mathrm{go}}}\end{bmatrix}\begin{bmatrix}y\\v\end{bmatrix} \tag{5.17}$$

类似地，若仅将 y_F 约束到0，即 $\boldsymbol{F}^{\mathrm{T}}(t_F)=[1\quad 0]$，$\boldsymbol{\psi}=[y_F]=[0]$，此时制导律为

$$\boldsymbol{F}^{\mathrm{T}}(t_F)=[1\quad 0],\boldsymbol{\psi}=[y_F]=[0] \tag{5.18}$$

$$a_c(t)=-\begin{bmatrix}\dfrac{(n+3)}{t_{\mathrm{go}}^2}&\dfrac{(n+3)}{t_{\mathrm{go}}}\end{bmatrix}\begin{bmatrix}y\\v\end{bmatrix} \tag{5.19}$$

式（5.17）、式（5.19）分别为终端弹目视线坐标系下的 EOIACGL 和 EPNGL。由于书中定义了 $\sigma=\theta-\theta_F$，因此终端角度约束 θ_F 隐含于制导律中。

5.2.2　无动力学滞后的广义最优制导律

在最优制导律中，广义最优的概念较宽泛，很难找到一个标准的定义[1,2]，本章将式（5.17）、式（5.19）所示的两种最优制导律（EOIACGL/EPNGL）的综合形式定义为广义最优制导律。

观察式（5.17）、式（5.19），广义最优制导律可以表示成如下的统一形式：

$$a_c(t)=-\frac{N_1}{t_{\mathrm{go}}^2}y-\frac{N_2}{t_{\mathrm{go}}}v \tag{5.20}$$

式中，$[N_1, N_2]$ 的取值为 $[n+3, n+3]$ 或 $[(n+2)(n+3), 2(n+2)]$。当式（5.20）的导航系数取为前者时，制导律只约束 y_F 为 0，当导航系数取为后者时，制导律同时约束 y_F 和 σ_F 为 0，即导航系数的不同取值也决定了制导律是仅含有终端位置约束还是同时含有终端攻击角度约束。

由于式（5.20）是建立在终端弹目视线坐标系下的，难以直接看出其终端约束情况，将其转换到弹道坐标系下，则很容易看出意义所在。

在弹道坐标系下，线性化的系统状态方程可表述如下：

$$\begin{cases} y_T-y_M=rq, y_T-y_{M0}=r_0q_0 \\ \dot{y}_M=V_M\theta_M, \dot{y}_{M0}=V_M\theta_{M0}, \dot{y}_{MF}=V_M\theta_F \\ \ddot{y}_M=a_c=V_M\dot{\theta}_M=V_M\dot{\sigma} \\ r=V_Mt_{\mathrm{go}} \end{cases} \tag{5.21}$$

联立式（5.3）~式（5.9）以及式（5.20）~式（5.21），整理合并后得到广义最优制导律在弹道坐标系下的表达式

$$a_c(t)=\frac{N_1}{t_{\mathrm{go}}^2}(y_T-y_M)-\frac{N_2}{t_{\mathrm{go}}}\dot{y}_M+\frac{N_2-N_1}{t_{\mathrm{go}}}\dot{y}_{MF} \tag{5.22}$$

由于暂没有考虑导弹驾驶仪动力学，故而 $a_c=a_M=\ddot{y}_M$，将式（5.22）表示成标准的微分方程形式，有

$$\ddot{y}_M+\frac{N_2}{t_{\mathrm{go}}}\dot{y}_M+\frac{N_1}{t_{\mathrm{go}}^2}y_M=\frac{N_1}{t_{\mathrm{go}}^2}y_T+\frac{N_2-N_1}{t_{\mathrm{go}}}\dot{y}_{MF} \tag{5.23}$$

由式（5.23）可以直接看出，广义最优制导律是否含有终端角度约束取决于 N_1、N_2 的取值，当 $N_1=N_2$ 时（如比例导引），则制导律自然地不包含终端角度约束。

为便于后续处理，将 $a_c=\ddot{y}$、$v=\dot{y}$ 代入式（5.20），得到

$$\ddot{y}+\frac{N_2}{t_{go}}\dot{y}+\frac{N_1}{t_{go}^2}y=0 \tag{5.24}$$

由于 $\ddot{y}$、$\dot{y}$ 均是对时间 t 的导数，则式（5.24）又可表示为

$$\frac{d^2y}{dt^2}+\frac{N_2}{t_{go}}\frac{dy}{dt}+\frac{N_1}{t_{go}^2}y=0 \tag{5.25}$$

令 $\zeta=\ln(t_F-t)=\ln(t_{go})$，则有

$$\frac{d\zeta}{dt}=\frac{-1}{(t_F-t)}=\frac{-1}{t_{go}},\frac{dt}{d\zeta}=-e^{\zeta} \tag{5.26}$$

$$\frac{dy}{d\zeta}=\frac{dy}{dt}\frac{dt}{d\zeta}=\dot{y}(-e^{\zeta})\Rightarrow\dot{y}=\frac{-1}{e^{\zeta}}\frac{dy}{d\zeta} \tag{5.27}$$

$$\ddot{y}=\frac{d\dot{y}}{dt}=\frac{d\dot{y}}{d\zeta}\frac{d\zeta}{dt}\Rightarrow\ddot{y}=\frac{1}{e^{\zeta}}\frac{1}{t_{go}}\left(\frac{d^2y}{d\zeta^2}-\frac{dy}{d\zeta}\right) \tag{5.28}$$

将方程（5.26）~式（5.28）的结果代入式（5.25）中，得到

$$\frac{d^2y}{d\zeta^2}-(N_2+1)\frac{dy}{d\zeta}+N_1y=0 \tag{5.29}$$

再令 $y=e^{\lambda\zeta}$，则 $\frac{dy}{d\zeta}=\lambda e^{\lambda\zeta}$、$\frac{d^2y}{d\zeta^2}=\lambda^2e^{\lambda\zeta}$，代入式（5.29），得到

$$\lambda^2-(N_2+1)\lambda+N_1=0 \tag{5.30}$$

若令方程（5.30）的两根分别为 λ_1、λ_2，则 $N_1=\lambda_1\lambda_2$、$N_2=\lambda_1+\lambda_2-1$，此时，式（5.20）又可表示为

$$a_c(t)=-\frac{\lambda_1\lambda_2}{t_{go}^2}y-\frac{\lambda_1+\lambda_2-1}{t_{go}}v \tag{5.31}$$

或

$$\frac{d^2y}{dt^2}+\frac{\lambda_1+\lambda_2-1}{t_{go}}\frac{dy}{dt}+\frac{\lambda_1\lambda_2}{t_{go}^2}y=0 \tag{5.32}$$

不妨设 $\lambda_1>\lambda_2$，则在 $[N_1,\ N_2]=[n+3,\ n+3]$ 时 $\lambda_1=n+3$、$\lambda_2=1$；在 $[N_1,N_2]=[(n+2)(n+3),2(n+2)]$ 时 $\lambda_1=n+3$、$\lambda_2=n+2$，由此可见，λ_1、λ_2 均为大于 0 的不等实根。

5.3 无驾驶仪动力学的广义最优制导律闭环制导特性解析研究

5.3.1 无动力学滞后的广义最优制导律闭环弹道的幂级数解法

对比方程（5.23）、式（5.32）可以看出，相比于弹道坐标系下的非齐次

微分方程，终端弹目视线坐标系下的齐次微分方程更容易求解。由于式(5.32)是线性时变的，采用幂级数法求解较为方便[3]。

将 $\ddot{y}$、$\dot{y}$ 由对 t 的微分转成相对于 t_{go} 的微分，得到$\frac{dy}{dt}=-\frac{dy}{dt_{go}}$、$\frac{d^2y}{dt^2}=\frac{d^2y}{dt_{go}^2}$，则式(5.32)可重写为

$$\frac{d^2y}{dt_{go}^2}-\frac{(\lambda_1+\lambda_2-1)}{t_{go}}\frac{dy}{dt_{go}}+\frac{(\lambda_1\lambda_2)}{t_{go}^2}y(t_{go})=0 \tag{5.33}$$

根据线性时变微分方程的幂级数解法，令

$$y(t_{go}) = t_{go}^s\sum_{k=0}^{\infty}b_k t_{go}^k = t_{go}^s(b_0+b_1t_{go}+b_2t_{go}^2+\cdots) \tag{5.34}$$

其中，s 是待确定的值，$b_0\neq0$。

以 t_{go} 为自变量，对 $y(t_{go})$ 分别求一阶导数和二阶导数，得到

$$\begin{aligned}\frac{dy}{dt_{go}} &= \sum_{k=0}^{\infty}(s+k)b_k t_{go}^{s+k-1}\\ \frac{d^2y}{dt_{go}^2} &= \sum_{k=0}^{\infty}(s+k)(s+k-1)b_k t_{go}^{s+k-2}\end{aligned} \tag{5.35}$$

将式(5.34)和式(5.35)代入式(5.33)，得到

$$\sum_{k=0}^{\infty}[(s+k)(s+k-1)-(\lambda_1+\lambda_2-1)(s+k)+\lambda_1\lambda_2]b_k t_{go}^{s+k}=0 \tag{5.36}$$

为了使式(5.36)对任意的 s 都成立，则各幂级数的系数均应为0。在 $k=0$ 时，t_{go}^s 的系数为$[s(s-1)-(\lambda_1+\lambda_2-1)s+\lambda_1\lambda_2]b_0=0$，由于 $b_0\neq0$，故其对应的系数为0，即

$$s(s-1)-(\lambda_1+\lambda_2-1)s+\lambda_1\lambda_2=0 \tag{5.37}$$

求解得到

$$s=s_1=\lambda_1,\ s=s_2=\lambda_2 \tag{5.38}$$

下面分别根据 $s=s_1=\lambda_1$、$s=s_2=\lambda_2$ 进行求解。分别将 $s=s_1=\lambda_1$、$s=s_2=\lambda_2$ 代入式(5.36)，得到

$$\begin{aligned}&\sum_{k=0}^{\infty}[(s_1+k)(s_1+k-1)+\lambda_1\lambda_2-(\lambda_1+\lambda_2-1)(s_1+k)]b_k t_{go}^{s_1+k}\\&=0\\&\sum_{k=0}^{\infty}[(s_2+k)(s_2+k-1)+\lambda_1\lambda_2-(\lambda_1+\lambda_2-1)(s_2+k)]b_k t_{go}^{s_2+k}\\&=0\end{aligned} \tag{5.39}$$

化简后得到

$$\begin{aligned}&\sum_{k=0}^{\infty}[(\lambda_1-\lambda_2)k+k^2]b_k t_{go}^{\lambda_1+k}=0\\&\sum_{k=0}^{\infty}[(\lambda_2-\lambda_1)k+k^2]b_k t_{go}^{\lambda_2+k}=0\end{aligned}\tag{5.40}$$

求解在 $s=s_1=\lambda_1$ 时的 b_k 值。令式（5.40）中 $t_{go}^{\lambda_1+k}$ 的系数为0，即

$$[(\lambda_1-\lambda_2)k+k^2]b_k=0\tag{5.41}$$

已经假设 $b_0\neq0$，则在 $k=0$ 时式（5.41）成立；在 $k\geqslant1$ 时，b_k 均为0，因此，b_k 的值为

$$b_k=\begin{cases}b_0, k=0\\0, k\geqslant1\end{cases}\tag{5.42}$$

将式（5.42）代入式（5.34）中，得到 $s=s_1=\lambda_1$ 时的第一个解，即

$$y_1(t_{go})=b_0t_{go}^{\lambda_1}\tag{5.43}$$

同理可得 $s=s_2=\lambda_2$ 时的 b_k，所得 b_k 表达式与式（5.42）一致。这样，第二个解 $y_2(t_{go})$ 可表示为

$$y_2(t_{go})=b_0t_{go}^{\lambda_2}\tag{5.44}$$

综合式（5.43）和式（5.44）可得方程（5.33）的通解，即

$$y(t_{go})=c_{11}b_0t_{go}^{\lambda_1}+c_{12}b_0t_{go}^{\lambda_2}\tag{5.45}$$

其中，c_{11}、c_{12} 为由初始制导条件确定的常系数。为简化表达，令 $C_{11}=c_{11}b_0$，$C_{12}=c_{12}b_0$，则式（5.45）可简化为

$$y(t_{go})=C_{11}t_{go}^{\lambda_1}+C_{12}t_{go}^{\lambda_2}\tag{5.46}$$

由于 $y(t)=y(t_{go})$，则以 t 为自变量，对式（5.46）分别求两次导数，得到

$$\begin{cases}y(t)=C_{11}t_{go}^{\lambda_1}+C_{12}t_{go}^{\lambda_2}\\\dot{y}(t)=-C_{11}\lambda_1t_{go}^{\lambda_1-1}-C_{12}\lambda_2t_{go}^{\lambda_2-1}\\\ddot{y}(t)=C_{11}\lambda_1(\lambda_1-1)t_{go}^{\lambda_1-2}+C_{12}\lambda_2(\lambda_2-1)t_{go}^{\lambda_2-2}\end{cases}\tag{5.47}$$

表示成矩阵的形式为

$$\begin{bmatrix}y(t)\\\dot{y}(t)\\\ddot{y}(t)\end{bmatrix}=\begin{bmatrix}t_{go}^{\lambda_1}&t_{go}^{\lambda_2}\\-\lambda_1t_{go}^{\lambda_1-1}&-\lambda_2t_{go}^{\lambda_2-1}\\\lambda_1(\lambda_1-1)t_{go}^{\lambda_1-2}&\lambda_2(\lambda_2-1)t_{go}^{\lambda_2-2}\end{bmatrix}\begin{bmatrix}C_{11}\\C_{12}\end{bmatrix}\tag{5.48}$$

根据初值条件 t_0、y_0、v_0，得到

$$\begin{bmatrix}y_0\\v_0\end{bmatrix}=\begin{bmatrix}(t_F-t_0)^{\lambda_1}&(t_F-t_0)^{\lambda_2}\\-\lambda_1(t_F-t_0)^{\lambda_1-1}&-\lambda_2(t_F-t_0)^{\lambda_2-1}\end{bmatrix}\begin{bmatrix}C_{11}\\C_{12}\end{bmatrix}\tag{5.49}$$

求解得到

$$\begin{bmatrix} C_{11} \\ C_{12} \end{bmatrix} = \begin{bmatrix} \dfrac{-\lambda_2}{(t_F-t_0)^{\lambda_1}(\lambda_1-\lambda_2)} & \dfrac{-(t_F-t_0)}{(t_F-t_0)^{\lambda_1}(\lambda_1-\lambda_2)} \\ \dfrac{\lambda_1}{(t_F-t_0)^{\lambda_2}(\lambda_1-\lambda_2)} & \dfrac{(t_F-t_0)}{(t_F-t_0)^{\lambda_2}(\lambda_1-\lambda_2)} \end{bmatrix} \begin{bmatrix} y_0 \\ v_0 \end{bmatrix} \tag{5.50}$$

亦即

$$C_{11} = -\frac{\lambda_2 y_0 + (t_F-t_0)v_0}{(t_F-t_0)^{\lambda_1}(\lambda_1-\lambda_2)}, C_{12} = \frac{\lambda_1 y_0 + (t_F-t_0)v_0}{(t_F-t_0)^{\lambda_2}(\lambda_1-\lambda_2)} \tag{5.51}$$

将式（5.51）的结果代入式（5.47），定义无量纲时间 $\tau=(t_F-t)/(t_F-t_0)$，得到

$$y(t) = \frac{\tau^{\lambda_2}}{(\lambda_1-\lambda_2)}[(\lambda_1-\lambda_2\tau^{\lambda_1-\lambda_2})y_0 + (1-\tau^{\lambda_1-\lambda_2})(t_F-t_0)v_0] \tag{5.52}$$

$$v(t) = \frac{\tau^{\lambda_2-1}}{(\lambda_1-\lambda_2)}[\lambda_1\lambda_2(\tau^{\lambda_1-\lambda_2}-1)y_0/(t_F-t_0) + (\lambda_1\tau^{\lambda_1-\lambda_2}-\lambda_2)v_0] \tag{5.53}$$

$$a_c(t) = \frac{\tau^{\lambda_2-2}}{(\lambda_1-\lambda_2)}\left\{\begin{aligned} &\lambda_1\lambda_2[(\lambda_2-1)-(\lambda_1-1)\tau^{\lambda_1-\lambda_2}]y_0/(t_F-t_0)^2 \\ &+[\lambda_2(\lambda_2-1)-\lambda_1(\lambda_1-1)\tau^{\lambda_1-\lambda_2}]v_0/(t_F-t_0) \end{aligned}\right\} \tag{5.54}$$

式（5.52）~式（5.54）即为以特征根 λ_1、λ_2 表示的终端弹目视线坐标系下广义最优制导律的闭环弹道、速度偏量、加速度指令的解析解。

对终端弹目视线坐标系下的 EPNGL，$\lambda_1=n+3$、$\lambda_2=1$，则式（5.52）~式（5.54）又可具体表示为

$$y(t) = \frac{\tau}{n+2}[(n+3-\tau^{n+2})y_0 + (1-\tau^{n+2})(t_F-t_0)v_0] \tag{5.55}$$

$$v(t) = \frac{1}{(n+2)}\{(n+3)(\tau^{n+2}-1)y_0/(t_F-t_0) + [(n+3)\tau^{n+2}-1]v_0\} \tag{5.56}$$

$$a_c(t) = -(n+3)\tau^{n+1}[y_0/(t_F-t_0)^2 + v_0/(t_F-t_0)] \tag{5.57}$$

对终端弹目视线坐标系下的 EOIACGL，$\lambda_1=n+3$、$\lambda_2=n+2$，则式（5.52）~式（5.54）又可具体表示为

$$y(t) = \tau^{n+2}\{[(n+3)-(n+2)\tau]y_0 + (1-\tau)(t_F-t_0)v_0\} \tag{5.58}$$

$$v(t) = \tau^{n+1}\{(n+2)(n+3)(\tau-1)y_0/(t_F-t_0) + [(n+3)\tau-(n+2)]v_0\} \tag{5.59}$$

$$a_c(t)=\tau^n\begin{Bmatrix}(n+2)(n+3)[(n+1)-(n+2)\tau]y_0/(t_F-t_0)^2\\+(n+2)[(n+1)-(n+3)\tau]v_0/(t_F-t_0)\end{Bmatrix}\tag{5.60}$$

将 $y_0=R_0(\theta_F-q_0)$，$v_0=V_M(\theta_0-\theta_F)$ 以及 $R_0=V_M(t_F-t_0)$ 代入式(5.60)，得到弹道坐标系下 EOIACGL 闭环加速度指令的表达式

$$\begin{aligned}a_c(t)=&-(n+2)(n+3)[(n+1)-(n+2)\tau]r_0q_0\tau^n/(t_F-t_0)^2+\\&(n+2)[(n+1)-(n+3)\tau]V_M\theta_0\tau^n/(t_F-t_0)+\\&(n+1)(n+2)[(n+2)-(n+3)\tau]V_M\theta_F\tau^n/(t_F-t_0)\end{aligned}\tag{5.61}$$

式（5.61）的结论与前文相关的对应结论在本质上是完全一致的。

5.3.2 解析结果仿真验证

不考虑驾驶仪动力学，选取不同的 λ_1、λ_2，采用仿真的方法对上述终端弹目视线坐标系下广义最优制导律的解析解进行验证。根据式（5.31）所示的制导律，构造图 5.2 所示的制导系统模型，其中，$y_0=200$ m，$v_0=50$ m/s，$t_F=10$ s。在仿真中选 6 组不同的特征根，3 组为 EPNGL 的特征根，$[\lambda_1, \lambda_2]$ 分别为 [3, 1]，[4, 1]，[5, 1]；3 组为 EOIACGL 的特征根，$[\lambda_1, \lambda_2]$ 分别为 [3, 2]，[4, 3]，[5, 4]。

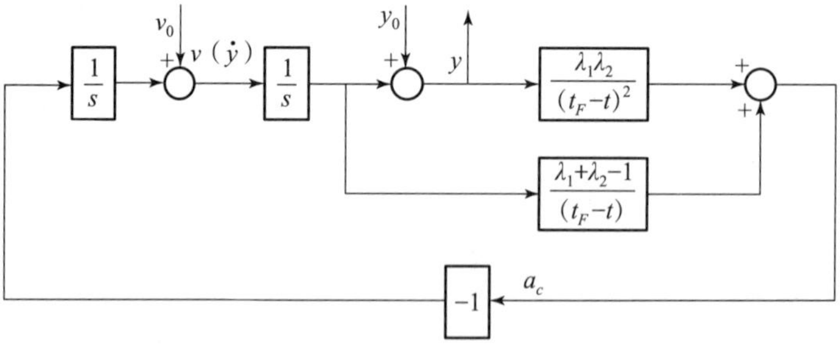

图 5.2　终端弹目视线坐标系下的广义最优制导律制导系统框图

图 5.3 ~ 图 5.5 分别给出了 6 组不同 λ_1、λ_2 时的 $y(t)$，$v(t)$，$a_c(t)$ 解析结果和仿真结果对比曲线，其中，实线表示解析结果，离散点表示仿真结果。由图 5.3 ~ 图 5.5 可以看出，仿真结果与解析结果完全一致，验证了文中解析结果的正确性。由图 5.4 还可以看出，当 $[\lambda_1, \lambda_2]$ 取为 [3, 2]，[4, 3] 或 [5, 4] 时，末段时刻的 $v(t)$ 均为0，由于 $v=V_M(\theta-\theta_F)$，因此，末段时刻的 $\theta(t_F)=\theta_F$，即实际终端攻击角度与期望终端攻击角度一致。

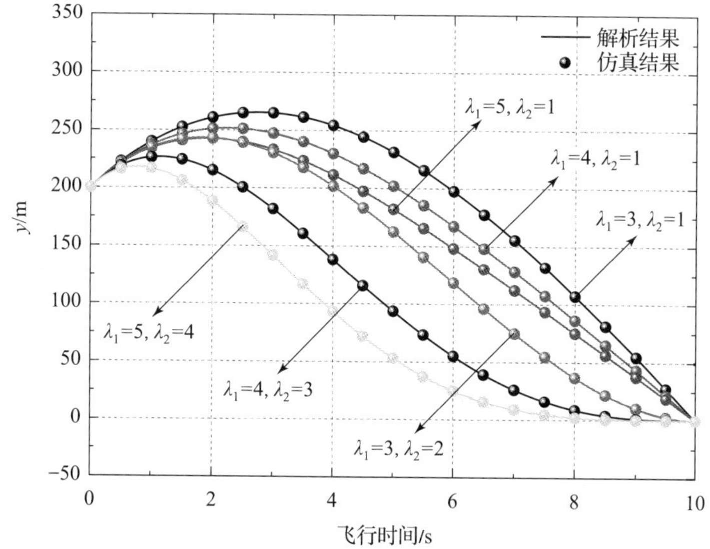

图 5.3　终端弹目视线坐标系下 $y(t)$ 的仿真结果和解析结果对比

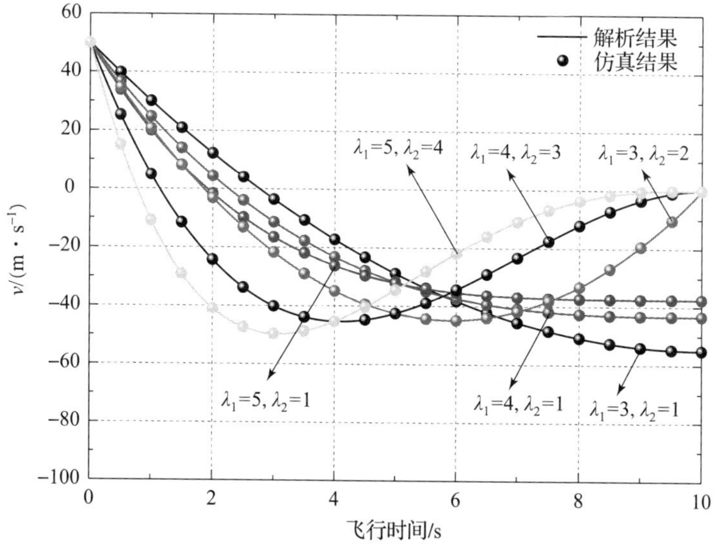

图 5.4　终端弹目视线坐标系下 $v(t)$ 的仿真结果和解析结果对比

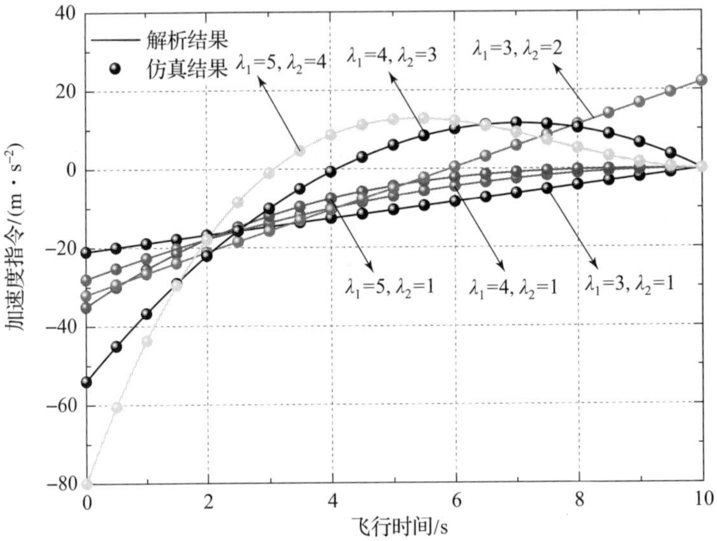

图 5.5 终端弹目视线坐标系下 $a_c(t)$ 的仿真结果和解析结果对比

5.4 考虑一阶驾驶仪动力学的广义最优制导律闭环制导特性解析研究

5.4.1 考虑一阶驾驶仪动力学的广义最优制导律闭环弹道的幂级数解法

由于式（5.20）是不考虑驾驶仪动力学滞后的广义最优制导律，当额外引入驾驶仪动力学滞后时，制导律非最优，且驾驶仪动力学滞后必然引起制导特性的改变，如引起额外的脱靶量和终端攻击角度误差等。为了解析研究由式（5.20）构成的闭环制导系统在额外引入驾驶仪动力学时的制导性能，将驾驶仪动力学简化成一阶动力学，则加速度指令 a_c 与加速度响应 a_M 之间的关系为

$$\dot{a}_M = (a_c - a_M)/T_g, a_M(t_0) = a_0 \tag{5.62}$$

式中，T_g 为驾驶仪一阶滞后时间常数，a_0 为 a_M 的初值。

将式（5.20）的制导律代入式（5.62）中，结合 $v = \dot{y}$，$a_M = \ddot{y}$ 以及 $\dot{a}_M = \dddot{y}$，暂忽略初值，得到式（5.63）所示的三阶线性时变齐次微分方程

$$\dddot{y} + \frac{1}{T_g}\left(\ddot{y} + \frac{N_2}{t_{go}}\dot{y} + \frac{N_1}{t_{go}^2}y\right) = 0 \tag{5.63}$$

根据前面的研究结果可知，$N_1=\lambda_1\lambda_2$、$N_2=\lambda_1+\lambda_2-1$，则式（5.63）又可表示为

$$\dddot{y}+\frac{1}{T_g}\left(\ddot{y}+\frac{\lambda_1+\lambda_2-1}{t_{go}}\dot{y}+\frac{\lambda_1\lambda_2}{t_{go}^2}y\right)=0 \tag{5.64}$$

下面用高阶线性时变微分方程的幂级数解法来求解式（5.64）[3-5]。

定义无量纲剩余飞行时间 $x=t_{go}/t_F$ 及无量纲制导时间 $\bar{T}=t_F/T_g$，则式（5.64）可表示成对 x 的微分方程，如下所示：

$$\mathrm{L}y\equiv\frac{\mathrm{d}^3y}{\mathrm{d}x^3}-\bar{T}\frac{\mathrm{d}^2y}{\mathrm{d}x^2}+\frac{(\lambda_1+\lambda_2-1)\bar{T}}{x}\frac{\mathrm{d}y}{\mathrm{d}x}-\frac{\lambda_1\lambda_2\bar{T}}{x^2}y=0 \tag{5.65}$$

式中，L 表示由式（5.65）定义的线性算子。可以看出，式（5.65）为变系数三阶线性微分方程，在 $x=0$ 处具有一个奇异点。为求得式（5.65）以 x 表示的幂级数解，令

$$y=x^s\sum_{k=0}^{\infty}A_kx^k \tag{5.66}$$

式中，s 为待确定的量，将式（5.66）代入式（5.65）中，得到

$$\mathrm{L}y=f(s)A_0x^{s-3}+\sum_{k=1}^{\infty}\{f(s+k)A_k+g(s+k)A_{k-1}\}x^{s-3+k} \tag{5.67}$$

式中

$$\begin{cases}f(s)=(s-2)(s-1)s\\ g(s)=-\bar{T}(s-\lambda_1-1)(s-\lambda_2-1)\end{cases} \tag{5.68}$$

$$\begin{cases}f(s+k)=(s+k-s_1)(s+k-s_2)(s+k-s_3)\\ g(s+k)=-\bar{T}(s+k-\lambda_1-1)(s+k-\lambda_2-1)\end{cases} \tag{5.69}$$

在包括 $x=0$ 的无量纲飞行时间内，令 $\mathrm{L}y=0$，则方程（5.67）中各幂级数的系数也应独立为零，即

$$f(s)=(s-2)(s-1)s=0 \tag{5.70}$$

$$f(s+k)A_k+g(s+k)A_{k-1}=0,k\geqslant1 \tag{5.71}$$

由式（5.70）可得 $s_1=2$，$s_2=1$，$s_3=0$；根据初值 A_0，由递归方程式（5.71）可确定每个 A_k 的值。

下面分别根据 s_1、s_2 和 s_3 的值对式（5.67）进行分类求解。

1. $s_1=2$ 时的解

在 $s_1=2$ 时，根据式（5.71），由 A_0 确定的 A_k 递归公式如下：

$$A_k=\frac{\bar{T}^k(2-\lambda_1)_k(2-\lambda_2)_k}{(3)_k(2)_kk!}A_0,(k\geqslant1) \tag{5.72}$$

将 A_k 的表达式代入式（5.66）中，得到基于 s_1 的第一个解 y_1，即

$$y_1(x)=A_0x^2\sum_{k=0}^{\infty}\frac{(2-\lambda_1)_k(2-\lambda_2)_k}{(2)_k(3)_k}\frac{(\bar{T}x)^k}{k!} \tag{5.73}$$

其中，形如 $(\alpha)_k$ 的函数定义为

$$(\alpha)_k=\alpha(\alpha+1)(\alpha+2)\cdots(\alpha+k-1),(\alpha)_0=1 \tag{5.74}$$

2. $s_2=1$ 时的解

由于在 $s_2=1$ 时 $f(s_2+1)=0$，则在 $k=1$ 时递归方程（5.71）并不能满足对任意的非平凡 A_1 都成立。为解决这个问题，将式（5.66）改造为

$$y(x,s)=x^s\sum_{k=0}^{\infty}A_k(s)x^k \tag{5.75}$$

改造后，$y(x,s)$，$A_k(s)$ 也是 s 的函数。假设经改造后的 $A_k(s)$ 也满足式（5.71），将式（5.75）和式（5.68）的第一式代入式（5.67）中，并在等式两边同时乘以 $(s-s_2)$，得到

$$\mathrm{L}[(s-s_2)y(x,s)]=A_0(s-s_1)(s-s_2)^2(s-s_3)x^{s-3} \tag{5.76}$$

令式（5.76）对 s 求偏导的结果在 $s\to s_2$ 时为零，即

$$\mathrm{L}\left\{\frac{\partial}{\partial s}[(s-s_2)y(x,s)]\right\}_{s=s_2}=0 \tag{5.77}$$

这样，方程（5.65）在 $s=s_2$ 时的第二个解可表示为

$$y_2(x)=\lim_{s\to s_2}\left\{\frac{\partial}{\partial s}[(s-s_2)y(x,s)]\right\} \tag{5.78}$$

由于式（5.78）中求偏导部分等价于 $(s-s_2)A_k(s)x^s$ 对 s 求导，展开后得到

$$\frac{\mathrm{d}}{\mathrm{d}s}[(s-s_2)A_k(s)x^s]=\ln x(s-s_2)A_k(s)x^s+\frac{\mathrm{d}}{\mathrm{d}s}[(s-s_2)A_k(s)]x^s \tag{5.79}$$

将式（5.75）、式（5.79）代入式（5.78），得到

$$y_2(x)=\ln x\left\{\sum_{k=0}^{\infty}\lim_{s\to s_2}[(s-s_2)]A_k(s)x^{s_2+k}\right\}+\left\{\sum_{k=0}^{\infty}\lim_{s\to s_2}\left\{\frac{\mathrm{d}}{\mathrm{d}s}[(s-s_2)A_k(s)]\right\}x^{s_2+k}\right\} \tag{5.80}$$

根据式（5.71），A_k 可由 A_0 递推得到，进而求得式（5.80）在 $s\to s_2$ 时的值，即

$$\begin{cases}\lim\limits_{s\to s_2}[(s-s_2)A_0]=0,k=0\\ \lim\limits_{s\to s_2}[(s-s_2)A_k(s)]=\dfrac{\bar{T}(1-\lambda_1)(1-\lambda_2)}{2}\left[\dfrac{\bar{T}^{k-1}(2-\lambda_1)_{k-1}(2-\lambda_2)_{k-1}}{(3)_{k-1}(2)_{k-1}(k-1)!}A_0\right],k\geqslant 1\end{cases} \tag{5.81}$$

$$\begin{cases}\lim\limits_{s\to s_2}\dfrac{\mathrm{d}}{\mathrm{d}s}[(s-s_2)A_0]=A_0,k=0\\ \lim\limits_{s\to s_2}\dfrac{\mathrm{d}}{\mathrm{d}s}[(s-s_2)A_k(s)]=\dfrac{\bar{T}^k(1-\lambda_1)_k(1-\lambda_2)_k}{(1)_k(2)_k k!}A_0+\\ \qquad\dfrac{A_0}{\bar{T}}\sum\limits_{k=1}^{\infty}\dfrac{p_k(\lambda_1,\lambda_2)}{(1)_k(1)_{k-1}}\dfrac{\bar{T}^{k+1}}{(k+1)!},k\geqslant 1\end{cases}\tag{5.82}$$

式（5.82）中，$p_k(\lambda_1,\lambda_2)$ 定义为

$$\begin{aligned}p_k(\lambda_1,\lambda_2)=&-(1-\lambda_1)_k(1-\lambda_2)_k\sum_{j=1}^{k}\left(\frac{1}{j+1}+\frac{2}{j}\right)\\&+\sum_{j=1}^{k}[2j-(\lambda_1+\lambda_2)](1-\lambda_1;j)_k(1-\lambda_2;j)_k\end{aligned}\tag{5.83}$$

形如 $(\alpha,j)_k$ 的函数定义为

$$(\alpha,j)_k=\prod_{i=1,2,\cdots,k;i\neq j}(\alpha+i-1),(\alpha,j)_0=1\tag{5.84}$$

综合式（5.80）~式（5.84），第二个解 $y_2(x)$ 可表示为

$$\begin{aligned}\frac{y_2(x)}{A_0}=&x\sum_{k=0}^{\infty}\frac{(1-\lambda_1)_k(1-\lambda_2)_k}{(1)_k(2)_k}\frac{(\bar{T}x)^k}{k!}+\frac{1}{\bar{T}}\sum_{k=1}^{\infty}\frac{p_k(\lambda_1,\lambda_2)}{(1)_k(1)_{k-1}}\frac{(\bar{T}x)^{k+1}}{(k+1)!}+\\&\frac{(1-\lambda_1)(1-\lambda_2)}{2}\bar{T}x^2\ln x\sum_{k-1=0}^{\infty}\frac{(2-\lambda_1)_{k-1}(2-\lambda_2)_{k-1}}{(3)_{k-1}(2)_{k-1}}\frac{(\bar{T}x)^{k-1}}{(k-1)!}\end{aligned}\tag{5.85}$$

3. $s_3=0$ 时的解

在 $s_3=0$ 时，由于 $f(s_3+1)=0$，$f(s_3+2)=0$，则递归方程式（5.71）在 $k=1$ 和 $k=2$ 时不能满足对任意的非平凡 A_1，A_2 都成立。与 $s_2=1$ 时的处理方法类似，引入式（5.75），则有

$$\mathrm{L}[(s-s_3)^2y(x,s)]=A_0(s-s_3)^3(s-s_2)(s-s_1)x^{s-3}\tag{5.86}$$

可以看出，当 $s\to s_3$ 时，式（5.86）右端对 s 的一阶偏导、二阶偏导均为零，即

$$\mathrm{L}\left[\frac{\partial^2}{\partial s^2}[(s-s_3)^2y(x,s)]\right]_{s=s_3}=0\tag{5.87}$$

因此，方程（5.65）在 $s=s_3$ 时的第三个解可表示为

$$y_3(x)=\lim_{s\to s_3}\left\{\frac{\partial^2}{\partial s^2}[(s-s_3)^2y(x,s)]\right\}\tag{5.88}$$

同样，将式（5.75）代入式（5.88），得到

$$y_3(x) = \lim_{s \to s_3}\left\{\frac{\partial^2}{\partial s^2}\left[(s-s_3)^2 x^s \sum_{k=0}^{\infty} A_k(s) x^k\right]\right\} \tag{5.89}$$

式中，求偏导部分等价于$(s-s_3)^2 A_k(s) x^s$ 对 s 求导，展开可得

$$\begin{aligned}\frac{\partial^2}{\partial s^2}\left[\sum_{k=0}^{\infty}(s-s_3)^2 A_k(s) x^s\right] &= \sum_{k=0}^{\infty}(\ln x)^2 (s-s_3)^2 A_k(s) x^s + \\ &\sum_{k=0}^{\infty} 2\ln x \frac{\mathrm{d}}{\mathrm{d}s}\left[(s-s_3)^2 A_k(s)\right] x^s + \sum_{k=0}^{\infty}\frac{\mathrm{d}^2}{\mathrm{d}s^2}\left[(s-s_3)^2 A_k(s)\right] x^s\end{aligned} \tag{5.90}$$

将式（5.90）代入式（5.89）中，得到

$$\begin{aligned}y_3(x) &= (\ln x)^2 \sum_{k=0}^{\infty}\lim_{s \to s_3}(s-s_3)^2 A_k(s) x^{k+s_3} + \\ &2\ln x \sum_{k=0}^{\infty}\lim_{s \to s_3}\frac{\mathrm{d}}{\mathrm{d}s}\left[(s-s_3)^2 A_k(s)\right] x^{k+s_3} + \\ &\sum_{k=0}^{\infty}\lim_{s \to s_3}\frac{\mathrm{d}^2}{\mathrm{d}s^2}\left[(s-s_3)^2 A_k(s)\right] x^{k+s_3}\end{aligned} \tag{5.91}$$

同样，根据式（5.71），A_k 可由 A_0 递推得到，进而求得式（5.91）在 $s \to s_3$ 时的值，即

$$\lim_{s \to s_3}\left[(s-s_3)^2 A_0\right] = 0, k = 0$$

$$\lim_{s \to s_3}\left[(s-s_3)^2 \frac{-g(s+1)}{f(s+1)} A_0\right] = 0, k = 1$$

$$\lim_{s \to s_3}\left[(s-s_3)^2 A_k\right] = -A_0 \bar{T}^2 \frac{(-\lambda_1)_2(-\lambda_2)_2}{2}\left[\frac{(2-\lambda_1)_{k-2}(2-\lambda_2)_{k-2}}{(2)_{k-2}(3)_{k-2}}\frac{\bar{T}^{k-2}}{(k-2)!}\right], k \geqslant 2 \tag{5.92}$$

$$\lim_{s \to s_3}\frac{\mathrm{d}}{\mathrm{d}s}\left[(s-s_3)^2 A_0\right] = 0, k = 0$$

$$\begin{aligned}&\sum_{k=1}^{\infty}\lim_{s \to s_3}\frac{\mathrm{d}}{\mathrm{d}s}\left[(s-s_3)^2 A_k(s)\right] = A_0 \sum_{k=2}^{\infty}\frac{q_k(\lambda_1,\lambda_2)}{(1)_{k-1}(1)_{k-2}}\frac{\bar{T}^k}{k!} - \\ &A_0 \bar{T}(\lambda_1\lambda_2)\sum_{k-1=0}^{\infty}\frac{(1-\lambda_1)_{k-1}(1-\lambda_2)_{k-1}}{(1)_{k-1}(2)_{k-1}}\frac{\bar{T}^{k-1}}{(k-1)!} - \\ &\frac{A_0}{2}\bar{T}^2(-\lambda_1)_2(-\lambda_2)_2\sum_{k-2=0}^{\infty}\frac{(2-\lambda_1)_{k-2}(2-\lambda_2)_{k-2}}{(2)_{k-2}(3)_{k-2}}\frac{\bar{T}^{k-2}}{(k-2)!} - \\ &\frac{A_0}{2}\bar{T}^2(-\lambda_1)_2(-\lambda_2)_2\sum_{k-2=0}^{\infty}\frac{(2-\lambda_1)_{k-2}(2-\lambda_2)_{k-2}}{(3)_{k-2}(3)_{k-2}}\frac{\bar{T}^{k-2}}{(k-2)!}, k \geqslant 1\end{aligned} \tag{5.93}$$

式中，$q_k(\lambda_1,\ \lambda_2)$ 的表达式为

$$q_k(\lambda_1,\lambda_2)=3(-\lambda_1)_k(-\lambda_2)_k\sum_{j=1}^{k}\frac{1}{j}-\sum_{j=1}^{k}[2(j-1)-(\lambda_1+\lambda_2)](-\lambda_1;j)_k(-\lambda_2;j)_k \tag{5.94}$$

对式（5.91）中最后一项，首先拆分成 $k=0$，$k=1$ 及 $k\geqslant 2$ 三部分，即

$$\sum_{k=0}^{\infty}\lim_{s\to s_3}\frac{\mathrm{d}^2}{\mathrm{d}s^2}[(s-s_3)^2A_k(s)]x^{k+s_3}=\lim_{s\to s_3}\frac{\mathrm{d}^2}{\mathrm{d}s^2}[(s-s_3)^2A_0]_{k=0}+\lim_{s\to s_3}\frac{\mathrm{d}^2}{\mathrm{d}s^2}[(s-s_3)^2A_1x]_{k=1}+\sum_{k=2}^{\infty}\lim_{s\to s_3}\frac{\mathrm{d}^2}{\mathrm{d}s^2}[(s-s_3)^2A_k(s)]x^{k+s_3} \tag{5.95}$$

式（5.95）的求解过程比较烦琐，其中 0/0 型的极限问题利用洛必达法则来处理。经归纳整理后，式（5.95）的最终求解结果表达式如下：

$$\begin{aligned}\sum_{k=0}^{\infty}\lim_{s\to s_3}\frac{\mathrm{d}^2}{\mathrm{d}s^2}[(s-s_3)^2A_k(s)]x^{k+s_3}&=2A_0\left\{\bar{T}x(\lambda_1+\lambda_2+3\lambda_1\lambda_2)+\sum_{k=0}^{\infty}\frac{(-\lambda_1)_k(-\lambda_2)_k}{(1)_k(1)_k}\frac{(\bar{T}x)^k}{k!}\right\}-\\&2A_0(\bar{T}x)(\lambda_1\lambda_2)\left\{3\sum_{k-1=0}^{\infty}\frac{(1-\lambda_1)_{k-1}(1-\lambda_2)_{k-1}}{(1)_{k-1}(2)_{k-1}}\frac{(\bar{T}x)^{k-1}}{(k-1)!}+\sum_{k-1=0}^{\infty}\frac{(1-\lambda_1)_{k-1}(1-\lambda_2)_{k-1}}{(2)_{k-1}(2)_{k-1}}\frac{(\bar{T}x)^{k-1}}{(k-1)!}\right\}+\\&A_0\sum_{k=2}^{\infty}\frac{r_{k1}(\lambda_1,\lambda_2)+r_{k2}(\lambda_1,\lambda_2)+r_{k3}(\lambda_1,\lambda_2)}{(1)_{k-1}(1)_{k-2}}\frac{(\bar{T}x)^k}{k!}\end{aligned} \tag{5.96}$$

其中，$r_{k1}(\lambda_1,\ \lambda_2)$，$r_{k2}(\lambda_1,\ \lambda_2)$，$r_{k3}(\lambda_1,\ \lambda_2)$ 的表达式分别为

$$r_{k1}(\lambda_1,\lambda_2)=-2\sum_{\substack{\forall j_1,j_2=1,2,\cdots,k\\ j_1<j_2}}\{[2(j_1-1)-(\lambda_1+\lambda_2)][2(j_2-1)-(\lambda_1+\lambda_2)](-\lambda_1;j_1,j_2)_k(-\lambda_2;j_1,j_2)_k\} \tag{5.97}$$

$$r_{k2}(\lambda_1,\lambda_2)=-2\left(-3\sum_{j=1}^{k}\frac{1}{j}+\frac{2}{k}+\frac{1}{k-1}+1\right)$$

$$\sum_{j=1}^{k}[2(j-1)-(\lambda_1+\lambda_2)](-\lambda_1;j)_k(-\lambda_2;j)_k -$$
$$2\sum_{j=1}^{k}(-\lambda_1;j)_k(-\lambda_2;j)_k \tag{5.98}$$
$$r_{k3}(\lambda_1,\lambda_2) = -2(-\lambda_1)_k(-\lambda_2)_k - 3(-\lambda_1)_k(-\lambda_2)_k$$
$$\left[3\left(\sum_{j=1}^{k}\frac{1}{j}\right)^2+\sum_{j=1}^{k}\frac{1}{j^2}-2\sum_{j=1}^{k}\frac{1}{j}\left(1+\frac{1}{k-1}+\frac{2}{k}\right)\right] \tag{5.99}$$

式（5.98）中，形如（α；j_1，j_2）$_k$ 的函数定义为

$$(\alpha;j_1,j_2)_k = \prod_{\substack{i=1,2,\cdots,k\\ i\neq j_1,j_2}}(\alpha+i-1),(\alpha;j_1,j_2)_0 = 1 \tag{5.100}$$

将式（5.92）~（5.100）代入式（5.91）中，则在 $s=s_3$ 时的第三个解 $y_3(x)$ 可具体表示为

$$\frac{y_3(x)}{A_0} = 2\bar{T}x(\lambda_1+\lambda_2+3\lambda_1\lambda_2)+2\sum_{k=0}^{\infty}\frac{(-\lambda_1)_k(-\lambda_2)_k}{(1)_k(1)_k}\frac{(\bar{T}x)^k}{k!}-2\bar{T}x\lambda_1\lambda_2(3+\ln x)\times$$
$$\sum_{k-1=0}^{\infty}\frac{(1-\lambda_1)_{k-1}(1-\lambda_2)_{k-1}}{(1)_{k-1}(2)_{k-1}}\frac{(\bar{T}x)^{k-1}}{(k-1)!}-$$
$$2\bar{T}x\lambda_1\lambda_2\sum_{k-1=0}^{\infty}\frac{(1-\lambda_1)_{k-1}(1-\lambda_2)_{k-1}}{(2)_{k-1}(2)_{k-1}}\frac{(\bar{T}x)^{k-1}}{(k-1)!}-$$
$$(\ln x)(\bar{T}x)^2(-\lambda_1)_2(-\lambda_2)_2\left\{\begin{aligned}&\left(1+\frac{1}{2}\ln x\right)\sum_{k-2=0}^{\infty}\frac{(2-\lambda_1)_{k-2}(2-\lambda_2)_{k-2}}{(2)_{k-2}(3)_{k-2}}\frac{(\bar{T}x)^{k-2}}{(k-2)!}\\&+\sum_{k-2=0}^{\infty}\frac{(2-\lambda_1)_{k-2}(2-\lambda_2)_{k-2}}{(3)_{k-2}(3)_{k-2}}\frac{(\bar{T}x)^{k-2}}{(k-2)!}\end{aligned}\right\}+$$
$$2\ln x\sum_{k=2}^{\infty}\frac{q_k(\lambda_1,\lambda_2)}{(1)_{k-1}(1)_{k-2}}\frac{(\bar{T}x)^k}{k!}+\sum_{k=2}^{\infty}\frac{r_{k1}(\lambda_1,\lambda_2)+r_{k2}(\lambda_1,\lambda_2)+r_{k3}(\lambda_1,\lambda_2)}{(1)_{k-1}(1)_{k-2}}\frac{(\bar{T}x)^k}{k!} \tag{5.101}$$

5.4.2 方程的通解

式（5.65）所示三阶线性微分方程的通解是上述 $y_1(x)$，$y_2(x)$，$y_3(x)$ 3 个基本解的线性组合，即

$$y(x) = D_1y_1(x)+D_2y_2(x)+D_3y_3(x) \tag{5.102}$$

其中，D_1，D_2，D_3 为任意常值。为简便起见，将通解的形式表示为

$$y(x)=\frac{\bar{T}^2}{A_0}d_1y_1(x)+\frac{\bar{T}\lambda_1\lambda_2}{A_0}d_2y_2(x)+\frac{1}{A_0}d_3y_3(x) \tag{5.103}$$

式中，d_1，d_2，d_3 也为任意常值。为了方便，根据 $y_1(x)$，$y_2(x)$，$y_3(x)$ 表达式，定义一组超几何函数

$$ {}_{m_1}F_{m_2}(\alpha_1,\cdots,\alpha_{m_1};\beta_1,\cdots,\beta_{m_2};\tilde{x}) = \sum_{k=0}^{\infty}\frac{\prod_{i=1}^{m_1}(\alpha_i)_k}{\prod_{j=1}^{m_2}(\beta_j)_k}\frac{\tilde{x}^k}{k!} \tag{5.104}$$

$$\tilde{\phi}_\lambda(l;\tilde{x})=\frac{(2-\lambda_1)_{l-2}(2-\lambda_2)_{l-2}}{(1)_{l-1}(1)_l}{}_2F_2(l-\lambda_1,l-\lambda_2;l,l+1;\tilde{x}),(l=2,3,4,\cdots) \tag{5.105}$$

$$\phi_\lambda(l;\tilde{x})=\frac{(-\lambda_1)_l(-\lambda_2)_l}{(1)_{l-1}(1)_l}{}_2F_2(l-\lambda_1,l-\lambda_2;l,l+1;\tilde{x}),(l=1,2,3,\cdots) \tag{5.106}$$

$$\psi_\lambda(l;\tilde{x})=\frac{(-\lambda_1)_l(-\lambda_2)_l}{(1)_l(1)_l}{}_2F_2(l-\lambda_1,l-\lambda_2;l+1,l+1;\tilde{x}),(l=0,1,2,\cdots) \tag{5.107}$$

$$P(l;\tilde{x}) = \sum_{k=1}^{\infty}\frac{p_k(\lambda_1,\lambda_2)}{(1)_k(1)_{k-1}}\frac{\tilde{x}^{k+1-l}}{(k+1-l)!},(l=0,1,2,\cdots) \tag{5.108}$$

$$Q(l;\tilde{x}) = \sum_{k=2}^{\infty}\frac{q_k(\lambda_1,\lambda_2)}{(1)_{k-1}(1)_{k-2}}\frac{\tilde{x}^{k-l}}{(k-l)!},(l=0,1,2,\cdots) \tag{5.109}$$

$$\begin{aligned}R(l;\tilde{x}) = &\sum_{k=2}^{\infty}\frac{r_{k1}(\lambda_1,\lambda_2)+r_{k2}(\lambda_1,\lambda_2)}{(1)_{k-1}(1)_{k-2}}\frac{\tilde{x}^{k-l}}{(k-l)!}\\ &+\sum_{k=2}^{\infty}\frac{r_{k3}(\lambda_1,\lambda_2)}{(1)_{k-1}(1)_{k-2}}\frac{\tilde{x}^{k-l}}{(k-l)!},(l=0,1,2,\cdots)\end{aligned} \tag{5.110}$$

将新定义的符号代入式（5.103）中，得到

$$\begin{aligned}y(\tilde{x})=&[d_2-2d_3(\ln x+3)]\tilde{x}\phi_\lambda(1;\tilde{x})+[d_2-d_3(\ln x+2)]\tilde{x}^2(\ln x)\phi_\lambda(2;\tilde{x})+\\ &2d_3\psi_\lambda(0;\tilde{x})-2d_3\tilde{x}\psi_\lambda(1;\tilde{x})-4d_3\tilde{x}^2(\ln x)\psi_\lambda(2;\tilde{x})+d_2\tilde{P}(0;\tilde{x})+\\ &2d_3(\ln x)Q(0;\tilde{x})+d_3R(0;\tilde{x})+2d_1\tilde{x}^2\tilde{\phi}_\lambda(2;\tilde{x})+2\mu d_3\tilde{x}\end{aligned} \tag{5.111}$$

在式（5.104）~（5.111）中，$\tilde{x}=\bar{T}x$，$\tilde{P}(l;\tilde{x})=\lambda_1\lambda_2P(l;\tilde{x})$。

由于 $\tilde{\phi}_\lambda(l;\tilde{x})$，$\phi_\lambda(l;\tilde{x})$，$\psi_\lambda(l;\tilde{x})$，$\tilde{P}(l;\tilde{x})$，$Q(l;\tilde{x})$，$R(l;\tilde{x})$

对 $\tilde{x}$ 的一阶导数分别为

$$\begin{cases}\tilde{\phi}_{\lambda}(l;\tilde{x})'=\tilde{\phi}_{\lambda}(l+1;\tilde{x})\\ \phi_{\lambda}(l;\tilde{x})'=\phi_{\lambda}(l+1;\tilde{x})\\ \psi_{\lambda}(l;\tilde{x})'=\psi_{\lambda}(l+1;\tilde{x})\\ \tilde{P}(l;\tilde{x})'=\tilde{P}(l+1;\tilde{x})\\ Q(l;\tilde{x})'=Q(l+1;\tilde{x})\\ R(l;\tilde{x})'=R(l+1;\tilde{x})\end{cases} \tag{5.112}$$

联立式（5.111）、式（5.112）、式（5.62）及 $v=\dot{y}$、$y=\dot{v}$，得到 $v(\tilde{x})$、$a_M(\tilde{x})$ 的表达式：

$$\begin{aligned}v(\tilde{x})=&2\mu d_3+4d_1\tilde{x}\tilde{\phi}_{\lambda}(2;\tilde{x})+2d_1\tilde{x}^2\tilde{\phi}_{\lambda}(3;\tilde{x})+[d_2-2d_3(4+\ln x)]\phi_{\lambda}(1;\tilde{x})+\\&d_3R(1;\tilde{x})+2[d_2(1+\ln x)-d_3(2+\ln x)^2]\tilde{x}\phi_{\lambda}(2;\tilde{x})+\\&[d_2-d_3(2+\ln x)]\tilde{x}^2(\ln x)\phi_{\lambda}(3;\tilde{x})-2d_3(3+4\ln x)\tilde{x}\psi_{\lambda}(2;\tilde{x})-\\&4d_3\tilde{x}^2(\ln x)\psi_{\lambda}(3;\tilde{x})+d_2\tilde{P}(1;\tilde{x})+2d_3\tilde{x}^{-1}Q(0;\tilde{x})+\\&2d_3(\ln x)Q(1;\tilde{x})\end{aligned} \tag{5.113}$$

$$\begin{aligned}a_M(\tilde{x})=&4d_1\tilde{\phi}_{\lambda}(2;\tilde{x})+8d_1\tilde{x}\tilde{\phi}_{\lambda}(3;\tilde{x})+2d_1\tilde{x}^2\tilde{\phi}_{\lambda}(4;\tilde{x})+\\&[d_2-d_3(2+\ln x)](\ln x)\tilde{x}^2\phi_{\lambda}(4;\tilde{x})+[d_2(3+4\ln x)-\\&2d_3(1+\ln x)(5+2\ln x)]\tilde{x}\phi_{\lambda}(3;\tilde{x})+\begin{Bmatrix}d_2(5+2\ln x)-\\2d_3(3+\ln x)(4+\ln x)\end{Bmatrix}\phi_{\lambda}(2;\tilde{x})-\\&2d_3\tilde{x}^{-1}\phi_{\lambda}(1;\tilde{x})-2d_3(7+4\ln x)\psi_{\lambda}(2;\tilde{x})-2d_3(5+8\ln x)\tilde{x}\psi_{\lambda}(3;\tilde{x})-\\&4d_3(\ln x)\tilde{x}^2\psi_{\lambda}(4;\tilde{x})+d_2\tilde{P}(2;\tilde{x})-2d_3\tilde{x}^{-2}Q(0;\tilde{x})+\\&4d_3\tilde{x}^{-1}Q(1;\tilde{x})+2d_3(\ln x)Q(2;\tilde{x})+d_3R(2;\tilde{x})\end{aligned} \tag{5.114}$$

其中，$\mu=\lambda_1+\lambda_2+3\lambda_1\lambda_2$。

要注意的是，式（5.111）、式（5.113）及式（5.114）都是以 $\tilde{x}$ 为自变量表示的。由于 $\tilde{x}=t_{go}/T_g$，$d\tilde{x}=-dt/T_g$，$d\tilde{x}^2=dt^2/T_g^2$，则在时间尺度 t 下，$y(t)$，$v(t)$，$a_M(t)$ 可表示为

$$\begin{cases} y(t) = y(\tilde{x}) \\ v(t) = -v(\tilde{x})/T_g \\ a_M(t) = a_M(\tilde{x})/T_g^2 \end{cases} \tag{5.115}$$

联立式（5.111），式（5.113）和式（5.114）即可得到 $y(t)$，$v(t)$，$a_M(t)$ 的具体表达式。

根据式（5.32）结果，有 $\ddot{y} + (\lambda_1 + \lambda_2 - 1)\dot{y}/t_{go} + (\lambda_1\lambda_2)y/t_{go}^2 = 0$。利用 $\tilde{x} = t_{go}/T_g$，得到

$$a_c(t) = -\frac{\lambda_1\lambda_2}{T_g^2\tilde{x}^2}y(t) - \frac{\lambda_1 + \lambda_2 - 1}{T_g\tilde{x}}v(t) \tag{5.116}$$

将式（5.115）中的 $y(t)$，$v(t)$ 代入式（5.116），即得到输入控制指令。式（5.116）中 $a_c(t)$ 与式（5.115）中 $a_M(t)$ 的区别在于，$a_c(t)$ 为闭环制导系统引入一阶驾驶仪滞后的加速度指令，而 $a_M(t)$ 为 $a_c(t)$ 对应的加速度响应。

5.4.3　求解系数 d_1，d_2，d_3

对式（5.103），不管 $\tilde{x}$ 为何值，其系数 d_1，d_2，d_3 均为独立的常值。考虑 $y(t)$，$v(t)$，$a_M(t)$ 的初值条件 y_0，v_0，a_0 以及 $t \to t_0 = 0$，$\lim\limits_{t \to t_0 = 0} \tilde{x} = t_F/T_g = \bar{T}$，$\lim\limits_{t \to t_0 = 0} x = 1$，$\lim\limits_{t \to t_0 = 0} \ln x \to 0$，结合式（5.111）、式（5.113）~式（5.115），得到

$$\begin{bmatrix} y(t_0) \\ -T_g v(t_0) \\ T_g^2 a_M(t_0) \end{bmatrix} = \begin{bmatrix} y_0 \\ -T_g v_0 \\ T_g^2 a_0 \end{bmatrix} = \begin{bmatrix} \Omega_{11} & \Omega_{12} & \Omega_{13} \\ \Omega_{21} & \Omega_{22} & \Omega_{23} \\ \Omega_{31} & \Omega_{32} & \Omega_{33} \end{bmatrix} \begin{bmatrix} d_1 \\ d_2 \\ d_3 \end{bmatrix} \tag{5.117}$$

$$\begin{bmatrix} d_1 \\ d_2 \\ d_3 \end{bmatrix} = \frac{\boldsymbol{\Omega}^*}{\Delta_\Omega} \begin{bmatrix} y_0 \\ -T_g v_0 \\ T_g^2 a_0 \end{bmatrix} \tag{5.118}$$

式（5.118）中，$\boldsymbol{\Omega}^*$、Δ_Ω 分别表示矩阵 $\boldsymbol{\Omega}$ 的伴随矩阵和行列式。$\boldsymbol{\Omega}$ 为由 Ω_{ij} 表示的 3×3 矩阵，而 Ω_{ij} 取决于 λ_1、λ_2 和 $\bar{T}$、Ω_{ij} 的具体表达式为

$$\Omega_{11} = 2\bar{T}^2\tilde{\phi}_\lambda(2; \bar{T}) \tag{5.119}$$

$$\Omega_{12} = \bar{T}\phi_\lambda(1; \bar{T}) + \tilde{P}(0; \bar{T}) \tag{5.120}$$

$$\Omega_{13}=2\mu\bar{T}-6\bar{T}\phi_{\lambda}(1;\bar{T})+2\psi_{\gamma}(0;\bar{T})-2\bar{T}\psi_{\gamma}(1;\bar{T})+R(0;\bar{T}) \tag{5.121}$$

$$\Omega_{21}=4\bar{T}\tilde{\phi}_{\lambda}(2;\bar{T})+2\bar{T}^{2}\tilde{\phi}_{\lambda}(3;\bar{T}) \tag{5.122}$$

$$\Omega_{22}=\phi_{\lambda}(1;\bar{T})+2\bar{T}\phi_{\lambda}(2;\bar{T})+\tilde{P}(1;\bar{T}) \tag{5.123}$$

$$\Omega_{23}=2\mu-8\phi_{\lambda}(1;\bar{T})-8\bar{T}\phi_{\lambda}(2;\bar{T})-6\bar{T}\psi_{\lambda}(2;\bar{T})+2\bar{T}^{-1}Q(0;\bar{T})+R(1;\bar{T}) \tag{5.124}$$

$$\Omega_{31}=4\tilde{\phi}_{\lambda}(2;\bar{T})+8\bar{T}\tilde{\phi}_{\lambda}(3;\bar{T})+2\bar{T}^{2}\tilde{\phi}_{\lambda}(4;\bar{T}) \tag{5.125}$$

$$\Omega_{32}=5\phi_{\lambda}(2;\bar{T})+3\bar{T}\phi_{\lambda}(3;\bar{T})+\tilde{P}(2;\bar{T}) \tag{5.126}$$

$$\begin{aligned}\Omega_{33}=&-2\bar{T}^{-1}\phi_{\lambda}(1;\bar{T})-24\phi_{\lambda}(2;\bar{T})-10\bar{T}\phi_{\lambda}(3;\bar{T})-14\psi_{\lambda}(2;\bar{T})-\\&10\bar{T}\psi_{\lambda}(3;\bar{T})-2\bar{T}^{-2}Q(0;\bar{T})+4\bar{T}^{-1}Q(1;\bar{T})+R(2;\bar{T})\end{aligned} \tag{5.127}$$

通过前述结果可以看出，闭环制导系统的解析解由无穷级数、多项式、对数等函数组成。尽管无穷级数函数很难精确求解，但由于上述无穷级数都是收敛的，可以用一个大数来代替∞。

5.4.4 闭环制导系统脱靶量和终端角度误差的解析表示

下面讨论由一阶驾驶仪动力学引起的广义最优制导律脱靶量 y_{miss} 和终端角度误差 σ_{miss} 的解析表示。

y_{miss} 和 σ_{miss} 可由末段时刻的 $y(t)$，$v(t)$ 求解得到，即 $y_{\text{miss}}=y(t_F)$，$\sigma_{\text{miss}}=\sigma(t_F)$。在末段时刻，$t=t_F$，$\tilde{x}=0$，$x=0$；在级数函数中，当 k 和 $\tilde{x}$ 同时为 0 时，存在 0^0 的情况，定义 $0^0=1$，则有如下表达式：

$$\begin{cases}\lim\limits_{\tilde{x}\to 0}\tilde{\phi}_{\lambda}(2;\tilde{x})=\dfrac{1}{2}\\ \lim\limits_{\tilde{x}\to 0}\tilde{\phi}_{\lambda}(3;\tilde{x})=\dfrac{1}{6}(2-\lambda_1)(2-\lambda_2)\end{cases} \tag{5.128}$$

$$\begin{cases}\lim\limits_{\tilde{x}\to 0}\phi_{\lambda}(1;\tilde{x})=\lambda_1\lambda_2\\ \lim\limits_{\tilde{x}\to 0}\phi_{\lambda}(2;\tilde{x})=(1/2)(-\lambda_1)_2(-\lambda_2)_2\\ \lim\limits_{\tilde{x}\to 0}\phi_{\lambda}(3;\tilde{x})=(1/6)(-\lambda_1)_3(-\lambda_2)_3\end{cases} \tag{5.129}$$

$$\begin{cases}\lim\limits_{\tilde{x}\to 0}\psi_\lambda(0;\tilde{x})=1\\ \lim\limits_{\tilde{x}\to 0}\psi_\lambda(1;\tilde{x})=\lambda_1\lambda_2\\ \lim\limits_{\tilde{x}\to 0}\psi_\lambda(2;\tilde{x})=(1/2)(-\lambda_1)_2(-\lambda_2)_2\\ \lim\limits_{\tilde{x}\to 0}\psi_\lambda(3;\tilde{x})=(1/6)(-\lambda_1)_3(-\lambda_2)_3\end{cases}\tag{5.130}$$

$$\lim_{\tilde{x}\to 0}\tilde{P}(0;\tilde{x})=\lim_{\tilde{x}\to 0}\tilde{P}(1;\tilde{x})=0\tag{5.131}$$

$$\lim_{\tilde{x}\to 0}Q(0;\tilde{x})=\lim_{\tilde{x}\to 0}Q(1;\tilde{x})=0\tag{5.132}$$

$$\lim_{\tilde{x}\to 0}R(0;\tilde{x})=\lim_{\tilde{x}\to 0}R(1;\tilde{x})=0\tag{5.133}$$

$$\lim_{x\to 0}\tilde{x}(\ln x)=\lim_{x\to 0}[(\ln x)^2\tilde{x}]=0\tag{5.134}$$

$$\begin{cases}\lim\limits_{x\to 0}[(\ln x)Q(0;\tilde{x})]=0\\ \lim\limits_{x\to 0}[(\ln x)Q(1;\tilde{x})]=0\\ \lim\limits_{x\to 0}[\tilde{x}^{-1}Q(0;\tilde{x})]=0\end{cases}\tag{5.135}$$

在 $x=(t_F-t)/T_g\to 0$ 时，对数 $\ln(x)$ 是缓慢发散的，在接近 $t=t_F$ 的终端时刻，可令 $t=t_F-\delta$，δ 为足够小的小量，则 $x=\delta/T_g$，再定义 $\delta'=\delta/T_g\to 0$，则有

$$\begin{aligned}&\lim_{x\to 0}(\ln x)=\lim_{\varepsilon'\to 0}\delta'=C\\ &\lim_{x\to 0}[2d_3(\ln x)\phi_\lambda(1;\tilde{x})]=2d_3\lambda_1\lambda_2C\end{aligned}\tag{5.136}$$

根据式（5.128）~式（5.136）的结果，在 $t=t_F$ 的终端时刻，式（5.115）中 $y(t)$ 可表示为

$$y_{\text{miss}}=2d_3\tag{5.137}$$

$v(t)$ 可表示为

$$V_M\sigma_{\text{miss}}=-\frac{1}{T_g}[2\mu d_3+\lambda_1\lambda_2(d_2-8d_3-2d_3C)]$$

代入 μ，整理后得到

$$\sigma_{\text{miss}}=\frac{\lambda_1\lambda_2}{VT_g}\{-d_2+2d_3[1-(\lambda_1+\lambda_2)/\lambda_1\lambda_2+C]\}\tag{5.138}$$

由式（5.137）和式（5.138）可以看出，y_{miss} 只有在 $d_3=0$ 时才严格为零，

σ_{miss}具有一个缓慢发散的项 C。在 $d_3=0$ 时，σ_{miss}也是有界的。

忽略加速度的初值 a_0，将 $y_0=V_M(\theta_F-q_0)t_F$ 和 $v_0=V_M(\theta_0-\theta_F)$ 代入式(5.118)中，展开伴随矩阵 $\boldsymbol{\Omega}^*$，得到

$$y_{\text{miss}}=\frac{2V_MT_g}{\Delta_\Omega}[(\Omega_{21}\Omega_{32}-\Omega_{22}\Omega_{31})\bar{T}(\theta_F-q_0)-(\Omega_{11}\Omega_{32}-\Omega_{12}\Omega_{31})(\theta_F-\theta_0)] \tag{5.139}$$

$$\begin{aligned}\sigma_{\text{miss}}=&\frac{\lambda_1\lambda_2}{\Delta_\Omega}[(\Omega_{21}\Omega_{33}-\Omega_{23}\Omega_{31})\bar{T}(\theta_F-q_0)-(\Omega_{11}\Omega_{33}-\Omega_{13}\Omega_{31})(\theta_F-\theta_0)]+\\&\frac{2\lambda_1\lambda_2}{\Delta_\Omega}(\nabla+C)[(\Omega_{21}\Omega_{32}-\Omega_{22}\Omega_{31})\bar{T}(\theta_F-q_0)-\\&(\Omega_{11}\Omega_{32}-\Omega_{12}\Omega_{31})(\theta_F-\theta_0)]\end{aligned} \tag{5.140}$$

为简化表达式，定义如下符号：

$$\left.\frac{y_{\text{miss}}}{V_MT_g\theta_0}\right|_{\substack{q_0=0\\\theta_F=0}}=\frac{2}{\Delta_\Omega}(\Omega_{11}\Omega_{32}-\Omega_{12}\Omega_{31}) \tag{5.141}$$

$$\left.\frac{y_{\text{miss}}}{V_MT_gq_0}\right|_{\substack{\theta_0=0\\\theta_F=0}}=-\frac{2\bar{T}}{\Delta_\Omega}(\Omega_{21}\Omega_{32}-\Omega_{22}\Omega_{31}) \tag{5.142}$$

$$\left.\frac{y_{\text{miss}}}{V_MT_g\theta_F}\right|_{\substack{q_0=0\\\theta_0=0}}=\frac{2\bar{T}}{\Delta_\Omega}(\Omega_{21}\Omega_{32}-\Omega_{22}\Omega_{31})-\frac{2}{\Delta_\Omega}(\Omega_{11}\Omega_{32}-\Omega_{12}\Omega_{31}) \tag{5.143}$$

$$\left.\frac{\sigma_{\text{miss}}}{\theta_0}\right|_{\substack{q_0=0\\\theta_F=0}}=\frac{\lambda_1\lambda_2}{\Delta_\Omega}(\Omega_{11}\Omega_{33}-\Omega_{13}\Omega_{31})+\frac{2\lambda_1\lambda_2}{\Delta_\Omega}(\nabla+C)(\Omega_{11}\Omega_{32}-\Omega_{12}\Omega_{31}) \tag{5.144}$$

$$\left.\frac{\sigma_{\text{miss}}}{q_0}\right|_{\substack{\theta_0=0\\\theta_F=0}}=-\frac{\lambda_1\lambda_2\bar{T}}{\Delta_\Omega}(\Omega_{21}\Omega_{33}-\Omega_{23}\Omega_{31})-\frac{2\lambda_1\lambda_2\bar{T}}{\Delta_\Omega}(\nabla+C)(\Omega_{21}\Omega_{32}-\Omega_{22}\Omega_{31}) \tag{5.145}$$

$$\begin{aligned}\left.\frac{\sigma_{\text{miss}}}{\theta_F}\right|_{\substack{q_0=0\\\theta_0=0}}=&\frac{\lambda_1\lambda_2\bar{T}}{\Delta_\Omega}(\Omega_{21}\Omega_{33}-\Omega_{23}\Omega_{31})+\frac{2\lambda_1\lambda_2\bar{T}}{\Delta_\Omega}(\nabla+C)(\Omega_{21}\Omega_{32}-\Omega_{22}\Omega_{31})\\&-\frac{\lambda_1\lambda_2}{\Delta_\Omega}(\Omega_{11}\Omega_{33}-\Omega_{13}\Omega_{31})-\frac{2\lambda_1\lambda_2}{\Delta_\Omega}(\nabla+C)(\Omega_{11}\Omega_{32}-\Omega_{12}\Omega_{31})\end{aligned} \tag{5.146}$$

$$\nabla=1-(\lambda_1+\lambda_2)/\lambda_1\lambda_2 \tag{5.147}$$

则 y_{miss}，σ_{miss}最终可表示为

$$\frac{y_{\text{miss}}}{V_M T_g} = \frac{y_{\text{miss}}}{V_M T_g \theta_0}\bigg|_{\substack{q_0=0\\ \theta_F=0}}\theta_0 + \frac{y_{\text{miss}}}{V_M T_g q_0}\bigg|_{\substack{\theta_0=0\\ \theta_F=0}} q_0 + \frac{y_{\text{miss}}}{V_M T_g \theta_F}\bigg|_{\substack{q_0=0\\ \theta_0=0}}\theta_F \tag{5.148}$$

$$\sigma_{\text{miss}} = \frac{\sigma_{\text{miss}}}{\theta_0}\bigg|_{\substack{q_0=0\\ \theta_F=0}}\theta_0 + \frac{\sigma_{\text{miss}}}{q_0}\bigg|_{\substack{\theta_0=0\\ \theta_F=0}} q_0 + \frac{\sigma_{\text{miss}}}{\theta_F}\bigg|_{\substack{q_0=0\\ \theta_0=0}}\theta_F \tag{5.149}$$

5.4.5　解析结果仿真验证

以$[N_1, N_2] = [(n+2)(n+3), 2(n+2)]$为例，对上述考虑一阶驾驶仪动力学的广义最优制导律的解析结果进行仿真验证。

1. 闭环弹道解析结果仿真验证

利用式（5.20）所示的广义最优制导律，引入一阶驾驶仪动力学$1/(T_g s+1)$，构造仿真模型，如图 5.6 所示，其中，$y_0=90$ m，$v_0=40$ m/s，$t_F=10$ s，$T_g=0.5$ s。不同参数 n 对应的导航系数 N_1，N_2 以及相应的特征根 λ_1，λ_2 如表 5.1 所示。

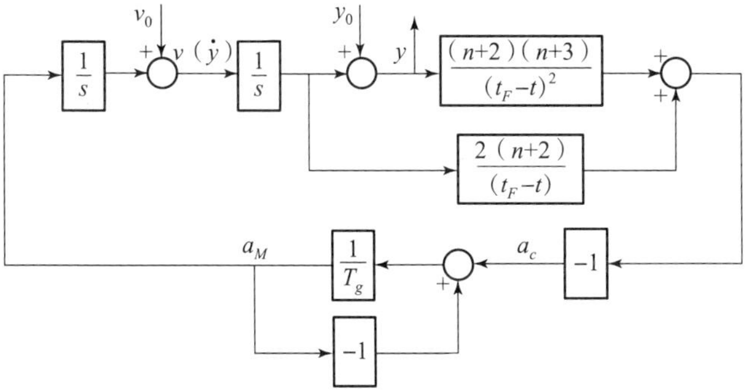

图 5.6　考虑一阶驾驶仪动力学的广义最优制导律制导系统框图

表 5.1　导航系数和特征根

幂指数 n 的值	导航系数		特征根	
n	N_1	N_2	λ_1	λ_2
0	6	4	3	2
1	12	6	4	3
2	20	8	5	4

图 5.7 ~ 图 5.9 给出了不同特征根（不同导航系数）下的纵向位置 $y(t)$、速度偏量 $v(t)$ 以及与 $v(t)$ 垂直的加速度响应 $a_M(t)$ 曲线，图中虚 – 实线表

示仿真结果，离散点表示解析结果。由此可以看出，仿真结果与解析结果完全一致，验证了书中解析结果的正确性。

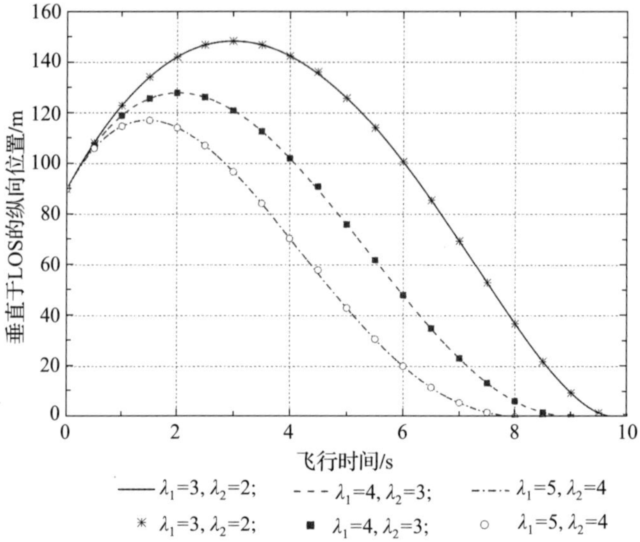

图 5.7　垂直于终端弹目视线的纵向位置 $y(t)$

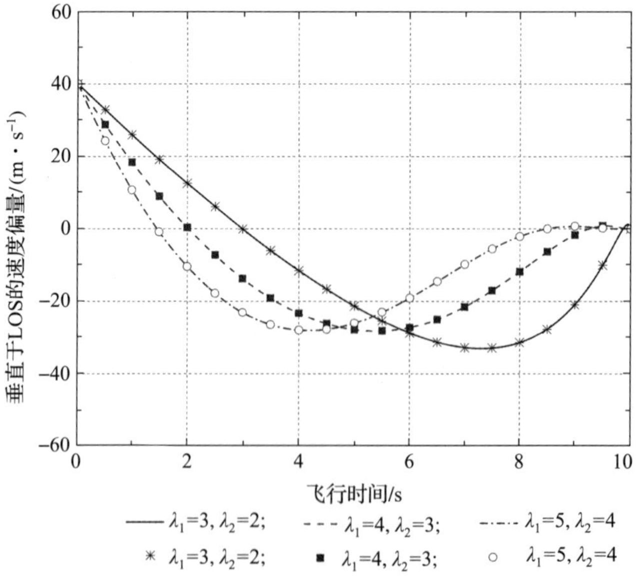

图 5.8　垂直于终端弹目视线的速度偏量 $v(t)$

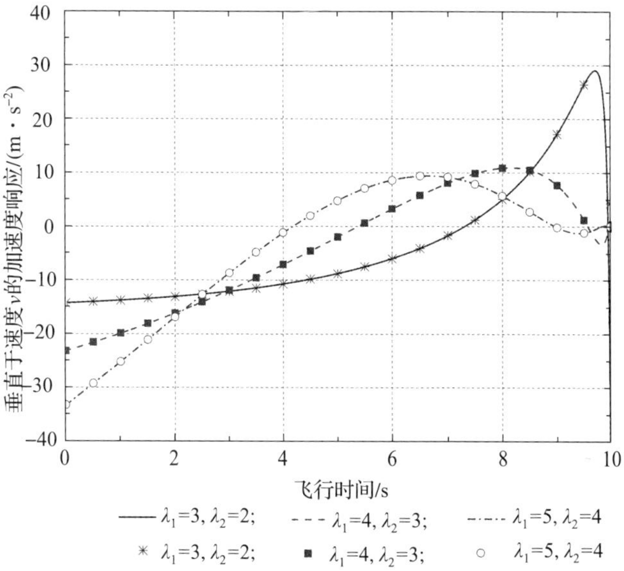

图 5.9　垂直于 $v(t)$ 的加速度响应 $a_M(t)$

2. 脱靶量和终端角度误差解析结果仿真验证

在研究角度控制最优制导律系统脱靶量和终端角度误差时，除了落角约束外，初始方向误差也是重点考虑的一个误差源。忽略初值 q_0，仅考虑 θ_0 和 θ_F 对脱靶量和终端角度误差的影响。θ_0 和 θ_F 引起的脱靶量和终端角度误差由式（5.139）~式（5.149）的解析结果计算得到；仿真结果由伴随法得到，伴随法和对应的仿真模型已讨论较多，不再赘述。

图 5.10 ~ 图 5.13 分别给出了由初始方向误差 θ_0 和终端落角约束 θ_F 引起的无量纲化脱靶量和终端角度误差曲线，解析结果由离散点表示，仿真结果由虚 – 实线表示。同样可以看出，仿真结果与解析结果完全一致，验证了解析结果的正确性。从图 5.10 ~ 图 5.13 还可以看出，在不同导航系数、不同特征根下，当制导时间 t_F 大于驾驶仪时间常数 T_g 的 15 倍以上时，由 θ_0 和 θ_F 引起的脱靶量、终端角度误差都基本收敛到零。

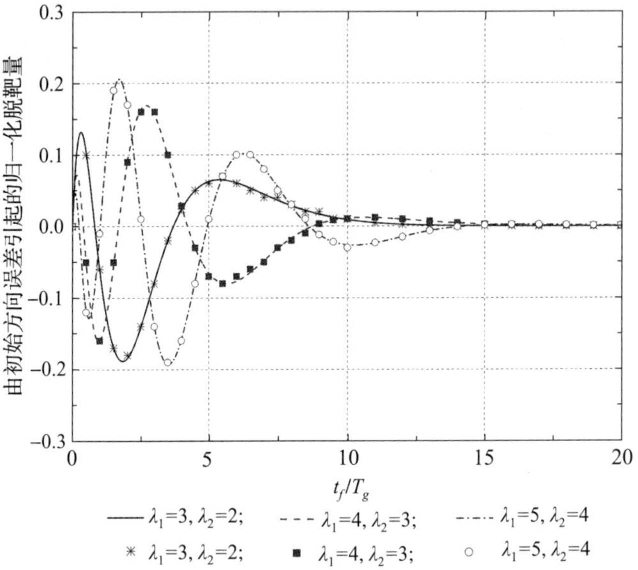

图 5.10　由初始方向误差 θ_0 引起的无量纲化脱靶量

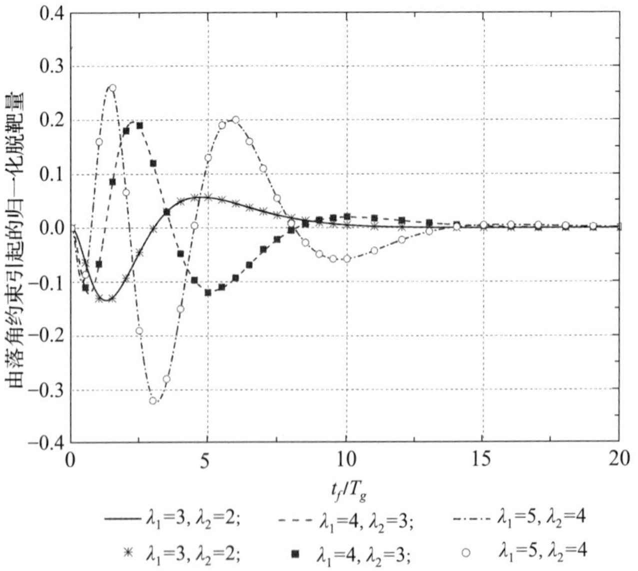

图 5.11　由终端落角约束 θ_F 引起的无量纲化脱靶量

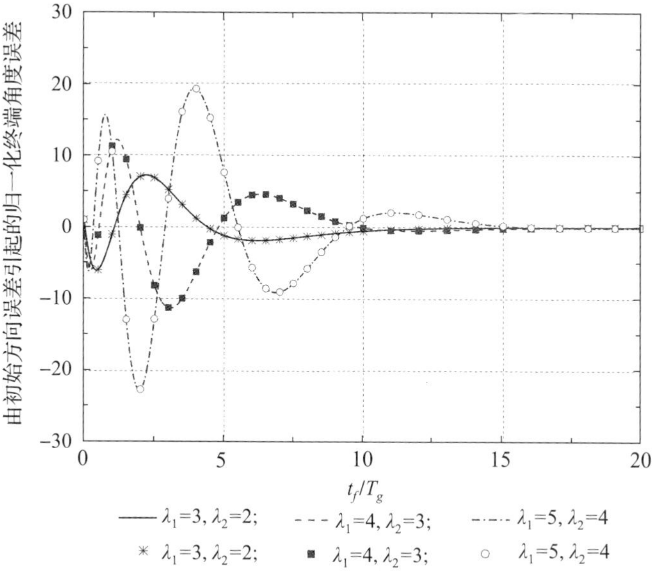

图 5.12　由初始方向误差 θ_0 引起的无量纲化终端角度误差

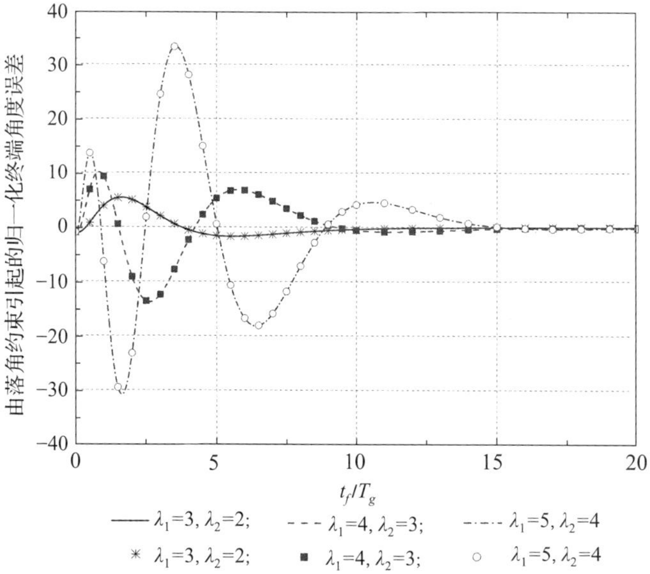

图 5.13　由终端落角约束 θ_F 引起的无量纲化终端角度误差

5.5　总结与拓展阅读

本章针对固定或慢速移动目标，不考虑驾驶仪动力学，建立相对于预测的终端弹目视线的导弹运动方程，将 time－to－go 的负 n 次幂函数引入目标函数中，推导得到相对于终端弹目视线的扩展角度控制最优制导律和扩展比例导引。提出一种能综合描述扩展角度控制最优制导律和扩展比例导引的统一形式，并称为广义最优制导律。

在终端弹目视线坐标系下，通过变量代换，将广义最优制导律表示的线性齐次时变微分方程转换为线性非齐次的时不变微分方程；利用高阶微分方程的幂级数解法，对无驾驶仪动力学滞后的二阶微分方程进行求解，得到无驾驶仪动力学滞后的广义最优制导律的闭环弹道、速度、加速度指令的解析表达式。此外，对考虑一阶驾驶仪动力学的三阶微分方程，同样利用幂级数解法，求解得到考虑一阶驾驶仪动力学的广义最优制导律的闭环弹道、速度、加速度指令的解析表达式，以此为基础，推导得到由一阶驾驶仪动力学以及初始方向误差、终端落角约束等引起的脱靶量和终端攻击角度误差的解析表达式。利用仿真结果对上述解析结果进行了仿真验证，结果表明，仿真结果与解析结果完全一致。

本章的研究结果为扩展角度控制最优制导律的制导特性解析分析和工程应用奠定了理论基础。由于在实际工程应用中，驾驶仪的动力学远比一阶复杂，而且通过数值仿真的方法很容易得到其对制导精度的影响，因此作者个人观点认为，5.4 节的研究理论意义更大。与 5.4 节类似的研究工作还可参阅文献［5］，关于幂级数求解的数学理论，感兴趣的读者可参考文献［3］。

本章参考文献

[1] YANG C D, HSIAO F B, YEH F B. Generalized guidance law for homing missiles [J]. IEEE transactions on aerospace and electronic systems, 1989, AES-25 (2): 197-212.

[2] 王辉，武涛，杜运理，等．无动力学滞后的广义最优制导律解析研究［J］．红外与激光工程，2015，44（1）：341-347.

[3] HILDERBRAND F B. Advanced calculus for applications [M]. New Jersey: Prentice-Hall, 1962: 119-171.

[4] 王辉，王江，林德福，等．考虑一阶驾驶仪动力学的扩展弹道成型制导系统解析研究［J］．系统工程与电子技术，2014，36（3）：509-518.

[5] LEE Y I, KIM S H, LEE J I, et al. Analytic solutions of generalized impact angle control guidance law for first-order lag system [J] Journal of guidance, control, and dynamics, 2013, 36 (1): 96-112.

第6章 逆最优制导问题的基本理论研究

6.1 引　　言

在预测的终端弹目视线坐标系下，第5章提出的广义最优制导律的两个特征根仅是正实数平面上有限的点、线区域，若将制导律的特征根扩展到所有可能的正实根区域，则此时制导律的“最优”是否还依然成立？本章将围绕此主题，提出逆最优制导问题，并对其基本理论进行研究。

本章根据相对于终端弹目视线的导弹运动方程，总结典型的能量最优制导律的表现形式，并分析这些制导律的特征根分布范围。在此基础上，将制导律的两个特征根从有限的点/线扩展到几乎所有的正实根，进而提出最优制导律中的逆最优问题。对逆最优问题中性能指标加权矩阵的构造过程进行详细讨论，最终给出性能指标函数中加权矩阵和 Riccati 矩阵的求解公式。此外，以将控制权矩阵选为 time - to - go 的负 n 次幂函数的形式为例，对加权矩阵的求解进行举例说明。最后，选取了多组具有代表性的特征根，对不同特征根下制导律的制导特性进行对比分析。本章的研究内容将进一步拓宽最优制导律的内涵。

6.2 逆最优制导问题

6.2.1 终端弹目视线坐标系下弹目运动几何关系简述

在前文讨论终端弹目视线坐标系下的广义最优制导律时已经对相应的弹目运动几何关系做了详细的定义和说明，如图6.1所示，本节不再赘述，仅进行简单的描述。

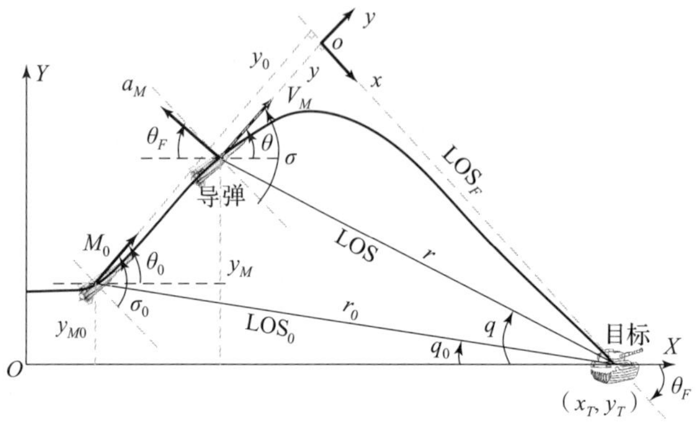

图 6.1　终端弹目视线系下的弹目运动几何关系示意图

假设目标是固定的或慢速移动的，不考虑驾驶仪动力学，经线性化后，得到如下的关系式：

$$\sigma=\theta-\theta_F,\ \ \sigma_0=\theta_0-\theta_F \tag{6.1}$$

$$\begin{aligned}&y_M=y_T-rq,y_{M0}=y_T-r_0q_0\\&y=r(\theta_F-q),y_0=r_0(\theta_F-q_0)\end{aligned} \tag{6.2}$$

$$\dot{\boldsymbol{x}}=\boldsymbol{A}\boldsymbol{x}+\boldsymbol{B}u,\boldsymbol{x}(t_0)=\boldsymbol{x}_0,\boldsymbol{x}(t_F)=\boldsymbol{x}_F \tag{6.3}$$

其中

$$\boldsymbol{x}=\begin{bmatrix}y\\v\end{bmatrix}=\begin{bmatrix}y\\V_M\boldsymbol{\sigma}\end{bmatrix},\boldsymbol{x}_0=\begin{bmatrix}y_0\\v_0\end{bmatrix},\boldsymbol{x}_F=\begin{bmatrix}y_F\\v_F\end{bmatrix},v_F=V_M\boldsymbol{\sigma}_F \tag{6.4}$$

$$\boldsymbol{A}=\begin{bmatrix}0&1\\0&0\end{bmatrix},\boldsymbol{B}=\begin{bmatrix}0\\1\end{bmatrix},u=a_c \tag{6.5}$$

6.2.2　终端弹目视线坐标系下最优制导律的常规结果

根据方程（6.3）~方程（6.5）和线性二次型最优控制理论，设定不同形式的权函数和目标函数，在不同的终端状态约束下，则可得到不同形式的能量最优制导律。如仅约束终端位置 y_F 为 0，不考虑终端约束权函数和状态权函数，控制权函数 R 设为 1，则得到传统的比例导引制导律，权函数 R 设为 $1/(t_F-t)^n(n\geqslant0)$，则得到扩展的比例导引律；若同时约束 $y_F=0$，$v_F=0$，则可分别得到传统的/扩展的角度控制最优制导律。表 6.1 总结了几种典型的最优制导律，其中，$t_{go}=t_F-t$，表示导弹剩余飞行时间。

表 6.1　几种典型的最优制导律表现形式及其目标函数

类别	CPNGL	EPNGL	COIACGL	EOIACGL
目标函数	$J=0.5\int_{t_0}^{t_F}u^2(t)\mathrm{d}t$	$J=0.5\int_{t_0}^{t_F}u^2(t)/t_{go}^n\mathrm{d}t$	$J=0.5\int_{t_0}^{t_F}u^2(t)\mathrm{d}t$	$J=0.5\int_{t_0}^{t_F}u^2(t)/t_{go}^n\mathrm{d}t$
控制权矩阵	$\boldsymbol{R}=1$	$\boldsymbol{R}=(t_F-t)^{-n}=t_{go}^{-n}$	$\boldsymbol{R}=1$	$\boldsymbol{R}=(t_F-t)^{-n}=t_{go}^{-n}$
终端约束	$y_F=0$	$y_F=0$	$y_F=0$，$v_F=0$	$y_F=0$，$v_F=0$
制导律公式	$a_c=-\frac{3}{t_{go}^2}y-\frac{3}{t_{go}}v$	$a_c=-\frac{(n+3)}{t_{go}^2}y-\frac{(n+3)}{t_{go}}v$	$a_c=-\frac{6}{t_{go}^2}y-\frac{4}{t_{go}}v$	$a_c=-\frac{(n+2)(n+3)}{t_{go}^2}y-\frac{2(n+2)}{t_{go}}v$

需要注意的是，表6.1中的目标函数只显式地含有控制权矩阵，没有显式地包含终端状态权矩阵；实际上已有的研究成果表明，表6.1中的制导律也是在终端状态权矩阵中对应权系数趋于无穷大时的结果。

6.2.3　逆最优制导问题的提出

将表6.1中制导律的两个导航系数从有限的值扩展到任意大于零的任意系数 K_1，K_2，则制导律可表示成如下的形式：

$$a_c(t)=-\frac{K_1}{t_{go}^2}y-\frac{K_2}{t_{go}}v \tag{6.6}$$

若表示成矩阵的形式，有

$$a_c(t)=\boldsymbol{K}(t)\boldsymbol{x}(t) \tag{6.7}$$

其中

$$\boldsymbol{K}(t)=\begin{bmatrix}-\frac{K_1}{t_{go}^2} & -\frac{K_2}{t_{go}}\end{bmatrix} \tag{6.8}$$

将制导律表示成特征根的形式，不妨令两根分别为 λ_1，$\lambda_2(\lambda_1>\lambda_2)$，则 $K_1=\lambda_1\lambda_2$、$K_2=\lambda_1+\lambda_2-1$，制导律又可表示为

$$a_c(t)=-\frac{\lambda_1\lambda_2}{t_{go}^2}y-\frac{\lambda_1+\lambda_2-1}{t_{go}}v \tag{6.9}$$

由于 K_1、K_2 均大于0，因此 $\lambda_1\lambda_2>0$、$\lambda_1+\lambda_2-1>0$，即 $\lambda_1>0$，$\lambda_2>0$，$\lambda_1+\lambda_2>1$。根据表6.1中导航系数，容易得到典型最优制导律特征根 λ_1，λ_2

间的对应关系，如图 6.2 所示，其中阴影区表示式（6.9）可能的特征根区域。

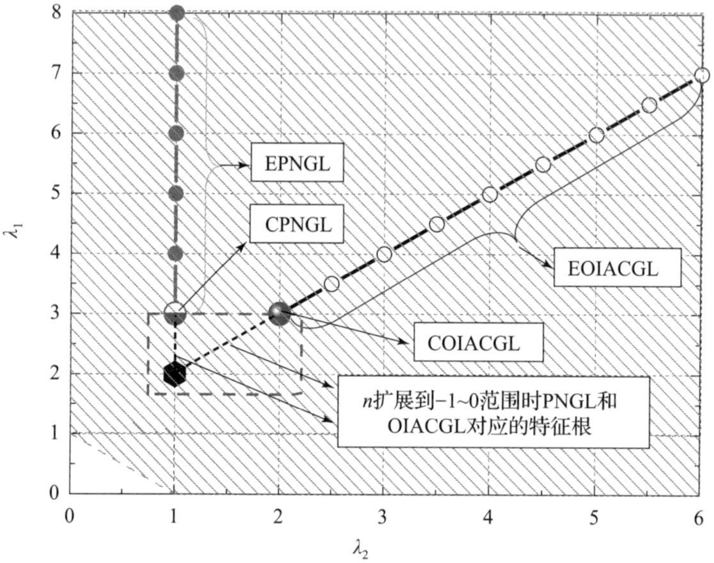

图 6.2　不同制导律特征根区域分布示意图

在图 6.2 中，表 6.1 中几种典型最优制导律的特征根只占据了有限的点/线区域，而提出的逆最优制导律极大地扩展了可能的特征根范围。现在的重点是，能否找到合适的目标函数 J，使最优制导律的形式满足式（6.7），这就是最优制导律中的逆最优问题[1-2]，相应地，式（6.6）或式（6.9）称为逆最优制导律。

6.3　逆最优制导问题中加权矩阵的构造过程

为便于推导，将式（6.3）的状态方程和式（6.7）的控制方程统一写成如下形式：

$$\begin{aligned}&\dot{\boldsymbol{x}}=\boldsymbol{A}\boldsymbol{x}+\boldsymbol{B}\boldsymbol{u},\boldsymbol{x}(t_0)=\boldsymbol{x}_0,\boldsymbol{x}(t_F)=\boldsymbol{x}_F\\&\boldsymbol{u}=\boldsymbol{K}\boldsymbol{x}\end{aligned}\tag{6.10}$$

其中，$\boldsymbol{x}$ 为 $m\times1$ 维向量，控制量 $\boldsymbol{u}$ 由式（6.3）的标量扩展为 $p\times1$ 维向量。

目标函数 J 设为

$$J=\frac{1}{2}\boldsymbol{x}_F^{\mathrm{T}}\boldsymbol{H}\boldsymbol{x}_F+\frac{1}{2}\int_{t_0}^{t_F}(\boldsymbol{x}^{\mathrm{T}}\boldsymbol{Q}\boldsymbol{x}+\boldsymbol{u}^{\mathrm{T}}\boldsymbol{R}\boldsymbol{u})\mathrm{d}t\tag{6.11}$$

其中，$\boldsymbol{H}$ 为终端约束权矩阵；$\boldsymbol{Q}$ 为状态权矩阵；$\boldsymbol{R}$ 为控制权矩阵；$\boldsymbol{H}$、$\boldsymbol{Q}$、$\boldsymbol{R}$ 均为对称矩阵。

对由方程（6.10）构成的线性闭环制导系统，逆最优问题就是找到矩阵 $\boldsymbol{A}$、$\boldsymbol{B}$、$\boldsymbol{K}$ 所需满足的充分必要条件，确定矩阵 $\boldsymbol{H}$、$\boldsymbol{Q}$ 和 $\boldsymbol{R}$ 并使式（6.11）的性能指标最小。

对方程（6.10）所示的最优控制问题，其直接的最优解 $\boldsymbol{K}$ 可由 Riccati 微分方程得到，即

$$\boldsymbol{K} = -\boldsymbol{R}^{-1}\boldsymbol{B}^{\mathrm{T}}\boldsymbol{P} \tag{6.12}$$

$$\dot{\boldsymbol{P}} = -\boldsymbol{P}\boldsymbol{A} - \boldsymbol{A}^{\mathrm{T}}\boldsymbol{P} + \boldsymbol{P}\boldsymbol{B}\boldsymbol{R}^{-1}\boldsymbol{B}^{\mathrm{T}}\boldsymbol{P} - \boldsymbol{Q} \tag{6.13}$$

其中，$\boldsymbol{P}$ 为对称矩阵；式（6.13）的边界条件为

$$\boldsymbol{P}(t_F) = \boldsymbol{H} \tag{6.14}$$

由于 $\boldsymbol{P}(t)$ 是非负定的，则对所有的 t_0、$\boldsymbol{x}_0$，最小的正定性能指标 J^* 可表示为

$$J^* = \frac{1}{2}\boldsymbol{x}_0^{\mathrm{T}}\boldsymbol{P}(t_0)\boldsymbol{x}_0 \tag{6.15}$$

为了使方程（6.13）的解 $\boldsymbol{P}(t)$ 存在并唯一，传统的结论是要求 $\boldsymbol{H}\geqslant 0$，$\boldsymbol{Q}\geqslant 0$，$\boldsymbol{R}>0$. 但文献［1］指出，对方程（6.10）、式（6.11）所示的系统，当满足一定条件时，$\boldsymbol{Q}\geqslant 0$ 并不是必需的。

不加证明地给出**定理 1**：对方程（6.10）所示的线性闭环系统，矩阵 $\boldsymbol{B}$、$\boldsymbol{K}$ 在区间［t_0，t_F］上可微并具有确定的常量秩，则可以构造式（6.11）所示的性能指标函数，其中矩阵 $\boldsymbol{H}$、$\boldsymbol{Q}$、$\boldsymbol{R}$ 满足如下条件：

$$\boldsymbol{H} = \boldsymbol{H}^{\mathrm{T}},\ \boldsymbol{Q} = \boldsymbol{Q}^{\mathrm{T}},\ \boldsymbol{R} = \boldsymbol{R}^{\mathrm{T}} > 0 \tag{6.16}$$

对区间［t_0，t_F］上的任意时间 t 及任意初值 $\boldsymbol{x}_0$，若矩阵 $\boldsymbol{KB}$ 具有 p 个线性独立的实特征向量且矩阵 $\boldsymbol{B}$、$\boldsymbol{K}$ 的秩满足式（6.17），则性能指标 J 的最小值 J^* 可能为负：

$$\operatorname{rank}(\boldsymbol{BK}) = \operatorname{rank}(\boldsymbol{K}) \tag{6.17}$$

若 $\boldsymbol{KB}$ 具有 p 个线性独立的实特征向量且 $\boldsymbol{KB}$ 的特征值是非正的，同时式（6.17）加强为

$$\operatorname{rank}(\boldsymbol{KB}) = \operatorname{rank}(\boldsymbol{K}) \tag{6.18}$$

则性能指标 J 的最小值 $J^*\geqslant 0$。

若 $\boldsymbol{KB}$ 具有 p 个线性独立的实特征向量且 $\boldsymbol{KB}$ 的特征值是非正的，同时式（6.18）加强为

$$\operatorname{rank}(\boldsymbol{KB}) = \operatorname{rank}(\boldsymbol{K}) = \operatorname{rank}(\boldsymbol{B}) \tag{6.19}$$

假设定理 1 条件都满足，则可构造性能指标函数 J 的具体形式。首先构造矩阵 $\boldsymbol{R}=\boldsymbol{R}^{\mathrm{T}}>0$ 使矩阵 $\boldsymbol{RKB}$ 是对称的。已经知道矩阵 $\boldsymbol{KB}$ 的特征向量是线性独立的实向量，设矩阵 $\boldsymbol{V}$ 的列由 $\boldsymbol{B}^{\mathrm{T}}\boldsymbol{K}^{\mathrm{T}}$ 的特征向量组成，则有如下表达式：

$$\boldsymbol{B}^{\mathrm{T}}\boldsymbol{K}^{\mathrm{T}}\boldsymbol{V}=\boldsymbol{V}\boldsymbol{U} \tag{6.20}$$

其中，$\boldsymbol{U}$ 为 $\boldsymbol{B}^{\mathrm{T}}\boldsymbol{K}^{\mathrm{T}}$ 特征值构成的对角阵。这样，有

定理 2：假设矩阵 $\boldsymbol{KB}$ 具有 p 个线性独立的实特征向量，对由式（6.21）给定的实矩阵 $\boldsymbol{R}=\boldsymbol{R}^{\mathrm{T}}>0$ 可使矩阵 $\boldsymbol{RKB}$ 是对称的，即

$$\boldsymbol{R}=\boldsymbol{V}\boldsymbol{V}^{\mathrm{T}} \tag{6.21}$$

其中，矩阵 $\boldsymbol{V}$ 的列选自矩阵 $\boldsymbol{B}^{\mathrm{T}}\boldsymbol{K}^{\mathrm{T}}$ 的特征向量。

下面根据式（6.12）的结果来求解对称矩阵 $\boldsymbol{P}$。由式（6.12）可得

$$\boldsymbol{B}^{\mathrm{T}}\boldsymbol{P}=-\boldsymbol{RK} \tag{6.22}$$

设 $\boldsymbol{W}$ 为满足下列等式的任意 $p\times m$ 实矩阵，则

$$\boldsymbol{B}^{\mathrm{T}}\boldsymbol{W}^{\mathrm{T}}\boldsymbol{RK}=\boldsymbol{RK} \tag{6.23}$$

对比式（6.22）和式（6.23）两式可以看出，$-\boldsymbol{W}^{\mathrm{T}}\boldsymbol{RK}$ 是式（6.22）中关于 $\boldsymbol{P}$ 的解，但 $-\boldsymbol{W}^{\mathrm{T}}\boldsymbol{RK}$ 并不能保证 $\boldsymbol{P}$ 是对称的。为了得到对称的解，令

$$\boldsymbol{P}'=-\boldsymbol{W}^{\mathrm{T}}\boldsymbol{RK}-\boldsymbol{K}^{\mathrm{T}}\boldsymbol{RW}+\boldsymbol{W}^{\mathrm{T}}\boldsymbol{RKBW} \tag{6.24}$$

在式（6.24）两边同时左乘 $\boldsymbol{B}^{\mathrm{T}}$，得到

$$\boldsymbol{B}^{\mathrm{T}}\boldsymbol{P}'=-\boldsymbol{B}^{\mathrm{T}}\boldsymbol{W}^{\mathrm{T}}\boldsymbol{RK}-\boldsymbol{B}^{\mathrm{T}}\boldsymbol{K}^{\mathrm{T}}\boldsymbol{RW}+\boldsymbol{B}^{\mathrm{T}}\boldsymbol{W}^{\mathrm{T}}\boldsymbol{RKBW} \tag{6.25}$$

根据式（6.23）的结论，式（6.25）可简写为

$$\boldsymbol{B}^{\mathrm{T}}\boldsymbol{P}'=-\boldsymbol{RK}-\boldsymbol{B}^{\mathrm{T}}\boldsymbol{K}^{\mathrm{T}}\boldsymbol{RW}+\boldsymbol{RKBW}$$

又由于矩阵 $\boldsymbol{R}=\boldsymbol{R}^{\mathrm{T}}$、$(\boldsymbol{RKB})^{\mathrm{T}}=\boldsymbol{B}^{\mathrm{T}}\boldsymbol{K}^{\mathrm{T}}\boldsymbol{R}=\boldsymbol{RKB}$，则上式可进一步简化为

$$\boldsymbol{B}^{\mathrm{T}}\boldsymbol{P}'=-\boldsymbol{RK} \tag{6.26}$$

假设 $\boldsymbol{P}$ 是式（6.22）的任意实对称矩阵解，联立式（6.22）和式（6.26）两式，有

$$\boldsymbol{B}^{\mathrm{T}}(\boldsymbol{P}-\boldsymbol{P}')=0 \tag{6.27}$$

据此，可得式（6.12）的实对称矩阵解

$$\boldsymbol{P}=-\boldsymbol{W}^{\mathrm{T}}\boldsymbol{RK}-\boldsymbol{K}^{\mathrm{T}}\boldsymbol{RW}+\boldsymbol{W}^{\mathrm{T}}\boldsymbol{RKBW}+\boldsymbol{Y} \tag{6.28}$$

其中，$\boldsymbol{Y}$ 为任意的实矩阵，满足如下条件：

$$\boldsymbol{B}^{\mathrm{T}}\boldsymbol{Y}=0,\quad \boldsymbol{Y}=\boldsymbol{Y}^{\mathrm{T}} \tag{6.29}$$

当矩阵 $\boldsymbol{KB}$ 的秩满足式（6.18）的条件时，关于矩阵 $\boldsymbol{P}$ 有**定理 3**：令矩阵 $\boldsymbol{R}$ 是实对称的正定矩阵，$\boldsymbol{RKB}$ 是对称矩阵，如果 $\operatorname{rank}(\boldsymbol{KB})=\operatorname{rank}(\boldsymbol{K})$，则满足式（6.22）的实对称矩阵 $\boldsymbol{P}$ 可由给定的矩阵 $\boldsymbol{R}$ 表示：

$$\boldsymbol{P}=-\boldsymbol{K}^{\mathrm{T}}\boldsymbol{R}(\boldsymbol{RKB})^{\dagger}\boldsymbol{RK}+\boldsymbol{Y} \tag{6.30}$$

其中，矩阵 $\boldsymbol{Y}$ 满足式（6.29），符号 † 表示矩阵的 Moore – Penrose 广义逆。

此外，矩阵 $\boldsymbol{H}$ 由 $\boldsymbol{H}=\boldsymbol{P}(t_f)$ 得到，矩阵 $\boldsymbol{Q}$ 由式（6.31）得到：

$$\boldsymbol{Q}=-\dot{\boldsymbol{P}}-\boldsymbol{PA}-\boldsymbol{A}^{\mathrm{T}}\boldsymbol{P}+\boldsymbol{PBR}^{-1}\boldsymbol{B}^{\mathrm{T}}\boldsymbol{P} \tag{6.31}$$

6.4　逆最优制导问题中加权矩阵的求解

6.4.1　逆最优制导问题中对应的加权矩阵求解

对由式（6.3）~式（6.5）和式（6.7）构成的单输入闭环制导系统，由于 $\operatorname{rank}(\boldsymbol{KB})=\operatorname{rank}(\boldsymbol{K})=\operatorname{rank}(\boldsymbol{B})=1$ 且矩阵 $\boldsymbol{KB}$ 的特征向量非正，满足定理1的条件。由定理1 中式（6.16）知，在性能指标函数 J 中，矩阵 $\boldsymbol{H}$、$\boldsymbol{Q}$ 可设为对称的，矩阵 $\boldsymbol{R}$ 设为正的线性时变的标量 $R(t)$。由于 $\boldsymbol{KB}$ 也是标量，由定理2 知，每一个正的 $R(t)$ 都能保证 $\boldsymbol{RKB}$ 是对称的。根据式（6.29）可知，矩阵 $\boldsymbol{Y}$ 是对称阵，且 $\boldsymbol{B}^{\mathrm{T}}\boldsymbol{Y}=0$，设矩阵 $\boldsymbol{Y}$ 的形式为

$$\boldsymbol{Y}=\boldsymbol{Y}^{\mathrm{T}}=\begin{bmatrix} y_{11} & y_{12} \\ y_{12} & y_{22} \end{bmatrix} \tag{6.32}$$

将 $\boldsymbol{Y}$ 代入 $\boldsymbol{B}^{\mathrm{T}}\boldsymbol{Y}=0$ 中，有

$$\boldsymbol{B}^{\mathrm{T}}\boldsymbol{Y}=[0\quad 1]\begin{bmatrix} y_{11} & y_{12} \\ y_{12} & y_{22} \end{bmatrix}=[y_{12}\quad y_{22}]=0 \tag{6.33}$$

式（6.33）表明，$y_{12}=y_{22}=0$，这样，矩阵 $\boldsymbol{Y}$ 可表示为

$$\boldsymbol{Y}=\begin{bmatrix} y_{11} & 0 \\ 0 & 0 \end{bmatrix} \tag{6.34}$$

其中，y_{11} 为任意实数。

对任意给定的 $R(t)$，定理3 给出了实对称矩阵 $\boldsymbol{P}$ 的解。将矩阵 $\boldsymbol{Y}$、$\boldsymbol{K}$、$\boldsymbol{B}$ 以及标量 $R(t)$ 代入式（6.30）中，求得矩阵 $\boldsymbol{P}$ 为

$$\boldsymbol{P}(t)=\begin{bmatrix} \dfrac{K_1^2}{K_2}\dfrac{R(t)}{t_{\mathrm{go}}^3}+y_{11} & K_1\dfrac{R(t)}{t_{\mathrm{go}}^2} \\ K_1\dfrac{R(t)}{t_{\mathrm{go}}^2} & K_2\dfrac{R(t)}{t_{\mathrm{go}}} \end{bmatrix} \tag{6.35}$$

由于性能指标 J^* 对所有的初值 $\boldsymbol{x}_0$ 和 t_0 都大于0，因此矩阵 $\boldsymbol{P}$ 也应为正定的，故要求 $y_{11}>0$。为后续推导的方便，观察式（6.35），不妨令

$$y_{11}=(\eta-K_1^2/K_2)R(t)/t_{\mathrm{go}}^3 \tag{6.36}$$

其中，η 是满足条件 $\eta>K_1^2/K_2$ 的任意常数。这样，矩阵 $\boldsymbol{P}$ 又可表示为

$$\boldsymbol{P}(t)=\begin{bmatrix} \eta\dfrac{R(t)}{t_{\mathrm{go}}^3} & K_1\dfrac{R(t)}{t_{\mathrm{go}}^2} \\ K_1\dfrac{R(t)}{t_{\mathrm{go}}^2} & K_2\dfrac{R(t)}{t_{\mathrm{go}}} \end{bmatrix} \tag{6.37}$$

矩阵 $\boldsymbol{P}$ 的微分 $\dot{\boldsymbol{P}}$ 为

$$\dot{\boldsymbol{P}}(t)=\begin{bmatrix}3\eta\dfrac{R(t)}{t_{go}^{4}}+\eta\dfrac{\dot{R}(t)}{t_{go}^{3}} & 2K_1\dfrac{R(t)}{t_{go}^{3}}+K_1\dfrac{\dot{R}(t)}{t_{go}^{2}}\\ 2K_1\dfrac{R(t)}{t_{go}^{3}}+K_1\dfrac{\dot{R}(t)}{t_{go}^{2}} & K_2\dfrac{R(t)}{t_{go}^{2}}+K_2\dfrac{\dot{R}(t)}{t_{go}}\end{bmatrix} \tag{6.38}$$

将矩阵 $\boldsymbol{P}$ 及 $\dot{\boldsymbol{P}}$ 代入式（6.31）中，得到

$$\boldsymbol{Q}=\begin{bmatrix}q_{11} & q_{12}\\ q_{12} & q_{22}\end{bmatrix} \tag{6.39}$$

其中，$\boldsymbol{Q}$ 的三个元素分别为

$$\begin{cases}q_{11}=(K_1^2-3\eta)\dfrac{R(t)}{t_{go}^{4}}-\eta\dfrac{\dot{R}(t)}{t_{go}^{3}}\\ q_{12}=(K_1K_2-2K_1-\eta)\dfrac{R(t)}{t_{go}^{3}}-K_1\dfrac{\dot{R}(t)}{t_{go}^{2}}\\ q_{22}=(K_2^2-K_2-2K_1)\dfrac{R(t)}{t_{go}^{2}}-K_2\dfrac{\dot{R}(t)}{t_{go}}\end{cases} \tag{6.40}$$

由于 $\boldsymbol{H}=\boldsymbol{P}(t_F)$，这样，式（6.37）~式（6.40）即完成了逆最优问题中加权矩阵的构造。根据式（6.37）~式（6.40），通过选取不同的 η 和 $R(t)$，则可得到多组不同的［$\boldsymbol{H}$，$\boldsymbol{Q}$，R］。

6.4.2 加权矩阵求解的举例说明

下面对上述结果举例说明。不妨将 $R(t)$ 取为如下的形式

$$R(t)=1/t_{go}^{n},n>-1 \tag{6.41}$$

考虑矩阵 $\boldsymbol{Q}$ 的一种简单情况，即 $\boldsymbol{Q}$ 为对角阵，则式（6.40）中 $q_{12}=0$。将式（6.41）的 $R(t)$ 代入 q_{12}，得到

$$(K_1K_2-2K_1-\eta)/t_{go}^{n+3}-K_1n/t_{go}^{n+3}=0 \tag{6.42}$$

求解得到

$$\eta=K_1(K_2-2-n) \tag{6.43}$$

同时，η 还需满足条件 $\eta>K_1^2/K_2$，亦即

$$K_1<K_2(K_2-2-n) \tag{6.44}$$

此时，矩阵 $\boldsymbol{P}$、$\boldsymbol{Q}$ 分别为

$$\boldsymbol{P}(t)=\begin{bmatrix}\dfrac{K_1(K_2-2-n)}{t_{go}^{n+3}} & \dfrac{K_1}{t_{go}^{n+2}}\\ \dfrac{K_1}{t_{go}^{n+2}} & \dfrac{K_2}{t_{go}^{n+1}}\end{bmatrix} \tag{6.45}$$

$$\boldsymbol{Q}=\begin{bmatrix} q_{11} & 0 \\ 0 & q_{22} \end{bmatrix}=\begin{bmatrix} \dfrac{K_1[K_1-K_2(n+3)+(n+2)(n+3)]}{t_{go}^{n+4}} & 0 \\ 0 & \dfrac{[K_2(K_2-1-n)-2K_1]}{t_{go}^{n+2}} \end{bmatrix} \tag{6.46}$$

由式（6.46）可以看出，若进一步使 $\boldsymbol{Q}=0$，则相当于在性能指标（6.11）式中不考虑状态约束。令式（6.46）中 $q_{11}=q_{22}=0$，求得 K_1、K_2 的值为

$$K_1=(n+2)(n+3),K_2=2(n+2) \tag{6.47}$$

或

$$K_1=K_2=n+3 \tag{6.48}$$

对比表 6.1 中的表达式可知，式（6.47）和式（6.48）的导航系数分别对应 EPNGL 和 EOIACGL 两种制导律，此时，与式（6.47）和式（6.48）对应的矩阵 $\boldsymbol{P}$ 分别为

$$\boldsymbol{P}(t)=\begin{bmatrix} \dfrac{(n+2)^2(n+3)}{t_{go}^{n+3}} & \dfrac{(n+2)(n+3)}{t_{go}^{n+2}} \\ \dfrac{(n+2)(n+3)}{t_{go}^{n+2}} & \dfrac{2(n+2)}{t_{go}^{n+1}} \end{bmatrix} \tag{6.49}$$

$$\boldsymbol{P}(t)=\frac{n+3}{t_{go}^{n+1}}\begin{bmatrix} 1/t_{go}^2 & 1/t_{go} \\ 1/t_{go} & 1 \end{bmatrix} \tag{6.50}$$

观察式（6.49）~式（6.50）可以看出，只要 $n>-1$，在末段时刻 t_F 处，$\boldsymbol{P}$ 中各元素→∞；又由于 $\boldsymbol{H}=\boldsymbol{P}(t_F)$，则 $\boldsymbol{H}$ 可表示为

$$\boldsymbol{H}=\lim_{t\to t_F}\boldsymbol{P}(t)=\begin{bmatrix} \infty & \infty \\ \infty & \infty \end{bmatrix} \tag{6.51}$$

由于 $\boldsymbol{Q}=0$、$\boldsymbol{H}_{ij}=\infty$、$R(t)=1/t_{go}^n$，这样，在终端状态 $\boldsymbol{x}_F=0$ 约束下，式（6.11）的性能指标可简化成表 6.1 中的扩展形式，即

$$J=\frac{1}{2}\int_{t_0}^{t_F}[u(t)^2/t_{go}^n]\mathrm{d}t \tag{6.52}$$

由前述的推导和分析可以看出，对式（6.6）所述的制导律，通过选取合适的 η 和 $R(t)$，任意大于零的导航系数 K_1、K_2 都可能是特定条件下的最优结果。这样，通过制导律中逆最优问题的研究，再次拓展了最优制导律的内涵。

6.5 不同特征根下的制导律制导特性分析

6.5.1 特征根选择

根据式（6.9）及 $K_1=\lambda_1\lambda_2$，$K_2=\lambda_1+\lambda_2-1$，相对弹道坐标系的最优制导律可表示为

$$a_c(t)=\frac{\lambda_1\lambda_2}{t_{\mathrm{go}}^2}[y_T(t)-y_M(t)]-\frac{\lambda_1+\lambda_2-1}{t_{\mathrm{go}}}\dot{y}_M(t)+\frac{\lambda_1+\lambda_2-1-\lambda_1\lambda_2}{t_{\mathrm{go}}}\dot{y}_M(t_F) \tag{6.53}$$

进一步，表示成以导引头敏感的弹目视线角 q，弹目视线角速率 $\dot{q}$ 的形式，有

$$a_c(t)=(\lambda_1+\lambda_2-1)V_M\dot{q}+(\lambda_1\lambda_2+1-\lambda_1-\lambda_2)V_M\frac{q-\theta_F}{t_{\mathrm{go}}} \tag{6.54}$$

根据式（6.47）和式（6.48）的结果，容易计算得到 EPNGL 和 EOIACGL 对应的特征根分别为 $\lambda_1=n+3$，$\lambda_2=1$ 和 $\lambda_1=n+3$，$\lambda_2=n+2$。

为了研究不同特征根下的制导特性，并使研究具有代表性，参考图 6.2，特征根的选取如表 6.2 和图 6.3 所示。其中，③⑥两种情况分别对应于 EPNGL 和 EOIACGL。

表 6.2 选取的典型特征根

特征根	①	②	③	④	⑤	⑥	⑦	⑧
λ_1	6	6	6	6	3.5	3	3	3
λ_2	0.8	0.9	1	2	2	2	2.5	3

6.5.2 制导特性对比分析

引入一阶驾驶仪动力学 $1/(T_g s+1)$，研究制导律在特征根变化时的制导特性。据式（6.54）所示的制导律，构造图 6.4 所示的制导系统模型。其中，初始方向误差角 $\varepsilon=5°$，落角约束 $\theta_F=-45°$，$T_g=0.5\ \mathrm{s}$，$V_M=300\ \mathrm{m/s}$。

图 6.5 ~ 图 6.7 分别给出了不同特征根下的弹道、弹道倾角及加速度对比曲线。为了使对比更直观，图 6.7 中没有考虑驾驶仪动力学对加速度的影响。由图 6.5 ~ 图 6.7 可以看出，特征根的不同取值决定了制导律是否具有约束终端落角的能力；当特征根取值靠近 EOIACGL 的特征根时，所对应的制导律对终端攻击角度的约束也更严格，而当特征根取值靠近 EPNGL 的特征根时，所对应的制导律已完全失去了对终端攻击角度的约束能力。

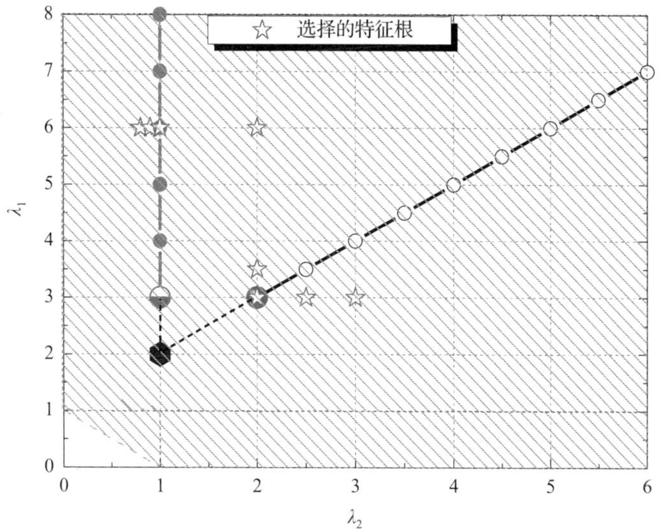

图 6.3　选取的典型特征根

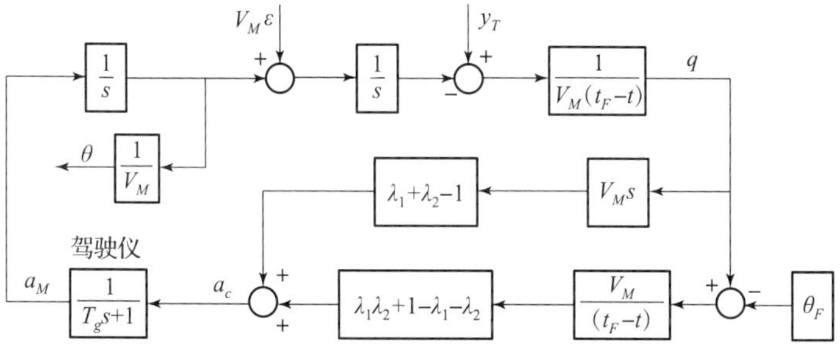

图 6.4　制导系统结构框图

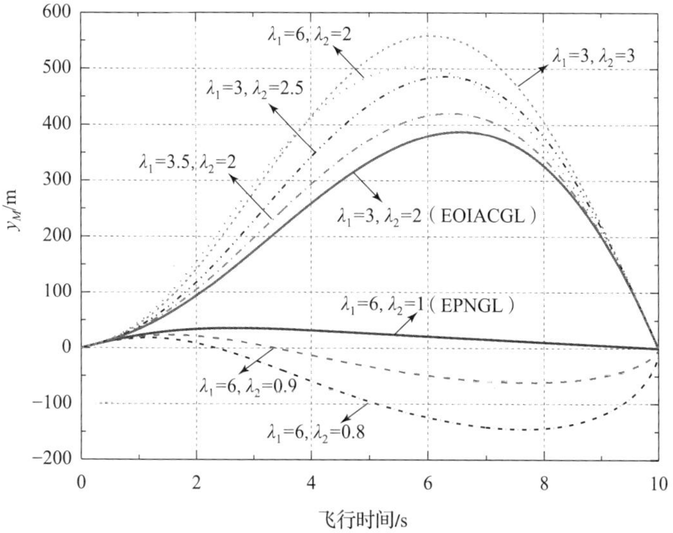

图 6.5　不同特征根下的弹道对比曲线

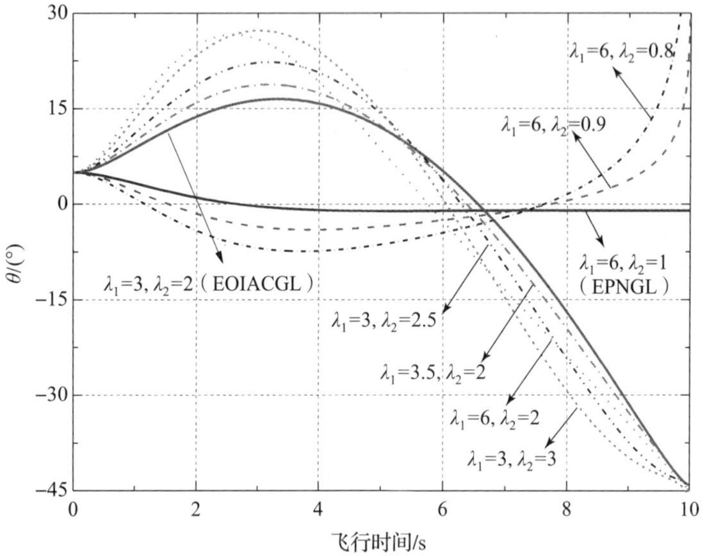

图 6.6　不同特征根下的弹道倾角对比曲线

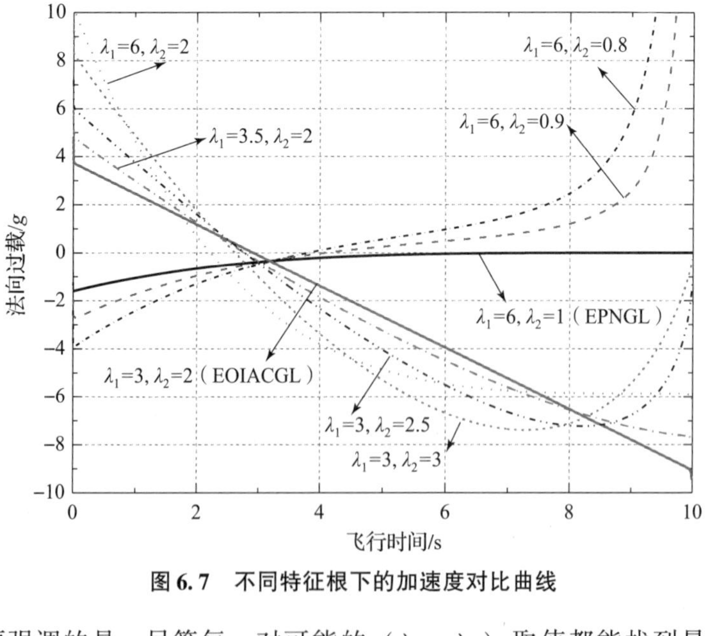

图 6.7　不同特征根下的加速度对比曲线

需要强调的是，尽管每一对可能的（λ_1，λ_2）取值都能找到最优解释，但这并不能保证其都能达到与 EPNGL 或 EOIACGL 类似的制导性能，但特征根取值越靠近 EPNGL 或 EOIACGL，则所对应的制导律特性与 EPNGL 或 EOIACGL 也越接近。图 6.8～图 6.9 所示的不同特征根下的脱靶量和终端攻击角度误差曲线也直接印证了上述结论。

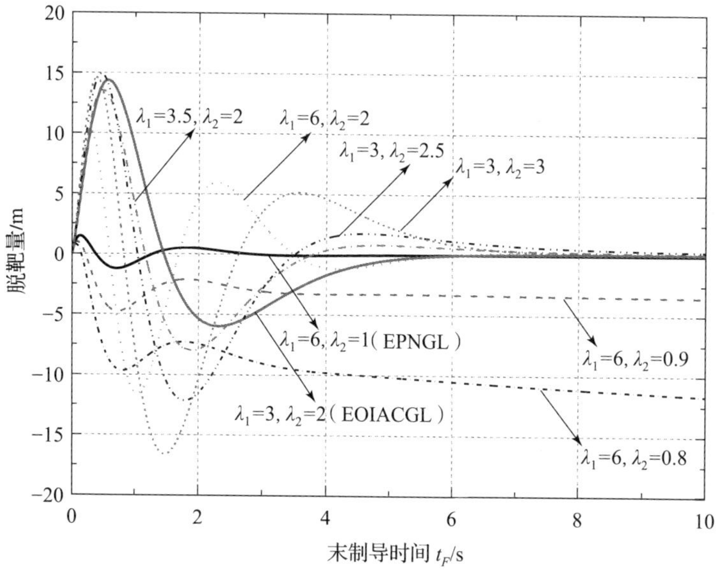

图 6.8　不同特征根下的脱靶量对比曲线

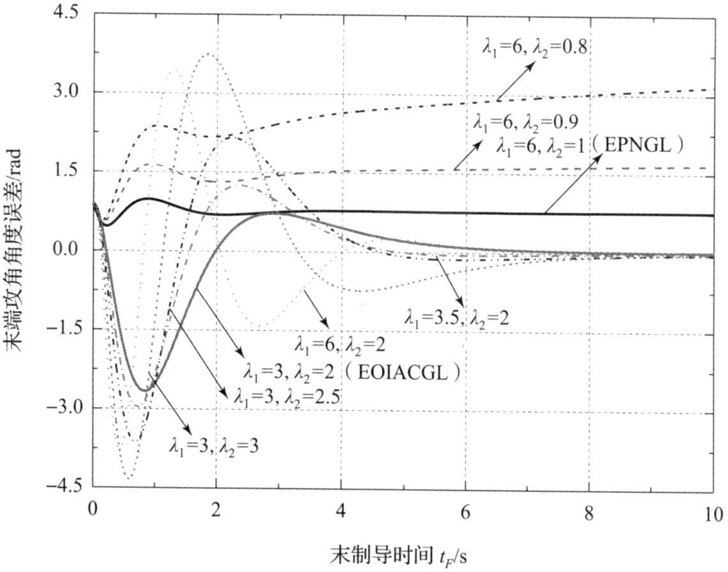

图 6.9　不同特征根下的终端攻击角度误差对比曲线

因此，尽管逆最优制导问题的提出将制导律的两个特征根（或导航系数）从有限的点/线扩展到几乎所有的正实根，但对任意选择的一对特征根，并不能保证其一定具有与 EPNGL、EOIACGL 等类似的制导性能，每一对特征根都需要精细的挑选和严格的考核，而以 EPNGL、EOIACGL 等为典型代表的最优制导律已经得到广泛的应用，经过了充分的工程检验，在这个意义上，

EPNGL、EOIACGL 等还是工程最优的[3-5]。

6.6 总结与拓展阅读

本章通过建立相对于终端弹目视线的导弹运动方程，概括了典型的能量最优制导律，分析了其特征根分布范围。将制导律的两个特征根从有限的点/线扩展到几乎所有的正实根，提出了制导律的逆最优问题。详细讨论了逆最优问题中性能指标加权矩阵的构造过程，给出了加权矩阵和 Riccati 矩阵的计算公式。通过将控制权矩阵选为 time - to - go 的负 n 次幂函数的形式，对加权矩阵的求解进行了举例说明。

选取了多组具有代表性的特征根，对不同特征根下制导律的制导特性进行了全面的对比分析。结果表明，尽管每一对可能的特征根取值都能找到最优解释，但这并不能保证其都能达到与 EPNGL 或 EOIACGL 类似的制导性能，特征根取值越靠近 EPNGL 或 EOIACGL，则所对应的制导律制导特性与 EPNGL 或 EOIACGL 也越接近。书中通过逆最优制导问题的研究，再次拓展了最优制导律的内涵[2,4-5]。

本章参考文献

[1] KALMAN R E. When is a linear control system optimal? [J]. Journal of basic engineering, 1964, 86 (1): 51 -60.

[2] LEE Y I, KIM S H, TAHK M J. Optimality of linear time - varying guidance for impact angle control [J]. IEEE transactions on aerospace and electronic systems, 2012, 48 (3): 2802 -2817.

[3] ZARCHAN P. Tactical and strategic missile guidance [M]. 6th ed. Virginia: AIAA Inc., 2012.

[4] 王辉，王江，郭涛，等. 基于逆最优问题的最优制导律及特性分析 [J]. 固体火箭技术, 2014, 37 (5): 587 -593.

[5] 王辉，武涛，杜运理，等. 无动力学滞后的广义最优制导律解析研究 [J]. 红外与激光工程, 2015, 44 (1): 341 -347.

第 7 章
基于 time－to－go 多项式的终端多约束最优制导律

7.1 引　　言

回顾前面章节的研究内容可以看出，不管是传统的比例导引/角度控制最优制导律还是扩展的比例导引/角度控制最优制导律，在终端弹目视线坐标系下，制导律右端均可表示成剩余飞行时间（time－to－go）的函数形式，且制导律均是基于最优控制理论得到的最优结果；换言之，上述以 time－to－go 函数形式表示的制导律是最优的，只要终端约束和性能指标函数确定，制导律的导航系数也是确定的。尽管制导律并不总是一成不变的，不同假设、不同终端约束、不同性能指标函数以及不同的理论方法，制导律的形式均有可能发生变化，然而已有的线性制导律形式启示我们，制导律是否可统一表示成 time－to－go 的多项式形式？制导律中的组合参数如何确定？性能又如何？这些问题都值得我们去探索、研究并最终找到答案。

本章以上述思想为核心，不考虑制导动力学并假设目标是静止或慢速移动的，将前面几章研究的线性最优制导律衍生为 time－to－go 的多项式形式，并将这类制导律定义为基于剩余飞行时间的多项式制导律（time－to－go polynomial guidance law，TPGL）[1-3]。文中首先对 TPGL 的表达式提出做了阐述，并给出了详细推导过程；进一步，对 TPGL 的最优性、闭环弹道解析解、加速度指令的理论特性等展开分析。

7.2　多项式制导律的提出

7.2.1　基本数学模型

终端弹目视线系下的弹目运动几何关系示意图如图 7.1 所示。

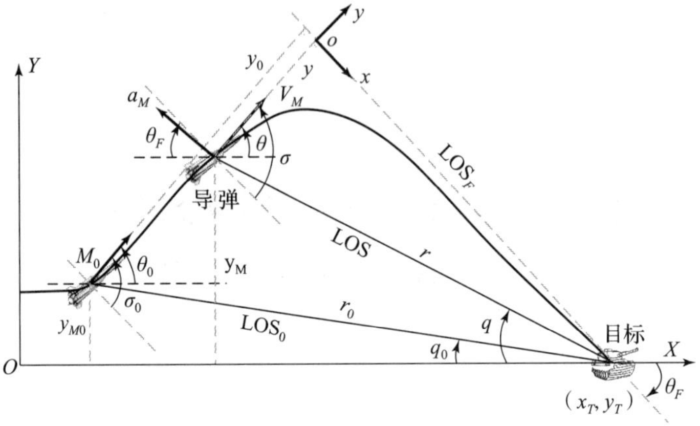

图 7.1　终端弹目视线系下的弹目运动几何关系示意图

在终端弹目视线坐标系下，有如下关系方程：

$$\dot{y} = v, y(t_0) = y_0, \dot{v} = a_M, v(t_0) = v_0 \tag{7.1}$$

其中

$$\begin{aligned} &y_M = y_T - rq, y_{M0} = y_T - r_0 q_0 \\ &y = r\sin(\theta_F - q) \approx r(\theta_F - q), y_0 \approx r_0(\theta_F - q_0) \\ &\sigma = \theta - \theta_F, \sigma_0 = \theta_0 - \theta_F \\ &v = V_M \sin\sigma \approx V_M \sigma \end{aligned} \tag{7.2}$$

在终端时刻，$y(t_F) = y_F = 0$、$\sigma(t_F) = \sigma_F = 0$；根据条件 $v = V_M\sigma$ 可知，$v_F = V_M \sigma_F$。

7.2.2　多项式制导律的数学推导

假设以 time - to - go 多项式表示的制导律的形式如下[1-3]：

$$a_M(t) = c_0 + c_1 t_{go} + c_2 t_{go}^2 + c_3 t_{go}^3 + \cdots \tag{7.3}$$

其中，$t_{go} = t_F - t$。由于制导指令是以 time - to - go 多项式的形式出现，因此我们可以使制导律的加速度和加速度的一阶时间导数在终端时刻趋向于期望的值。为了提高终端制导性能并使终端攻击角度精确达到期望的值，终端弹道需满足如下条件：①$a_M(t_F) = 0$，即终端时刻的加速度为零；②$\dot{a}_M(t_F) = 0$，即终端时刻的加速度一阶导数（加加速度）为零。在实际的工程应用中，由于 time - to - go 难以被直接测量得到，因此不管是 t_{go} 还是 t_F 都很难精确获取，t_{go} 误差的存在使条件①不可能精确满足，条件②也必须对 t_{go} 误差具有一定的鲁棒性。

根据式（7.3），求解满足①②的条件，求解得到

$$c_1=0,\ c_2=0 \tag{7.4}$$

由于需满足边界条件：$y(t_F)=v(t_F)=0$，结合式（7.4）可知，为了使制导律的制导指令唯一，time - to - go 多项式仅需包含两项，即

$$a_M(t)=c_m t_{\mathrm{go}}^m+c_n t_{\mathrm{go}}^n,\ n>m\geqslant 0 \tag{7.5}$$

如果 m、n 选择为 $n>m>1$，则在制导律（7.5）中，①②对终端加速度的附加条件也同时满足。将制导律（7.5）代入式（7.1）中，得到

$$\dot{v}(t)=c_m(t_F-t)^m+c_n(t_F-t)^n \tag{7.6}$$

对式（7.6）两边同时从 t_0 到 t 积分，则终端的脱靶量和速度可表示为

$$\int_{t_0}^{t}\dot{v}(t)\mathrm{d}t=\int_{t_0}^{t}[c_m(t_F-t)^m+c_n(t_F-t)^n]\mathrm{d}t\Rightarrow$$

$$v(t)=v(t_0)-\frac{c_m}{m+1}[(t_F-t)^{m+1}-(t_F-t_0)^{m+1}]-\frac{c_n}{n+1}[(t_F-t)^{n+1}-(t_F-t_0)^{n+1}] \tag{7.7}$$

对 $v(t)$ 从 t_0 到 t_F 积分，得到

$$y(t_F)=y(t_0)+v(t_0)(t_F-t_0)+\frac{c_m}{(m+2)}(t_F-t_0)^{m+2}+\frac{c_n}{(n+2)}(t_F-t_0)^{n+2} \tag{7.8}$$

在 $t=t_F$ 处，式（7.7）中的 $v(t)$ 又可表示为

$$v(t_F)=v(t_0)+\frac{c_m}{m+1}(t_F-t_0)^{m+1}+\frac{c_n}{n+1}(t_F-t_0)^{n+1} \tag{7.9}$$

求解式（7.8）和式（7.9），得到

$$c_m=\frac{(m+1)(m+2)}{(n-m)}\left[\frac{(n+2)}{(t_F-t_0)^2}y(t_0)+\frac{1}{t_F-t_0}v(t_0)\right](t_F-t_0)^{-m} \tag{7.10}$$

$$c_n=\frac{(n+1)(n+2)}{(m-n)}\left[\frac{(m+2)}{(t_F-t_0)^2}y(t_0)+\frac{1}{t_F-t_0}v(t_0)\right](t_F-t_0)^{-n} \tag{7.11}$$

将 c_m、c_n 代入式（7.5）中，则在初始时刻的 $a_M(t_0)$ 为

$$a_M(t_0)=-\frac{(m+2)(n+2)}{(t_F-t_0)^2}y(t_0)-\frac{(m+n+3)}{t_F-t_0}v(t_0) \tag{7.12}$$

由于每一时刻都可能为 t_0，则用 t 替代 t_0 后，得到

$$a_M(t)=-\frac{(m+2)(n+2)}{t_{\mathrm{go}}^2}y(t)-\frac{(m+n+3)}{t_{\mathrm{go}}}v(t) \tag{7.13}$$

根据式（7.2），有如下关系：

$$y=V_M t_{\mathrm{go}}(\theta_F-q),v=V_M(\theta-\theta_F) \tag{7.14}$$

将式（7.14）代入式（7.13）中，得到

$$
\begin{aligned}
a_M(t) &= \frac{V_M}{t_{go}}[(m+2)(n+2)q-(m+n+3)\theta-(m+1)(n+1)\theta_F] \\
&= \frac{V_M}{t_{go}}[(m+n+3)(q-\theta)+(m+1)(n+1)(q-\theta_F)] \\
&= \left[(m+2)(n+2)\frac{y_T-y_M}{t_{go}^2}-(m+n+3)\frac{\dot{y}_M}{t_{go}}-(m+1)(n+1)\frac{\dot{y}_{MF}}{t_{go}}\right] \\
&= V_M[(m+n+3)\dot{q}+(m+1)(n+1)(q-\theta_F)/t_{go}]
\end{aligned}
\tag{7.15}
$$

根据式（7.15），制导增益 m 和 n 不同设置下的 TPGL 具体表达式如表 7.1 所示。由此可见，不同的制导增益设置，可导致不同的 TPGL 表达式。若 $m=0$、$n=1$（TPGL-01），则制导律不能满足终端加速度为零的要求；若 $1\geqslant m>0$，例如 $m=1$、$n=2$（TPGL-12）或 $m=1$、$n=3$（TPGL-13），则制导律在终端时刻的加速度趋近于零；若 $m>1$，例如 $m=2$、$n=3$（TPGL-23），则制导律在终端时刻的加速度和加加速度均趋近于零。

表 7.1　制导增益 *m* 和 *n* 不同设置下的 TPGL 表达式

TPGL 类型	m，n 参数设置	TPGL 表达式一	TPGL 表达式二	附加的终端约束
TPGL-01	$m=0$，$n=1$	$a_M(t)=(V_M/t_{go})(6q-4\theta-2\theta_F)$	$a_M(t)=(V_M/t_{go})[4(q-\theta)+2(q-\theta_F)]$	无
TPGL-12	$m=1$，$n=2$	$a_M(t)=(V_M/t_{go})(12q-6\theta-6\theta_F)$	$a_M(t)=(V_M/t_{go})[6(q-\theta)+6(q-\theta_F)]$	$a_M(t_F)=0$
TPGL-13	$m=1$，$n=3$	$a_M(t)=(V_M/t_{go})(15q-7\theta-8\theta_F)$	$a_M(t)=(V_M/t_{go})[7(q-\theta)+8(q-\theta_F)]$	$a_M(t_F)=0$
TPGL-23	$m=2$，$n=3$	$a_M(t)=(V_M/t_{go})(20q-8\theta-12\theta_F)$	$a_M(t)=(V_M/t_{go})[8(q-\theta)+12(q-\theta_F)]$	$a_M(t_F)=0$，$\dot{a}_M(t_F)=0$

由上述分析结果可以看出，TPGL-01 与传统的角度控制最优制导律的角度形式是完全一致的，这也说明在 $n>m\geqslant 0$ 条件下，TPGL 可以保证脱靶量和终端攻击角度满足期望的指标要求；进一步，在 $n=m+1$ 条件下，TPGL 可表示为

$$
\begin{aligned}
a_M(t) &= \frac{V_M}{t_{go}}[(m+2)(m+3)q-2(m+2)\theta-(m+1)(m+2)\theta_F] \\
&= \frac{V_M}{t_{go}}[2(m+2)(q-\theta)+(m+1)(m+2)(q-\theta_F)] \\
&= \left[(m+2)(m+3)\frac{y_T-y_M}{t_{go}^2}-2(m+2)\frac{\dot{y}_M}{t_{go}}-(m+1)(m+2)\frac{\dot{y}_{MF}}{t_{go}}\right] \\
&= V_M[2(m+2)\dot{q}+(m+1)(m+2)(q-\theta_F)/t_{go}]
\end{aligned}
\tag{7.16}
$$

式（7.16）的结论与引入 time - to - go 幂函数所得到的扩展角度控制最优制导律的结果是完全一致的。因此，式（7.15）也可以认为是一种通用的线性最优制导律。可以预测，若 TPGL 和 EOIACGL 选取相近的导航增益，则二者的制导性能也是类似的。

定义 $\bar{g}$ 为垂直于终端弹目视线的重力分量，则当考虑重力补偿 $\bar{g}$ 时，$\dot{v}=a_M+\bar{g}$，此时可得如下表达式：

$$
\begin{aligned}
y(t_F) &= y(t_0)+v(t_0)(t_F-t_0)+\frac{c_m}{(m+2)}(t_F-t_0)^{m+2}+ \\
&\quad \frac{c_n}{(n+2)}(t_F-t_0)^{n+2}+\frac{\bar{g}}{2}(t_F-t_0)^2 \\
v(t_F) &= v(t_0)+\frac{c_m}{m+1}(t_F-t_0)^{m+1}+\frac{c_n}{n+1}(t_F-t_0)^{n+1}+\bar{g}(t_F-t_0)
\end{aligned}
\tag{7.17}
$$

由于 $y(t_F)=v(t_F)=0$，求解 c_m、c_n 得到

$$
c_m=\frac{(m+1)(m+2)}{(n-m)}\left[\frac{(n+2)}{(t_F-t_0)^2}y(t_0)+\frac{1}{t_F-t_0}v(t_0)-\frac{n}{2}\bar{g}\right](t_F-t_0)^{-m}
\tag{7.18}
$$

$$
c_n=\frac{(n+1)(n+2)}{(m-n)}\left[\frac{(m+2)}{(t_F-t_0)^2}y(t_0)+\frac{1}{t_F-t_0}v(t_0)-\frac{m}{2}\bar{g}\right](t_F-t_0)^{-n}
\tag{7.19}
$$

将 c_m、c_n 代入 $\bar{a}_M(t)=a_M(t)+\bar{g}=c_m t_{go}^m+c_n t_{go}^n+\bar{g}$ 中，则考虑重力补偿后的初始时刻加速度为

$$
\bar{a}_M(t)=-\frac{(m+2)(n+2)}{(t_F-t_0)^2}y(t_0)-\frac{(m+n+3)}{t_F-t_0}v(t_0)+\left(\frac{mn-2}{2}\right)\bar{g}
\tag{7.20}
$$

同样，由于每一时刻都可能为 t_0，则用 t 替代 t_0 后，得到

$$
\bar{a}_M(t)=-\frac{(m+2)(n+2)}{t_{go}^2}y(t)-\frac{(m+n+3)}{t_{go}}v(t)+\left(\frac{mn-2}{2}\right)\bar{g}
\tag{7.21}
$$

7.3 多项式制导律的基本理论特性

7.3.1 TPGL 的最优性分析

表 7.1 的分析结果已经表明，选择某些特定的导航增益，TPGL 可能退化为与我们所熟悉的最优制导律相同的形式，即此时 TPGL 已经隐含了最优的意义。根据前文逆最优制导问题研究结果，不管导航增益如何选择，式（7.13）必然能找到所对应的最优解释。

将式（7.1）的系统模型表示成如下的标准形式：

$$\dot{\boldsymbol{x}} = \boldsymbol{A}\boldsymbol{x} + \boldsymbol{B}u, \boldsymbol{A} = \begin{bmatrix} 0 & 1 \\ 0 & 0 \end{bmatrix}, \boldsymbol{x} = \begin{bmatrix} 0 \\ 1 \end{bmatrix}, \boldsymbol{x} = \begin{bmatrix} y \\ v \end{bmatrix}, \boldsymbol{x}_F = \begin{bmatrix} y_F \\ v_F \end{bmatrix}, u = a_M \tag{7.22}$$

性能指标函数的形式假设如下

$$J = \frac{1}{2}\boldsymbol{x}^{\mathrm{T}}(t_F)\boldsymbol{H}_F\boldsymbol{x}(t_F) + \frac{1}{2}\int_{t_0}^{t_F}(\boldsymbol{x}^{\mathrm{T}}\boldsymbol{Q}\boldsymbol{x} + Ru^2)\,\mathrm{d}t \tag{7.23}$$

其中，$\boldsymbol{H}_F$、$\boldsymbol{Q}$、$\boldsymbol{R}$ 均为对称矩阵。

根据第 6 章的对应求解过程，有如下结论：

$$\boldsymbol{P}(t) = \begin{bmatrix} \eta\dfrac{R(t)}{t_{\mathrm{go}}^3} & K_1\dfrac{R(t)}{t_{\mathrm{go}}^2} \\ K_1\dfrac{R(t)}{t_{\mathrm{go}}^2} & K_2\dfrac{R(t)}{t_{\mathrm{go}}} \end{bmatrix}, \boldsymbol{H}_F = \boldsymbol{P}(t_F) = \lim_{t_{\mathrm{go}}\to 0}\boldsymbol{P}(t) \tag{7.24}$$

$$\boldsymbol{Q} = \begin{bmatrix} q_{11} & q_{12} \\ q_{21} & q_{22} \end{bmatrix}, \begin{cases} q_{11} = (K_1^2 - 3\eta)\dfrac{R(t)}{t_{\mathrm{go}}^4} - \eta\dfrac{\dot{R}(t)}{t_{\mathrm{go}}^3} \\ q_{12} = q_{21} = (K_1K_2 - 2K_1 - \eta)\dfrac{R(t)}{t_{\mathrm{go}}^3} - K_1\dfrac{\dot{R}(t)}{t_{\mathrm{go}}^2} \\ q_{22} = (K_2^2 - K_2 - 2K_1)\dfrac{R(t)}{t_{\mathrm{go}}^2} - K_2\dfrac{\dot{R}(t)}{t_{\mathrm{go}}} \end{cases} \tag{7.25}$$

不妨将 $R(t)$ 取为如下的形式：

$$R(t) = 1/t_{\mathrm{go}}^m, m \geqslant 0 \tag{7.26}$$

仅考虑 $\boldsymbol{Q}$ 为对角阵的情况，即矩阵 $\boldsymbol{Q}$ 中的 $q_{12} = q_{21} = 0$，将式（7.26）的 $R(t)$ 代入 q_{12}，得到

$$(K_1K_2 - 2K_1 - \eta)/t_{\mathrm{go}}^{m+3} - K_1m/t_{\mathrm{go}}^{m+3} = 0 \tag{7.27}$$

求解得到

$$\eta = K_1(K_2 - 2 - m) \tag{7.28}$$

同时，η 还需满足条件 $\eta > K_1^2/K_2$，亦即

$$K_1 < K_2(K_2-2-m) \tag{7.29}$$

此时，矩阵 $\boldsymbol{H}_F$、$\boldsymbol{Q}$ 分别为

$$\boldsymbol{H}_F = \lim_{t_{go}\to 0}\boldsymbol{P}(t) = \lim_{t_{go}\to 0}\begin{bmatrix} \dfrac{K_1(K_2-2-m)}{t_{go}^{m+3}} & \dfrac{K_1}{t_{go}^{m+2}} \\ \dfrac{K_1}{t_{go}^{m+2}} & \dfrac{K_2}{t_{go}^{m+1}} \end{bmatrix} \tag{7.30}$$

$$\boldsymbol{Q} = \begin{bmatrix} \dfrac{K_1[K_1-K_2(m+3)+(m+2)(m+3)]}{t_{go}^{m+4}} & 0 \\ 0 & \dfrac{[K_2(K_2-1-m)-2K_1]}{t_{go}^{m+2}} \end{bmatrix} \tag{7.31}$$

在式（6.35）~式（6.46）中，K_1、K_2 分别为制导律两个状态对应的导航增益。对式（7.13）所示的 TPGL，K_1、K_2 分别为

$$K_1 = (m+2)(n+2), K_2 = (m+n+3) \tag{7.32}$$

联立式（7.26）以及式（7.30）~式（7.32），得到

$$\boldsymbol{H}_F = \lim_{t_{go}\to 0}\begin{bmatrix} \dfrac{(m+2)(n+2)(n+1)}{t_{go}^{m+3}} & \dfrac{(m+2)(n+2)}{t_{go}^{m+2}} \\ \dfrac{(m+2)(n+2)}{t_{go}^{m+2}} & \dfrac{(m+n+3)}{t_{go}^{m+1}} \end{bmatrix} = \begin{bmatrix} \infty & \infty \\ \infty & \infty \end{bmatrix}$$

$$\boldsymbol{Q} = \begin{bmatrix} \dfrac{(m+2)(n+2)(m-n+1)}{t_{go}^{m+4}} & 0 \\ 0 & \dfrac{(n+2)(n-m-1)}{t_{go}^{m+2}} \end{bmatrix}$$

$$R = \frac{1}{t_{go}^{m}} \tag{7.33}$$

因此，根据式（7.22）所示的系统模型及指定的终端约束，基于性能指标函数式（7.23），其中矩阵函数 $\boldsymbol{H}_F$、$\boldsymbol{Q}$、R 的表达式如式（7.33）所示，运用二次型最优控制理论，同样可得最优制导律 TPGL，即

$$a_M(t) = -\frac{(m+2)(n+2)}{t_{go}^2}y(t) - \frac{(m+n+3)}{t_{go}}v(t) \tag{7.34}$$

由此可见，尽管 TPGL 是根据式（7.5）的假设推导得到的，最终的 TPGL 也是一种终端多约束最优制导律［性能指标为式（7.23）和式（7.33）所示］。

7.3.2 TPGL 闭环弹道的解析解

在终端弹目视线坐标系下，联立式（7.1）和式（7.13），得到

$$\ddot{y}+\frac{(m+n+3)}{t_{go}}\dot{y}+\frac{(m+2)(n+2)}{t_{go}^2}y=0 \tag{7.35}$$

式（7.35）为变系数的柯西－欧拉方程（Cauchy－Euler equation）。令 $\zeta=\ln(t_{go})$，则有

$$\frac{d\zeta}{dt}=\frac{-1}{(t_F-t)}=\frac{-1}{t_{go}},\frac{dt}{d\zeta}=-e^{\zeta} \tag{7.36}$$

$$\frac{dy}{d\zeta}=\frac{dy}{dt}\frac{dt}{d\zeta}=\dot{y}(-e^{\zeta})\Rightarrow\dot{y}=\frac{-1}{e^{\zeta}}\frac{dy}{d\zeta} \tag{7.37}$$

$$\ddot{y}=\frac{d\dot{y}}{dt}=\frac{d\dot{y}}{d\zeta}\frac{d\zeta}{dt}\Rightarrow\ddot{y}=\frac{1}{e^{\zeta}}\frac{1}{t_{go}}\left(\frac{d^2y}{d\zeta^2}-\frac{dy}{d\zeta}\right) \tag{7.38}$$

将式（5.26）~式（5.28）的结果代入式（7.35）中，式（7.35）可转换为常系数的形式

$$\frac{d^2y}{dx^2}-(m+n+4)\frac{dy}{dx}+(m+2)(n+2)y=0 \tag{7.39}$$

再令 $y=e^{\lambda\zeta}$，则$\frac{dy}{d\zeta}=\lambda e^{\lambda\zeta}$、$\frac{d^2y}{d\zeta^2}=\lambda^2e^{\lambda\zeta}$，代入式（7.39），得到

$$\lambda^2-(m+n+4)\lambda+(m+2)(n+2)=0 \tag{7.40}$$

式（7.40）的两根为

$$\lambda_1=n+2,\quad \lambda_2=m+2 \tag{7.41}$$

根据 $y=e^{\lambda\zeta}$和 $\zeta=\ln(t_{go})$，得到 $y=t_{go}^{\lambda}$，式（7.35）的解为

$$y(t)=C_1t_{go}^{n+2}+C_2t_{go}^{m+2} \tag{7.42}$$

进一步，得到

$$v(t)=-C_1(n+2)t_{go}^{n+1}-C_2(m+2)t_{go}^{m+1} \tag{7.43}$$

$$a_M(t)=C_1(n+2)(n+1)t_{go}^{n}+C_2(m+2)(m+1)t_{go}^{m} \tag{7.44}$$

根据 t_0 时刻的初值 y_0、v_0，求解 C_1、C_2 得到

$$C_1=\frac{(m+2)y_0+(t_F-t_0)v_0}{(m-n)(t_F-t_0)^{n+2}},C_2=\frac{(n+2)y_0+(t_F-t_0)v_0}{(n-m)(t_F-t_0)^{m+2}} \tag{7.45}$$

从式（7.44）可以看出，只要 $n>m>0$，则制导指令在终端时刻（$t_{go}=0$）处均收敛到零。

7.3.3 TPGL 的内涵

由前面的分析内容可以看出，通过选取不同的导航增益（$n>m\geqslant0$），可

以使 TPGL 涵盖 COIACGL、EOIACGL。但相比 EOIACGL，TPGL 的导航增益由两个参数（n，m）决定，具有更大的导航增益选取余度。简单地说，TPGL 将 EOIACGL 的导航增益确定形式由单参数函数扩展为双参数函数，某种程度上 TPGL 可理解为 EOIACGL 的衍生型，是一种角度控制制导律的变通形式。

7.4 总结与拓展阅读

本章在假设目标是固定或慢速移动的情况下，不考虑制导动力学，给读者介绍了一种基于 time - to - go 多项式的制导律形式，并对 TPGL 的具体表达式进行了详细推导。重点对 TPGL 的最优性、闭环弹道解析解、加速度指令等基本理论特性进行了研究和阐述。特别强调的是，多项式制导并非作者的创新，文献［1-3］首次提出了多项式制导的概念，并做了大量开创性工作，本章的主要内容也是以文献［1-3］为基础，介绍多项式制导的基础工作。这部分内容单独成章，一方面作者认为值得介绍给读者，另一方面也是为了尽量保证本书内容的完整性。

基于 time - to - go 多项式的制导律在表现形式上有一定的新颖性，最终等价的制导律与读者已熟知的终端角度控制最优制导律并无本质区别，尽管如此，作者依然认为值得介绍给读者，或许对促进新型制导律的研究大有裨益。关于这类多项式制导的文献，读者可详细研读文献［1-3］以及文献［4-7］，可能别有收获。

本章参考文献

[1] LEE C H, KIM T H, TAHK M J, et al. Polynomial guidance laws considering terminal impact angle and acceleration constraints [J]. IEEE transactions on aerospace and electronic systems, 2013, 49 (1): 74-92.

[2] KIM T H, LEE C H, TAHK M J. Time - to - go polynomial guidance with trajectory modulation for observability enhancement [J]. IEEE transactions on aerospace and electronic systems, 2013, 49 (1): 55-73.

[3] KIM T H, LEE C H, JEON I S, et al. Augmented polynomial guidance with impact time and angle constraints [J]. IEEE transactions on aerospace and electronic systems, 2013, 49 (4): 2806-2817.

[4] JEON I S, LEE J I. Impact - time - control guidance law with constraints on seeker look angle [J]. IEEE transactions on aerospace and electronic systems,

2017, 53 (5): 2621 -2627.

[5] KANG S, TEKIN R, HOLZAPFEL F. Generalized impact time and angle control via look - angle shaping [J]. Journal of guidance, control, and dynamics, 2019, 42 (3): 695 -702.

[6] TEKIN R, ERER K S. Impact time and angle control against moving targets with look angle shaping [J]. Journal of guidance, control, and dynamics, 2020, 43 (5): 1020 -1025.

[7] 王亚宁, 王辉, 林德福, 等. 基于虚拟视角约束的机动目标拦截制导方法 [J]. 航空学报, 2021, 42 (X): 324799.

第8章

基于 range - to - go 的线性/非线性最优制导律

8.1 引　言

在前面的章节中，所有的最优制导律均是基于剩余飞行时间的幂函数所得到的，且在角度控制最优制导律中显性地包含 time - to - go 变量。因此，在一定意义上，time - to - go 信息是制导律工程应用的必备条件。然而，time - to - go 信息并不总是能准确获取的，且能否获取与导弹系统硬件设备密切相关。

对主动雷达制导系统，导弹 - 目标的当前剩余距离（range - to - go）是实时可测的，结合导弹当前的飞行速度，可以实时计算得到命中目标所需的 time - to - go 信息。在此过程中，range - to - go 是直接量测量，time - to - go 是二次计算量，time - to - go 的准确程度依赖于导弹的飞行速度和飞行弹道曲率；速度变化量越小、弹道越平直，则最终计算得到的 time - to - go 越准确，在工程应用中，一般也假设弹道末端的导弹速度是近似的常值、弹道是平直的；然而，对具有终端攻击角度约束的飞行任务，为达到终端期望的大落角，弹道往往具有较大的曲率，且速度变化较大，这大大降低了 time - to - go 的解算精度。尽管在一定的简化假设条件下，也可以在曲线弹道的闭环解基础上进行 time - to - go 求解，进而降低弹道曲率对 time - to - go 解算精度的影响，但由速度变化引起的 time - to - go 解算误差则依然存在。对单纯的被动雷达制导系统或红外制导系统，range - to - go 信息难以直接测量得到，一种方法是借助附加的测距设备来直接测量 range - to - go 信息，另一种方法是借助辅助的在线几何算法或在线滤波算法来间接地解算实时的 range - to - go 信息，但这种间接的解算方法求得的 range - to - go 精度很难保证，因此准确的 time - to - go 信息也就更难获取。

上面的分析表明，time - to - go 是基于 range - to - go 信息二次求解的结果，time - to - go 的准确程度首要取决于 range - to - go 信息的准确程度。从控制的角度来说，只有可直接量测的量才是可信的。因此，在最优制导律中，若能用 range - to - go 信息代替 time - to - go 信息，且制导律的形式变动不大，则制导律的工程实用性能得到很大程度的加强[1-3]。

本章对引入 range - to - go 的线性/非线性最优制导律的基本理论进行阐述。

8.2 基于 range - to - go 的非线性/线性比例导引理论研究

8.2.1 用 range - to - go 表示的弹目几何关系

用 range - to - go 表示的弹目几何关系如图 8.1 所示。图中，$r_{go}=r-r_F$，表示 range - to - go，其中，r 表示当前弹目距离，r_F 表示命中目标时刻的弹目距离，当 $r_F=0$ 时（r_F 一般为 0，但对某些安装有近炸引信的导弹来说，r_F 通常具有一定的数值范围，并不严格为 0），$r_{go}=r$；LOS 表示当前弹目视线。

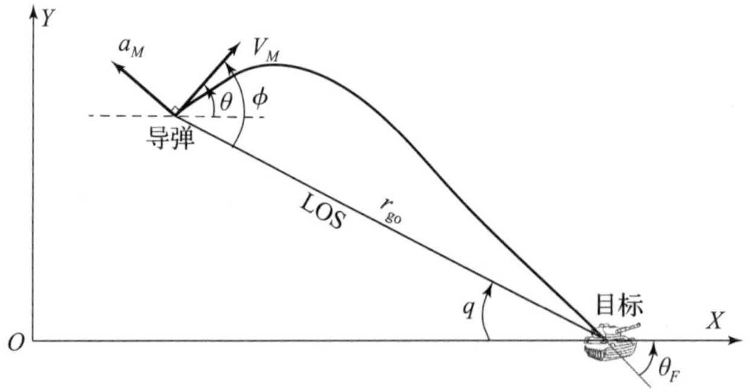

图 8.1　用 range - to - go 表示的弹目几何关系

假设导弹速度为恒定的常值且目标是静止的，则可建立如下的关系方程：

$$\dot{r}_{go}=-V_M\cos(\theta-q) \tag{8.1}$$

$$r_{go}\dot{q}=-V_M\sin(\theta-q) \tag{8.2}$$

$$\dot{\theta}=a_M/V_M \tag{8.3}$$

引入视角（look angle 或 field of view）概念，定义速度矢量方向和 LOS 之间的夹角为 $\phi=\theta-q$，且 $-\pi/2<\phi<\pi/2$，则式（8.1）~式（8.3）可改写为

$$\dot{r}_{go}=-V_M\cos\phi \tag{8.4}$$

$$\dot{\delta}=\dot{\theta}-\dot{q}=\frac{a_M}{V_M}+\frac{V_M}{r_{go}}\sin\phi \tag{8.5}$$

为了拦截目标，在终端时刻 t_F 处的 r_{go} 应该为 0；同时，指向角 ϕ 在 r_{go} 减小到 0 时也趋近于 0，因此，有如下边界条件：

$$\lim_{t \to t_F < \infty} r_{go} = 0 \tag{8.6}$$

$$\lim_{r_{go} \to 0} \phi = 0 \tag{8.7}$$

如果在时间 $t \in [t_0, t_F]$ 范围内 $-\pi/2 < \phi < \pi/2$，则从式（8.4）可以看出，r_{go} 是随时间严格递减的。用式（8.5）除以式（8.4），将独立变量由 t 变为 r_{go}，得到非线性微分方程

$$\frac{\mathrm{d}\phi}{\mathrm{d}r_{go}} = -\frac{a_M}{V_M^2 \cos\phi} - \frac{1}{r_{go}} \frac{\sin\phi}{\cos\phi} \tag{8.8}$$

考虑如下形式的目标函数[1]：

$$J = \frac{1}{2} \int_0^{r_0} w(r_{go}) a_M^2(r_{go}) \mathrm{d}r_{go} \tag{8.9}$$

式中，$w > 0$ 为控制权函数；r_0 为初始弹目斜距。

8.2.2　非线性最优解

对式（8.8）两边同时乘以 $\cos\phi$，整理后得到

$$\frac{\mathrm{d}\sin\phi}{\mathrm{d}r_{go}} = -\frac{a_M}{V_M^2} - \frac{1}{r_{go}} \sin\phi \tag{8.10}$$

定义一个新变量 $\eta = \sin\phi$，得到

$$\frac{\mathrm{d}\eta}{\mathrm{d}r_{go}} = -\frac{a_M}{V_M^2} - \frac{\eta}{r_{go}} \tag{8.11}$$

此时，式（8.7）的终端条件可表示为 $\eta_f = \eta(0) = 0$。Hamiltonian 函数取为如下形式

$$H = \frac{w(r_{go}) a_M^2}{2} + \lambda_\eta \left(-\frac{a_M}{V_M^2} - \frac{\eta}{r_{go}} \right) \tag{8.12}$$

利用 Pontryagin 极小值原理，伴随方程可写为

$$H_\eta = \frac{\partial H}{\partial \eta} = -\dot{\lambda}_\eta = -\frac{\mathrm{d}\lambda_\eta}{\mathrm{d}r_{go}} \Rightarrow \frac{\mathrm{d}\lambda_\eta}{\mathrm{d}r_{go}} = \frac{\lambda_\eta}{r_{go}} \tag{8.13}$$

由于 $\eta_F = 0$，因此 λ_η 的边界条件为 $\lambda_{\eta F} = 0$。求解式（8.13），得到

$$\frac{\mathrm{d}\lambda_\eta}{\lambda_\eta} = \frac{\mathrm{d}r_{go}}{r_{go}} \Rightarrow \int \frac{\mathrm{d}\lambda_\eta}{\lambda_\eta} = \int \frac{\mathrm{d}r_{go}}{r_{go}} + C' \Rightarrow \ln(\lambda_\eta) = \ln(r_{go}) + C' \Rightarrow \ln\left(\frac{\lambda_\eta}{r_{go}}\right) = C' \tag{8.14}$$

整理后得到

$$\lambda_\eta = e^{C'} r_{go} = v_\eta r_{go} \tag{8.15}$$

其中，v_η 是待确定的常数。式（8.12）两边对 a_M 求导，得到如下控制方程：

$$H_a = \frac{\partial H}{\partial a_M} = w(r_{go})a_M - \frac{\lambda_\eta}{V_M^2} = 0 \tag{8.16}$$

进而得到

$$a_M(r_{go}) = \frac{\lambda_\eta}{V_M^2}\frac{1}{w(r_{go})} = \frac{v_\eta}{V_M^2}\frac{r_{go}}{w(r_{go})} \tag{8.17}$$

将式（8.16）代入式（8.11），得到

$$\frac{\mathrm{d}\eta}{\mathrm{d}r_{go}} + \frac{\eta}{r_{go}} = -\frac{v_\eta}{V_M^4}\frac{r_{go}}{w(r_{go})} \tag{8.18}$$

式（8.17）为标准的一阶线性非齐次微分方程，求解得到

$$\eta = \frac{C}{r_{go}} - \frac{1}{r_{go}}\frac{v_\eta}{V_M^4}\int_0^{r_{go}}\frac{x^2}{w(x)}\mathrm{d}x \tag{8.19}$$

其中，常值 C 由初始值 $\eta(r_0)=\eta_0$ 决定，容易得到

$$\eta_0 = \frac{C}{r_0} - \frac{v_\eta}{V_M^4}\frac{1}{r_0}\int_0^{r_0}\frac{x^2}{w(x)}\mathrm{d}x \Rightarrow C = \eta_0 r_0 + \frac{v_\eta}{V_M^4}\int_0^{r_0}\frac{x^2}{w(x)}\mathrm{d}x \tag{8.20}$$

再将式（8.20）代入式（8.19），得到 η 的最终表达式

$$\eta = \eta_0\frac{r_0}{r_{go}} + \frac{1}{r_{go}}\frac{v_\eta}{V_M^4}\left(\int_0^{r_0}\frac{x^2}{w(x)}\mathrm{d}x - \int_0^{r_{go}}\frac{x^2}{w(x)}\mathrm{d}x\right) \tag{8.21}$$

通过末端条件 $\eta_F=0$（此时 r_{go} 也为 0），可得常量 v_η 的值，即

$$0 = \eta_0 r_0 + \frac{v_\eta}{V_M^4}\int_0^{r_0}\frac{x^2}{w(x)}\mathrm{d}x \Rightarrow v_\eta = -\frac{V_M^4 r_0\eta_0}{\int_0^{r_0}\frac{x^2}{w(x)}\mathrm{d}x} \tag{8.22}$$

将式（8.22）代入式（8.17），得到开环的最优控制解为

$$a_M(r_{go}) = -\frac{V_M^2 r_0\eta_0}{\int_0^{r_0}\frac{x^2}{w(x)}\mathrm{d}x}\frac{r_{go}}{w(r_{go})} \tag{8.23}$$

为了使控制在 $r_{go}\to 0$ 时不发散，我们要求

$$\lim_{r_{go}\to 0}\frac{r_{go}}{w(r_{go})} < \infty \tag{8.24}$$

在真实的导弹系统中，更希望要求的控制指令趋近于 0 以使导弹能有额外的控制能力来应付未知的终端扰动，因此，式（8.24）需改为如下更期望的形式：

$$\lim_{r_{go}\to 0}\frac{r_{go}}{w(r_{go})} = 0 \tag{8.25}$$

将式（8.23）中的初始状态 r_0、η_0 替换为当前状态 r_{go} 和 η，则得到闭环

形式的最优控制解，如下所示：

$$a_M(r_{go},\eta) = -\frac{V_M^2\eta}{\int_0^{r_{go}}\frac{x^2}{w(x)}\mathrm{d}x}\frac{r_{go}^2}{w(r_{go})} \tag{8.26}$$

或

$$a_M(r_{go},\delta) = -\frac{V_M^2\sin\delta}{\int_0^{r_{go}}\frac{x^2}{w(x)}\mathrm{d}x}\frac{r_{go}^2}{w(r_{go})} \tag{8.27}$$

将式（8.22）代入式（8.21），得到

$$\eta = \eta_0\frac{r_0}{r_{go}}\left(\frac{\int_0^{r_{go}}\frac{x^2}{w(x)}\mathrm{d}x}{\int_0^{r_0}\frac{x^2}{w(x)}\mathrm{d}x}\right) = \eta_0\left(\frac{r_0}{\int_0^{r_0}\frac{x^2}{w(x)}\mathrm{d}x}\right)\left(\frac{\int_0^{r_{go}}\frac{x^2}{w(x)}\mathrm{d}x}{r_{go}}\right) \tag{8.28}$$

从式（8.28）可以看出，为了满足式（8.7）的终端限制条件，要求

$$\lim_{r_{go}\to 0}\frac{1}{r_{go}}\int_0^{r_{go}}\frac{x^2}{w(x)}\mathrm{d}x = 0 \tag{8.29}$$

若式（8.24）或式（8.25）成立，根据极限定理的洛必达法则，则式（8.29）也必然成立。

下面讨论使导弹在弹目交会过程中满足 r_{go} 严格递减所需的初始条件。将式（8.27）代入式（8.5）中，得到

$$\dot\phi(t) = -\frac{V_M}{r_{go}}\sin\phi\left(\frac{1}{\int_0^{r_{go}}\frac{x^2}{w(x)}\mathrm{d}x}\frac{r_{go}^3}{w(r_{go})} - 1\right) \tag{8.30}$$

注意，在 $r_{go}\neq 0$ 时，如果

$$w(r_{go})\int_0^{r_{go}}\frac{x^2}{w(x)}\mathrm{d}x < r_{go}^3 \tag{8.31}$$

则 $\phi\dot\phi<0$，这暗示 $\mathrm{d}|\phi(t)|\mathrm{d}t\leqslant 0$；这样，如果 $-\pi/2<\phi_0<\pi/2$，则

$$-\frac{\pi}{2}<\phi(t)\leqslant\phi_0<\frac{\pi}{2},\quad \text{for}\quad t\in[t,t_F] \tag{8.32}$$

再结合式（8.4）可以看出，在制导时间范围内，如果 $-\pi/2<\phi_0<\pi/2$，则 r_{go} 是随时间严格递减的。

因此，对满足式（8.22）［或式（8.23）］和式（8.29）的正定的控制权函数 $w(r_{go})$，式（8.27）的解是在 $-\pi/2<\phi_0<\pi/2$ 的条件下使性能指标式（8.9）最小的最优制导律。需注意的是，式（8.27）在推导过程中的直接终端约束是 $\eta_F=0$，其物理意义是在 $r_{go}=0$ 的同时 δ 角也为 0，本质上，该终端约束等价于导弹的终端位置约束。由于在推导过程中并没有指定性能指标中

控制权函数的具体形式，也没有小角度假设，因此，式（8.27）可以理解为具有终端位置约束的非线性最优制导律的通用表达式。

8.2.3 导航系数随 range－to－go 变化的比例导引

重新整理式（8.27），得到

$$a_M(r_{go},\phi)=\left(\frac{r_{go}^3}{w(r_{go})\int_0^{r_{go}}\frac{x^2}{w(x)}dx}\right)V_M\left(-\frac{V_M\sin\phi}{r_{go}}\right)=G(r_{go})V_M\left(-\frac{V_M\sin\phi}{r_{go}}\right) \tag{8.33}$$

其中增益函数 $G(r_{go})$ 定义为

$$G(r_{go})=\frac{r_{go}^3}{w(r_{go})\int_0^{r_{go}}\frac{x^2}{w(x)}\mathrm{d}x} \tag{8.34}$$

联立式（8.2）和式（8.33），得到

$$a_M(r_{go},\dot{q})=G(r_{go})V_M\dot{q}(t) \tag{8.35}$$

需强调的是，式（8.35）就是导航系数随 range－to－go 变化的比例导引。将式（8.34）写成控制权函数的形式，有

$$\int_0^{r_{go}}\frac{x^2}{w(x)}\mathrm{d}x=\frac{r_{go}^3}{G(r_{go})w(r_{go})} \tag{8.36}$$

为了方便，定义

$$P(r_{go})=\frac{r_{go}^2}{w(r_{go})},Q(r_{go})=\frac{r_{go}}{G(r_{go})} \tag{8.37}$$

将方程（8.36）的微分方程写为如下形式

$$\int_0^{r_{go}}\frac{x^2}{w(x)}\mathrm{d}x-\frac{r_{go}}{G(r_{go})}\frac{r_{go}^2}{w(r_{go})}=0\Rightarrow\frac{r_{go}^2}{w(r_{go})}-\frac{1}{\left(\dfrac{G(r_{go})}{r_{go}}\right)}\int_0^{r_{go}}\frac{x^2}{w(x)}\mathrm{d}x=0 \tag{8.38}$$

即

$$\frac{\mathrm{d}z}{\mathrm{d}r_{go}}-\frac{1}{Q}z=0 \tag{8.39}$$

其中

$$z=\int_0^{r_{go}}\frac{x^2}{w(x)}\mathrm{d}x=\int_0^{r_{go}}P(x)\mathrm{d}x \tag{8.40}$$

式（8.39）为标准的一阶线性齐次微分方程，其解为

$$z=Ce^{\int(1/Q)\mathrm{d}r_{go}} \tag{8.41}$$

其中，C 为与初值相关的常系数。

将式（8.37）和式（8.40）代入式（8.41）中，得到

$$\int_0^{r_{go}} P(x)\,\mathrm{d}x = Ce^{\int (G(r_{go})/r_{go})\mathrm{d}r_{go}} \tag{8.42}$$

将式（8.42）两边同时以 r_{go} 为变量进行微分，得到

$$P(r_{go}) = \frac{G(r_{go})}{r_{go}} Ce^{\int (G(r_{go})/r_{go})\mathrm{d}r_{go}} \tag{8.43}$$

将式（8.37）代入式（8.43）中，重归纳整理，控制权函数可以表示成如下形式：

$$w(r_{go}) = \frac{r_{go}^3}{G(r_{go})C} e^{-\int (G(r_{go})/r_{go})\mathrm{d}r_{go}} \tag{8.44}$$

由式（8.44）可以看出，由于 $G(r_{go})$、$w(r_{go})$ 等都是正定函数，因此，常数 C 也必然为正。式（8.24）、式（8.25）的条件可重写成以 $G(r_{go})$ 表示的形式，即

$$\lim_{r_{go}\to 0} C \frac{G(r_{go})}{r_{go}^2} e^{\int (G(r_{go})/r_{go})\mathrm{d}r_{go}} < \infty \tag{8.45}$$

$$\lim_{r_{go}\to 0} C \frac{G(r_{go})}{r_{go}^2} e^{\int (G(r_{go})/r_{go})\mathrm{d}r_{go}} = 0 \tag{8.46}$$

此时，式（8.31）的条件可以表示成如下的简单形式：

$$G(r_{go}) > 1 \tag{8.47}$$

从比例导引的角度，本节内容可总结如下：初始条件满足 $-\pi/2 < \phi_0 < \pi/2$，增益传函 $G(r_{go})$ 满足式（8.45）［或式（8.46）］和式（8.47），式（8.35）所示的导航系数随 range - to - go 变化的比例导引是一种最优反馈制导律，它使以式（8.44）所示的控制权函数表示的性能指标式（8.9）最小[1]。

8.2.4　导航系数固定的比例导引

如果增益函数 $G(r_{go})$ 为常值 N，即 $G(r_{go}) = N$，这样式（8.35）可以表示为

$$a_M = NV_M\dot{q}(t) \tag{8.48}$$

从式（8.42）可知，控制权函数可以表示为

$$w(r_{go}) = \frac{r_{go}^3}{CN} e^{-\int (N/r_{go})\mathrm{d}r_{go}} = \frac{1}{CN} r_{go}^{3-N} \tag{8.49}$$

值得一提的是，上述控制权函数是 r_{go} 的幂函数形式。更进一步，基于非线性最优结果的常系数比例导引的最优性可表述如下：对所有交会初始条件

如 $-\pi/2<\phi_0<\pi/2$，比例导引是使性能指标式（8.9）最小的最优反馈制导律，性能指标中的控制权函数可表示成如下形式：

$$J=\frac{CN}{2}\int_0^{r_0}\frac{a_M^2(r_{go})}{r_{go}^{N-3}}\mathrm{d}r_{go} \tag{8.50}$$

若 $C=1/N$，则

$$J=\frac{1}{2}\int_0^{r_0}\frac{a_M^2(r_{go})}{r_{go}^{N-3}}\mathrm{d}r_{go} \tag{8.51}$$

注意，根据式（8.51），式（8.45）、式（8.46）的条件退化为如下形式：

$$\lim_{r_{go}\to 0}C\frac{N}{r_{go}^2}e^{\int(N/r_{go})\mathrm{d}r_{go}}=\lim_{r_{go}\to 0}CNr_{go}^{N-2}<\infty \tag{8.52}$$

$$\lim_{r_{go}\to 0}C\frac{N}{r_{go}^2}e^{\int(N/r_{go})\mathrm{d}r_{go}}=\lim_{r_{go}\to 0}CNr_{go}^{N-2}=0 \tag{8.53}$$

为了使式（8.52）和式（8.53）成立，分别要求 $N\geqslant 2$ 和 $N>2$，这个针对导航系数的要求对比例导引的收敛性是已知的。

在线性假设下，若目标是静止的，则可认为 $r_{go}=V_Mt_{go}$，此时，式（8.51）退化为

$$J=\frac{1}{2}\int_{t_0}^{t_F}\frac{a_M^2(t)}{t_{go}^{N-3}}\mathrm{d}t \tag{8.54}$$

若仅约束终端位置，则对应的最优制导律（比例导引）为

$$a_M(t)=\frac{N}{t_{go}^2}(ZEM)\approx NV_M\dot{q}(t) \tag{8.55}$$

将式（8.49）和 $\eta_0=\sin\phi_0$、$\eta=\sin\phi$ 代入式（8.26）中，得到

$$\sin\phi=\sin\phi_0\left(\frac{r_0}{\int_0^{r_0}\frac{x^2}{x^{3-N}}\mathrm{d}x}\right)\left(\frac{\int_0^{r_{go}}\frac{x^2}{x^{3-N}}\mathrm{d}x}{r_{go}}\right)=\left(\frac{r_{go}}{r_0}\right)^{N-1}\sin\phi_0 \tag{8.56}$$

式（8.56）表明，若 $\phi_0\neq 0$，只有 $r_{go}=0$ 时 ϕ 才为0；换言之，只有在非零初始条件下的交会末端，速度指向角 ϕ 才为0，否则 ϕ 不为0。

从式（8.30）可以得到视角 ϕ 对时间的微分表达式

$$\dot{\phi}(t)=-\frac{V_M}{r_{go}}\sin\phi\left(\frac{1}{\int_0^{r_{go}}\frac{x^2}{r_{go}^{3-N}}\mathrm{d}x}\frac{r_{go}^3}{r_{go}^{3-N}}-1\right)=-\frac{V_M}{r_{go}}(N-1)\sin\phi \tag{8.57}$$

再将式（8.56）的结果代入式（8.57），得到

$$\dot{\phi}(t)=-V_M(N-1)\left(\frac{r_{go}}{r_0}\right)^{N-2}\left(\frac{1}{r_0}\right)\sin\phi_0 \tag{8.58}$$

结合式（8.56）的分析结果，由式（8.58）可以看出，如果 $N=2$，则当

$r_{go}\to 0$ 时（注意，在 $N=2$ 且 $r_{go}\to 0$ 时，$0^0=1$），$\phi(t)\to 0$ 且 $\dot{\phi}(t)=-\dfrac{V_M}{r_0}\sin\phi_0=\dot{q}_0$，$\dot{\phi}(t)$ 为常值；若 $N>2$，则当 $r_{go}\to 0$ 时，$\phi(t)\to 0$、$\dot{\phi}(t)\to 0$。

8.2.5　比例导引制导鲁棒性来源的理论解释

从本节的阐述内容可以看出，在严格非线性条件下，在仅有终端位置约束时的最优制导律依然是比例导引，且表现形式与传统的比例导引近乎一致，区别仅在于导航系数的表达式不同。观察式（8.35）和式（8.48）可以看出，即使是小角度线性化假设条件下得出的比例导引，也具备与非线性最优条件下得出的比例引导一样的三要素：导航系数、导弹速度（弹目相对速度）、弹目视线角速率。相比于小角度线性化假设，严格非线性因素已经体现在导航系数、弹目视线角速率中，这或许就是传统的比例导引在工程上好用、鲁棒性强的内在理论支撑。

本节的思想来源和部分阐述内容源自文献［1］，在此特别说明。

8.3　基于 range - to - go 的角度控制最优制导律理论研究

8.3.1　弹目几何关系简述

根据图 8.1 所示的弹目几何关系示意图，有如下的关系式：

$$\begin{aligned}\frac{\mathrm{d}r_{go}}{\mathrm{d}t}&=-V_M\cos\phi\\ \frac{\mathrm{d}q}{\mathrm{d}t}&=-\frac{V_M}{r_{go}}\sin\phi\end{aligned}\tag{8.59}$$

$$\begin{aligned}\frac{\mathrm{d}\theta}{\mathrm{d}t}&=\frac{a_M}{V_M}\\ \frac{\mathrm{d}\phi}{\mathrm{d}t}&=\frac{\mathrm{d}\theta}{\mathrm{d}t}-\frac{\mathrm{d}q}{\mathrm{d}t}=\frac{a_M}{V_M}+\frac{V_M\sin\phi}{r_{go}}\end{aligned}\tag{8.60}$$

由于 $r_{go}=r-r_F$，令 $r_F\to 0$，则 $r_{go}=r$，为便于推导和表述，将式（8.59）~式（8.60）改写为

$$\begin{aligned}\frac{\mathrm{d}r}{\mathrm{d}t}&=-V_M\cos\phi\\ \frac{\mathrm{d}q}{\mathrm{d}t}&=-\frac{V_M}{r}\sin\phi\end{aligned}\tag{8.61}$$

$$\frac{\mathrm{d}\theta}{\mathrm{d}t}=\frac{a_M}{V_M}$$
$$\frac{\mathrm{d}\phi}{\mathrm{d}t}=\frac{\mathrm{d}\theta}{\mathrm{d}t}-\frac{\mathrm{d}q}{\mathrm{d}t}=\frac{a_M}{V_M}+\frac{V_M\sin\phi}{r} \tag{8.62}$$

用式（8.62）除以式（8.61）中的第一式，得到以当前弹目距离 r 表示的微分方程，如下所示：

$$\frac{\mathrm{d}\phi}{\mathrm{d}r}=-\frac{a_M}{V_M^2\cos\phi}-\frac{1}{r}\frac{\sin\phi}{\cos\phi}$$
$$\frac{\mathrm{d}\theta}{\mathrm{d}r}=-\frac{a_M}{V_M^2\cos\phi} \tag{8.63}$$

式（8.63）等价于

$$\frac{\mathrm{d}\sin\phi}{\mathrm{d}r}=-\frac{a_M}{V_M^2}-\frac{1}{r}\sin\phi$$
$$\frac{\mathrm{d}\theta}{\mathrm{d}r}=-\frac{a_M}{V_M^2\cos\phi} \tag{8.64}$$

8.3.2 基于线性二次型最优控制解的角度控制最优制导律理论推导

假设 ϕ 为小角，线性化后得到

$$\frac{\mathrm{d}\phi}{\mathrm{d}r}=-\frac{a_M}{V_M^2}-\frac{1}{r}\phi$$
$$\frac{\mathrm{d}\theta}{\mathrm{d}r}=-\frac{a_M}{V_M^2} \tag{8.65}$$

表示成矩阵的形式：

$$\begin{bmatrix}\dfrac{\mathrm{d}\phi}{\mathrm{d}r}\\ \dfrac{\mathrm{d}\theta}{\mathrm{d}r}\end{bmatrix}=\begin{bmatrix}-\dfrac{1}{r} & 0\\ 0 & 0\end{bmatrix}\begin{bmatrix}\phi\\ \theta\end{bmatrix}+\begin{bmatrix}-\dfrac{1}{V_M^2}\\ -\dfrac{1}{V_M^2}\end{bmatrix}a_M,\boldsymbol{x}=\begin{bmatrix}\phi\\ \theta\end{bmatrix},\boldsymbol{A}=\begin{bmatrix}-\dfrac{1}{r} & 0\\ 0 & 0\end{bmatrix},\boldsymbol{B}=\begin{bmatrix}-\dfrac{1}{V_M^2}\\ -\dfrac{1}{V_M^2}\end{bmatrix} \tag{8.66}$$

以 r_0、r_F 表示的边界条件如下：

$$\phi(r_0)=\phi_0,\theta(r_0)=\theta_0$$
$$\phi(r_F)=\phi_F,\theta(r_F)=\theta_F \tag{8.67}$$

将边界条件表示成矩阵的形式：

$$\boldsymbol{D}\boldsymbol{x}(r_F)=\boldsymbol{\psi} \tag{8.68}$$

其中

$$\boldsymbol{D}=\begin{bmatrix}1 & 0\\0 & 1\end{bmatrix},\boldsymbol{\psi}=\begin{bmatrix}\phi_F\\\theta_F\end{bmatrix} \tag{8.69}$$

性能指标函数定义为

$$J=\frac{1}{2}\int_{r_0}^{r_F}\frac{a_M^2}{(r_F-r)^n}\mathrm{d}r,n\geqslant 0 \tag{8.70}$$

根据线性二次型最优控制理论，上述问题的最优解为

$$a_M(r)=R^{-1}\boldsymbol{B}^{\mathrm{T}}\boldsymbol{F}\boldsymbol{G}^{-1}[\boldsymbol{F}^{\mathrm{T}}(r)\boldsymbol{x}(r)-\boldsymbol{\psi}] \tag{8.71}$$

其中

$$\dot{\boldsymbol{F}}+\boldsymbol{A}^{\mathrm{T}}\boldsymbol{F}=\boldsymbol{0},\ \boldsymbol{F}^{\mathrm{T}}(r_F)=\boldsymbol{D} \tag{8.72}$$

$$\dot{\boldsymbol{G}}=\boldsymbol{F}^{\mathrm{T}}\boldsymbol{B}R^{-1}\boldsymbol{B}^{\mathrm{T}}\boldsymbol{F},\boldsymbol{G}(r_F)=0 \tag{8.73}$$

令

$$\begin{bmatrix}\dot f_{11}(r) & \dot f_{12}(r)\\\dot f_{21}(r) & \dot f_{22}(r)\end{bmatrix}=-\begin{bmatrix}-\dfrac{1}{r} & 0\\0 & 0\end{bmatrix}\begin{bmatrix}f_{11}(r) & f_{12}(r)\\f_{21}(r) & f_{22}(r)\end{bmatrix},\begin{bmatrix}f_{11}(r_F) & f_{12}(r_F)\\f_{21}(r_F) & f_{22}(r_F)\end{bmatrix}=\begin{bmatrix}1 & 0\\0 & 1\end{bmatrix} \tag{8.74}$$

求解得到

$$\begin{bmatrix}f_{11}(r) & f_{12}(r)\\f_{21}(r) & f_{22}(r)\end{bmatrix}=\begin{bmatrix}\dfrac{r}{r_F} & 0\\0 & 1\end{bmatrix} \tag{8.75}$$

根据式（8.73），得到

$$\begin{bmatrix}\dot g_{11}(r) & \dot g_{12}(r)\\\dot g_{21}(r) & \dot g_{22}(r)\end{bmatrix}=\frac{(r_F-r)^n}{V_M^4}\begin{bmatrix}\left(\dfrac{r}{r_F}\right)^2 & \dfrac{r}{r_F}\\\dfrac{r}{r_F} & 1\end{bmatrix}=\frac{r_F^n}{V_M^4}\begin{bmatrix}\left(1-\dfrac{r}{r_F}\right)^n\dfrac{r^2}{r_F^2} & \left(1-\dfrac{r}{r_F}\right)^n\dfrac{r}{r_F}\\\left(1-\dfrac{r}{r_F}\right)^n\dfrac{r}{r_F} & \left(1-\dfrac{r}{r_F}\right)^n\end{bmatrix} \tag{8.76}$$

进一步得到

$$\begin{bmatrix}g_{11}(r) & g_{12}(r)\\g_{21}(r) & g_{22}(r)\end{bmatrix}=\frac{r_f^n}{V_M^4}\begin{bmatrix}g'_{11}(r) & g'_{12}(r)\\g'_{21}(r) & g'_{22}(r)\end{bmatrix} \tag{8.77}$$

其中

$$g'_{11}(r)=\left(\frac{-r_F}{n+1}\right)\left[\left(\frac{r}{r_F}\right)^2\left(1-\frac{r}{r_F}\right)^{n+1}+\left(\frac{r}{r_F}\right)\left(\frac{2}{n+2}\right)\left(1-\frac{r}{r_F}\right)^{n+2}+\right.$$
$$\left.\left(\frac{2}{n+2}\right)\left(\frac{1}{n+3}\right)\left(1-\frac{r}{r_F}\right)^{n+3}\right]$$

$$g'_{12}(r)=g'_{21}(r)=\left(\frac{-r_f}{n+1}\right)\left[\left(\frac{r}{r_F}\right)\left(1-\frac{r}{r_F}\right)^{n+1}+\left(\frac{1}{n+2}\right)\left(1-\frac{r}{r_F}\right)^{n+2}\right]$$

$$g'_{22}(r)=\left(\frac{-r_F}{n+1}\right)\left(1-\frac{r}{r_F}\right)^{n+1} \tag{8.78}$$

求解 $\boldsymbol{G}^{-1}$得到

$$\boldsymbol{G}^{-1}=\frac{\dfrac{V_M^4}{r_F^n}(n+1)(n+2)^2(n+3)}{r_F^2\left(1-\dfrac{r}{r_F}\right)^{2n+4}}\begin{bmatrix} g'_{22}(r) & -g'_{12}(r) \\ -g'_{21}(r) & g'_{11}(r)\end{bmatrix}$$

$$=-\frac{V_M^4}{r_F^{n+1}}(n+2)^2(n+3)\left(1-\frac{r}{r_F}\right)^{-(n+3)}\times$$

$$\begin{bmatrix} 1 & -\left[\left(\dfrac{r}{r_F}\right)+\left(\dfrac{1}{n+2}\right)\left(1-\dfrac{r}{r_F}\right)\right] \\ -\left[\left(\dfrac{r}{r_F}\right)+\left(\dfrac{1}{n+2}\right)\left(1-\dfrac{r}{r_F}\right)\right] & \begin{gathered}\left\{\left(\dfrac{r}{r_F}\right)^2+\left(\dfrac{r}{r_F}\right)\left(\dfrac{2}{n+2}\right)\left(1-\dfrac{r}{r_F}\right)\right. \\ \left.+\left(\dfrac{2}{n+2}\right)\left(\dfrac{1}{n+3}\right)\left(1-\dfrac{r}{r_F}\right)^2\right\}\end{gathered}\end{bmatrix}$$

根据式（8.71），得到最终的角度控制最优制导律

$$a_M(r)=$$

$$\frac{V_M^2}{r_F}\left(1-\frac{r}{r_F}\right)^{-3}\left\{\begin{aligned}&-(n+2)(n+3)\left(1-\frac{r}{r_F}\right)\left[\left(\frac{r}{r_F}\right)\phi-\delta_F\right]\\&+(n+2)(n+3)\left[\left(\frac{r}{r_F}\right)\left(1-\frac{r}{r_F}\right)+\left(\frac{2}{n+3}\right)\left(1-\frac{r}{r_F}\right)^2\right](\theta-\theta_F)\end{aligned}\right\}$$

$$=\frac{V_M^2}{(r_F-r)^3}\left\{\begin{aligned}&-(n+2)(n+3)(r_F-r)[r\phi-r_F\delta_F]\\&+(n+2)(n+3)\left[r(r_F-r)+\left(\frac{2}{n+3}\right)(r_F-r)^2\right](\theta-\theta_F)\end{aligned}\right\} \tag{8.79}$$

用 r_{go}代替（$r-r_F$），将式（8.79）表示成剩余距离 r_{go}的形式，如下所示：

$$a_M(r_{go})=$$

$$-\frac{V_M^2}{(r-r_F)^3}\left\{\begin{aligned}&(n+2)(n+3)(r-r_F)[(r-r_F)\phi+r_F(\phi-\phi_F)]\\&+(n+2)(n+3)\left[-r_F(r-r_F)-\left(\frac{n+1}{n+3}\right)(r_F-r)^2\right](\theta-\theta_F)\end{aligned}\right\}$$

$$=-\frac{V_M^2}{r_{go}}\left\{(n+2)(n+3)\left[\phi+\frac{r_F}{r_{go}}(\phi-\phi_F)\right]+\right.$$

$$\left.(n+2)(n+3)\left[-\frac{r_F}{r_{go}}-\left(\frac{n+1}{n+3}\right)\right](\theta-\theta_F)\right\} \tag{8.80}$$

在 $r_F \to 0$ 时 $\phi_F \to 0$，则式（8.80）又可表示为

$$a_M(r_{\rm go}) = -\frac{V_M^2}{r_{\rm go}}[(n+2)(n+3)\phi-(n+1)(n+2)(\theta-\theta_F)] \tag{8.81}$$

8.3.3 基于 Pontryagin 极小值原理的非线性角度控制最优制导律

将式（8.64）的制导模型重新列写如下：

$$\begin{aligned} \frac{\mathrm{d}\sin\phi}{\mathrm{d}r} &= -\frac{a_M}{V_M^2}-\frac{1}{r}\sin\phi \\ \frac{\mathrm{d}\theta}{\mathrm{d}r} &= -\frac{a_M}{V_M^2\cos\phi} \end{aligned} \tag{8.82}$$

边界条件为

$$\begin{aligned} \phi(r_0) = \phi_0, \theta(r_0) = \theta_0 \\ \phi(r_F) = \phi_F, \theta(r_F) = \theta_F \end{aligned} \tag{8.83}$$

性能指标函数为

$$J = \frac{1}{2}\int_{r_0}^{r_F} \frac{a_M^2}{(r_F-r)^n}\mathrm{d}r, n \geqslant 0 \tag{8.84}$$

为了便于求解，对式（8.82）进行部分线性化，保留 $\sin\phi$ 项，用特定的常系数 k 代替 $1/\cos\phi$ 项（$k \geqslant 1$），则式（8.82）可表示为

$$\begin{aligned} \frac{\mathrm{d}\sin\phi}{\mathrm{d}r} &= -\frac{a_M}{V_M^2}-\frac{1}{r}\sin\phi \\ \frac{\mathrm{d}\theta}{\mathrm{d}r} &= -k\frac{a_M}{V_M^2} \end{aligned} \tag{8.85}$$

注意，式（8.83）依然是非线性的。

定义一个新变量 $\eta = \sin\phi$，得到

$$\begin{aligned} \frac{\mathrm{d}\eta}{\mathrm{d}r} &= -\frac{a_M}{V_M^2}-\frac{\eta}{r} \\ \frac{\mathrm{d}\theta}{\mathrm{d}r} &= -\frac{a_M}{V_M^2}k \end{aligned} \tag{8.86}$$

此时，边界条件可表示为

$$\begin{aligned} \eta(r_0) = \eta_0, \theta(r_0) = \theta_0 \\ \eta(r_F) = \eta_F = 0, \theta(r_F) = \theta_F \end{aligned} \tag{8.87}$$

根据 Pontryagin 极小值原理，Hamiltonian 函数取为如下形式：

$$H=\frac{1}{2}\frac{a_M^2}{(r_F-r)^n}-\lambda_\eta\left(\frac{a_M}{V_M^2}+\frac{\eta}{r}\right)-\lambda_\theta\left(\frac{a_M}{V_M^2}k\right) \tag{8.88}$$

其中，λ_η、λ_θ 为协状态变量。

利用 Pontryagin 极小值原理，伴随方程可写为

$$\frac{\mathrm{d}\lambda_\eta}{\mathrm{d}r}=-\frac{\partial H}{\partial\eta}\Rightarrow\frac{\mathrm{d}\lambda_\eta}{\mathrm{d}r}=\frac{\lambda_\eta}{r} \tag{8.89}$$

$$\frac{\mathrm{d}\lambda_\theta}{\mathrm{d}r}=-\frac{\partial H}{\partial\theta}\Rightarrow\frac{\mathrm{d}\lambda_\theta}{\mathrm{d}r}=0 \tag{8.90}$$

其中，终端条件为 $\lambda_{\eta_F}=v_\eta$，$\lambda_{\theta_F}=v_\theta$，$v_\eta$、$v_\theta$ 为待确定的量且满足式（8.87）中终端条件。因此，式（8.89）和式（8.90）的解可表示为

$$\lambda_\eta=v_\eta\frac{r}{r_F} \tag{8.91}$$

$$\lambda_\theta=v_\theta \tag{8.92}$$

式（8.88）两边对 a_M 求导，得到如下控制方程：

$$\frac{\partial H}{\partial a_M}=\frac{a_M}{(r_F-r)^n}-\frac{\lambda_\eta}{V_M^2}-\frac{\lambda_\theta}{V_M^2}k=0 \tag{8.93}$$

进而得到

$$a_M=\left(\frac{\lambda_\eta}{V_M^2}+\frac{\lambda_\theta}{V_M^2}k\right)(r_F-r)^n \tag{8.94}$$

联立式（8.91）、式（8.92）和式（8.94），得到

$$a_M=\left(\frac{v_\eta}{V_M^2}\frac{r}{r_F}+\frac{v_\theta}{V_M^2}k\right)(r_F-r)^n \tag{8.95}$$

将式（8.95）代入式（8.86）中，得到

$$\begin{aligned}&\frac{\mathrm{d}\eta}{\mathrm{d}r}+\frac{1}{r}\eta=-\left(\frac{v_\eta}{V_M^4}\frac{r}{r_F}+\frac{v_\theta}{V_M^4}k\right)(r_F-r)^n\\&\frac{\mathrm{d}\theta}{\mathrm{d}r}=-\left(\frac{v_\eta}{V_M^4}\frac{r}{r_F}k+\frac{v_\theta}{V_M^4}k^2\right)(r_F-r)^n\end{aligned} \tag{8.96}$$

求解式（8.96），得到

$$\begin{aligned}\eta(r)=&\frac{v_\eta}{V_M^4}\frac{1}{r_F}\frac{(r_F-r)^{n+1}}{(n+1)}\left[r_F-\frac{n}{(n+2)}(r_F-r)+\frac{2}{(n+2)(n+3)}\frac{(r_F-r)^2}{(r-r_F)+r_F}\right]+\\&\frac{v_\theta k(r_F-r)^{n+1}}{V_M^4\ (n+1)}\left[1+\frac{1}{(n+2)}\frac{(r_F-r)}{(r-r_F)+r_F}\right]+\frac{C_\eta}{(r-r_F)+r_F}\end{aligned} \tag{8.97}$$

$$\theta(r)=\frac{(r_F-r)^{n+1}}{V_M^4}\left[-\frac{v_\eta k}{r_F}\frac{1}{(n+2)}(r_F-r)+\frac{v_\eta k}{(n+1)}+\frac{v_\theta k^2}{(n+1)}\right]+C_\theta \tag{8.98}$$

其中，C_η、C_θ 为待确定的积分常值。根据式（8.87）的终端条件，得到 C_η、C_θ，即

$$C_\eta = r_F\eta_F,\ C_\theta = \theta_F \tag{8.99}$$

联立式（8.97）~式（8.99）以及式（8.87）中的初始条件，求解得到 v_η、v_θ 的详细表达式

$$v_\eta = \frac{V_M^4 (n+2)^2(n+3)}{(r_F - r_0)^{n+1}}\left\{\begin{aligned}&\left(\frac{r_F}{r_0 - r_F}\right)^2\left[(\eta_0 - \eta_F) - \frac{1}{k}(\theta_0 - \theta_F)\right]\\&+\frac{r_F}{(r_0 - r_F)}\left[\eta_0 - \frac{1}{k}\frac{(n+1)}{(n+2)}(\theta_0 - \theta_F)\right]\end{aligned}\right\} \tag{8.100}$$

$$v_\theta = \frac{V_M^4 (n+2)^2(n+3)}{(r_F - r_0)^{n+1}}\left\{\begin{aligned}&\frac{1}{k^2}(\theta_0 - \theta_F)\left\{\frac{(n+1)}{(n+2)^2(n+3)} + \frac{(n+1)^2}{(n+2)^2}\right\} - \frac{(n+1)\eta_0}{(n+2)k}\\&+\frac{r_F}{(r_0 - r_F)}\frac{1}{k}\left[\frac{2}{k}\frac{(n+1)}{(n+2)}(\theta_0 - \theta_F) - \eta_0 - \frac{(n+1)}{(n+2)}(\eta_0 + \eta_F)\right]\\&+\left(\frac{r_F}{r_0 - r_F}\right)^2\frac{1}{k}\left[\frac{1}{k}(\theta_0 - \theta_F) - (\eta_0 + \eta_F)\right]\end{aligned}\right\} \tag{8.101}$$

将式（8.100）、式（8.101）的结果代入式（8.95），得到开环角度控制最优制导律

$$\begin{aligned}a_M = {}&\frac{(r_F - r)^n}{(r_F - r_0)^{n+1}}V_M^2 (n+2)^2(n+3)\left\{\begin{aligned}&\frac{r_F r}{(r_0 - r_F)^2}\left[(\eta_0 - \eta_F) - \frac{1}{k}(\theta_0 - \theta_F)\right]\\&+\frac{r}{(r_0 - r_F)}\left[\eta_0 - \frac{1}{k}\frac{(n+1)}{(n+2)}(\theta_0 - \theta_F)\right]\end{aligned}\right\} +\\&\frac{(r_F - r)^n}{(r_F - r_0)^{n+1}}V_M^2 (n+2)^2(n+3)\left\{\begin{aligned}&\frac{1}{k}(\theta_0 - \theta_F)\left\{\frac{(n+1)}{(n+2)^2(n+3)} + \frac{(n+1)^2}{(n+2)^2}\right\}\\&-\frac{(n+1)}{(n+2)}\eta_0 + \frac{r_F}{(r_0 - r_F)}\left[\frac{2}{k}\frac{(n+1)}{(n+2)}(\theta_0 - \theta_F)\right.\\&\left.-\eta_0 - \frac{(n+1)}{(n+2)}(\eta_0 + \eta_F)\right]\\&+\left(\frac{r_F}{r_0 - r_F}\right)^2\left[\frac{1}{k}(\theta_0 - \theta_F) - (\eta_0 + \eta_F)\right]\end{aligned}\right\}\end{aligned} \tag{8.102}$$

将式（8.102）中的初始状态改为当前状态，并用 r_{go} 代替（$r - r_F$），则得到基于 range－to－go 的闭环形式角度控制制导律

$$a_M(r_{go}) = -\frac{V_M^2}{r_{go}}\left[(n+2)(n+3)\eta - \frac{1}{k}(n+1)(n+2)(\theta-\theta_F)\right] + \frac{V_M^2 2r_F^2\eta_F}{r_{go}^3}(n+2)^2(n+3) - \frac{V_M^2 r_F}{r_{go}^2}(n+2)(n+3)\left[\frac{1}{k}(\theta-\theta_F)+\eta-(2n+3)\eta_F\right] \tag{8.103}$$

在 $r \to r_F$ 时，$\eta_F \to 0$，则式（8.103）又可表示为

$$a_M(r_{go}) = -\frac{V_M^2}{r_{go}}\left[(n+2)(n+3)\eta - \frac{1}{k}(n+1)(n+2)(\theta-\theta_F)\right] - \frac{V_M^2 r_F}{r_{go}^2}(n+2)(n+3)\left[\frac{1}{k}(\theta-\theta_F)+\eta\right] \tag{8.104}$$

若在命中目标时 $r_F \to 0$ 时，则式（8.104）又可简化为

$$a_M(r_{go}) = -\frac{V_M^2}{r_{go}}\left[(n+2)(n+3)\eta - \frac{1}{k}(n+1)(n+2)(\theta-\theta_F)\right] \tag{8.105}$$

将 $\eta = \sin\phi$ 和 $1/\cos\phi$ 代入式（8.105），得到

$$a_M(r_{go}) = -\frac{V_M^2}{r_{go}}[(n+2)(n+3)\sin\phi - (n+1)(n+2)(\theta-\theta_F)\cos\phi] \tag{8.106}$$

式（8.106）即为基于 range - to - go 的近似非线性最优的角度控制最优制导律。由于在上述制导律的推导过程中，$\cos\phi$ 项是等效为一个固定的常数，而不是一个变量，$\cos\phi$ 项并没有完全闭环进入制导律的推导过程中，因此称式（8.106）为近似非线性最优制导律。

由于 $\phi = \theta - q$，因此式（8.106）还可表示为

$$a_M(r_{go}) = -\frac{V_M^2}{r_{go}}[(n+2)(n+3)\sin(\theta-q) - (n+1)(n+2)(\theta-\theta_F)\cos(\theta-q)] \tag{8.107}$$

若假设 $\phi = \theta - q$ 为小角，则 $\sin(\theta-q) \approx \theta - q$、$\cos(\theta-q) \approx 1$，同时用 $V_M t_{go}$ 代替 r_{go}，则式（8.107）容易转化为 time - to - go 表示的线性角度控制最优制导律，这里不再赘述。

8.4 总结与拓展阅读

在制导系统中，剩余飞行时间一般是基于剩余飞行距离二次求解得到的，但求解精度受导弹飞行速度和弹道曲率影响较大，因此，若能以 range - to -

go 信息代替 time - to - go 信息，则可大幅提高相关制导律的工程实用性。本章在此思想的引导下，首先以剩余飞行距离为基础，构造相对 range - to - go 的非线性弹目运动关系方程，并通过变量代换将非线性的弹目运动方程转化为线性的运动方程。不指定控制权函数的具体形式，将性能函数表示成通用的形式，约束终端弹目距离和速度矢量与弹目视线间的夹角为零，利用 Pontryagin 极小值原理推导得到非线性最优比例导引的一般形式以及制导律导航系数随 range - to - go 变化时的表达式；此外，在导航系数固定的假设下，探讨了简化形式比例导引与非线性比例导引间的继承关系。

同样，构造基于当前距离（current range）的非线性弹目运动关系方程，根据小角假设，得到线性化的弹目运动模型；将性能函数构造成 range - to - go 的幂指数形式，在约束终端距离处的速度矢量与弹目视线间的夹角为零的同时约束终端攻击角度达到期望值，利用线性二次型最优控制的解析解，求解得到基于 range - to - go 的线性最优角度控制最优制导律。同时，采用变量代换和特定假设，将非线性的弹目运动方程转化为线性的运动方程，利用 Pontryagin 极小值原理推导得到基于 range - to - go 的近似非线性最优的角度控制最优制导律，并给出了适应于工程应用的简化形式。

本章的研究内容将多约束最优制导律从线性最优扩展到非线性最优，基于 range - to - go 的制导律消除了 time - to - go 未知或精度不高的影响，提高了制导律的工程应用可行性。关于此部分内容，感兴趣的读者可研读文献［2 - 3］。

本章参考文献

［1］JEON I S，LEE J I. Optimality of proportional navigation based on nonlinear formulation［J］. IEEE transactions on aerospace and electronic systems，2010，46（4）：2051 - 2055.

［2］PARK B G，KIM T H，TAHK M J. Optimal impact angle control guidance law considering the seeker's field - of - view limits［J］. Proceedings of the Institution of Mechanical Engineers，part G：journal of aerospace engineering，2013，227（8）：1347 - 1364.

［3］PARK B G，KIM T H，TAHK M J. Range - to - go weighted optimal guidance with impact angle constraint and seeker's look angle limits［J］. IEEE transactions on aerospace and electronic systems，2016，52（3）：1241 - 1256.

第9章 终端角度约束的偏置比例导引方法

9.1 引　　言

在前面的章节中，多个视角讨论了以终端位置和角度为主要约束的最优制导问题。在本章中，我们基于另一种思想，对比例导引增加偏置项，讨论此种情况下的终端约束问题。

实际上，偏置比例导引由来已久，带重补的比例导引即为偏置比例导引的最初形式。在反坦克导弹、末制导炮弹的设计中，为了尽可能地使导弹从顶部对装甲目标进行攻击或适当地提高导弹命中目标时的落角，人们在比例导引的基础上增加一个过重力补偿项，该补偿项大于重力在弹道法线上的分量，通过设计重力补偿系数，实现对末端落角的适度提升[1-3]。经过近些年的快速发展，偏置比例导引的理论和内涵已有了深刻的变化[4-13]，本章重点阐述以终端角度为约束的偏置比例导引方法及其制导内涵。

如无特殊说明，本章偏置比例导引的偏置项均以终端落角为约束。

9.2 从比例导引到偏置比例导引

传统的比例导引人们已经熟悉，其表达式为

$$a_c(t) = NV_R\dot{q} \tag{9.1}$$

对固定目标或慢速移动目标，导弹速度 V_M 等于弹目相对速度 V_R，则式(9.1)可简化为

$$\dot{\theta} = N\dot{q} \tag{9.2}$$

对式(9.2)两边同时积分，得到

$$\theta_F = N(q_F - q_0) + \theta_0 \tag{9.3}$$

其中，θ_F 和 q_F 分别表示终端时刻的导弹速度矢量角和弹目视线角；θ_0 和 q_0 分

别表示初始时刻的导弹速度矢量角和弹目视线角。对于地面固定目标，终端的导弹速度方向应指向弹目视线方向，即 $\theta_F = q_F$；根据式（9.3），得到 θ_F 的进一步表达式

$$\theta_F = \frac{Nq_0}{N-1} - \frac{\theta_0}{N-1} \tag{9.4}$$

可见基于传统的比例导引表达式，其弹道终端落角 θ_F 与导引系数 N 和初始参数 q_0、θ_0 有关，一旦上述参数确定，弹道终端落角即可确定。若制导段初始条件 q_0 为 0，则 $\theta_F = -\theta_0/(N-1)$；若 θ_0 为 0，则 $\theta_F = q_0 N/(N-1)$；若取 $N \geqslant 2$，θ_F 在上述两种情况下数值范围分别为 $\theta_F \in [-\theta_0, 0]$、$\theta_F \in [2q_0, 0]$。因此，比例导引若要实现指定的终端落角，需创造对应的初始制导条件，如采用分段比例导引或程序制导等；但基于上述限制条件，比例导引所能实现的终端落角通常是有限的，一般不会太大。

为了提高比例导引的终端落角，可以在比例导引俯仰过载指令上加入重力补偿项，克服俯仰方向的重力影响。当补偿项大于重力的影响时，被称作过重补[1-3]。带过重补的比例导引表达式为

$$a_c(t) = NV_R\dot{q} + (c-1)g\cos\theta \tag{9.5}$$

其中，$g\cos\theta$ 为重力在垂直于速度矢量方向上的投影大小；c 为重补系数。过重补比例导引在工程中应用广泛，如末制导炮弹、反坦克导弹等广泛采用。过重补比例导引在克服重力影响基础上，通过拉高弹道使末端落角得到一定程度的增大。但过重补比例导引没有指出重补系数和终端落角的函数关系，无法实现对落角的精确控制。

偏置比例导引是对传统比例导引的拓展，其在传统比例导引基础上增加一个偏置项，以实现不同的附加终端约束功能。

对静止目标或慢速移动目标，以终端落角为约束的偏置比例导引基本表达式为

$$a_c(t) = NV_M\dot{q} + V_M b \tag{9.6}$$

其中，$\dot{q}$ 和 b 分别表示弹目视线旋转角速度和待定的角度控制偏置项。由于 $a_c(t) = V_M\dot{\theta}$，因此式（9.6）又可表示为

$$\dot{\theta} = N\dot{q} + b \tag{9.7}$$

对式（9.7）的两边同时积分，得到

$$\theta - \theta_0 = N[q - q_0] + \int_{t_0}^{t} b\mathrm{d}t \tag{9.8}$$

假设偏置项在 t_d 时刻终止作用，当 $t = t_d$ 时有

$$\theta_d = \theta_0 + N(q_d - q_0) + \int_{t_0}^{t_d} b\mathrm{d}t \tag{9.9}$$

对于地面固定目标或慢速移动目标，认为在偏置项作用的终止时刻 t_d，导弹速度方向应趋向弹目视线方向，即 $\theta_d = q_d$，代入式（9.9）可得偏置积分项

$$B_d = \int_{t_0}^{t_d} b\mathrm{d}t = Nq_0 - \theta_0 - (N-1)\theta_d \tag{9.10}$$

因此偏置比例导引作用下的终端角度 θ_d 为

$$\theta_d = \frac{Nq_0 - \theta_0 - \int_{t_0}^{t_d} b\mathrm{d}t}{N-1} \tag{9.11}$$

式（9.11）表明期望落角和偏置积分项 $B_d = \int_{t_0}^{t_d} b\mathrm{d}t$ 有一一对应关系，通过调整偏置积分项可以实现控制终端落角的大小。一般来讲，若偏置项 b 为常值，则偏置项可表示为

$$b = \frac{(N-1)(q_0 - \theta_d)}{t_d - t_0} + \frac{(q_0 - \theta_0)}{t_d - t_0} \tag{9.12}$$

式（9.12）表明，偏置项的工作时间区间为$[t_0, t_d]$；在工程实践中，当确定了所需的偏置项积分 B_d，可根据制导任务选择特定制导时间段进行偏置比例导引制导，当满足落角约束后，可切换成其他制导律。

9.3 偏置比例导引内涵分析

9.3.1 偏置比例导引与弹道成型的内在联系

结合扩展弹道成型制导律表达式，式（9.12）的形式暗示我们，弹道成型和偏置比例导引之间存在某种内在的联系。假设偏置项在 $t \in [t_0, t_d]$ 范围内持续作用且偏置项实时更新，即任何时刻 t 均可能是 t_0，将式（9.12）改写为如下形式：

$$b(t) = \frac{(N-1)(q - \theta_d)}{t_d - t} + \frac{(q - \theta)}{t_d - t} \tag{9.13}$$

对固定目标或慢速移动目标，相关表达式为

$$\begin{cases} y_T - y_M = V_M(t_d - t)\sin q \\ \dot{y}_T - \dot{y}_M = V_M[(t_d - t)\cos q \cdot \dot{q} - \sin q] \end{cases} \tag{9.14}$$

在小角假设下，得到

$$\begin{cases} y_T - y_M = V_M(t_d - t) \cdot q \\ \dot{y}_T - \dot{y}_M = V_M[(t_d - t) \cdot \dot{q} - q] \end{cases} \tag{9.15}$$

由于 $\dot{y}_T \approx 0$ 且 $\dot{y}_M = V_M\theta$，得到

$$\dot{q}=\frac{q-\theta}{t_d-t} \tag{9.16}$$

因此，式（9.13）可以表示为

$$b(t)=\dot{q}+\frac{(N-1)(q-\theta_d)}{t_d-t} \tag{9.17}$$

这样，偏置比例导引的形式可以改写为

$$a_c(t)=(N+1)V_M\dot{q}+(N-1)V_M\frac{(q-\theta_d)}{t_d-t} \tag{9.18}$$

在前面的章节中，最优制导律的研究结果表明，扩展最优比例导引的导航系数为 $N=(n+3)$、扩展最优弹道成型的导航系数分别为 $2(n+2)$ 和 $(n+1)(n+2)$。将 N 替换为（$n+3$），式（9.17）、式（9.18）可分别表示为

$$b(t)=\dot{q}+(n+2)\frac{(q-\theta_d)}{t_d-t} \tag{9.19}$$

$$a_c(t)=(n+4)V_M\dot{q}+(n+2)V_M\frac{(q-\theta_d)}{t_d-t} \tag{9.20}$$

上述结果是基于 b 是常值衍生推导而来，没有考虑 b 与导航系数之间的内在关联。式（9.20）与扩展弹道成型的导航系数存在差异，并不完全匹配，仅在 $n=0$ 时，二者相等。

现在对偏置项进行改造，假设偏置项的形式为 $b=a(n)\cdot b'$，其中 $a(n)$ 与导航系数相关。将 N 替换为（$n+3$），则式（9.6）可改写为

$$a_c(t)=(n+3)V_M\dot{q}+V_Mb,\ b=a(n)\cdot b' \tag{9.21}$$

假设 $t\in[t_0,t_d]$，扩展弹道成型的表达式为

$$a_c(t)=2(n+2)V_M\dot{q}+(n+1)(n+2)V_M\frac{q-q_d}{t_d-t} \tag{9.22}$$

其中，$q_d=q(t_d)$。

对比式（9.21）和式（9.22），若令两式右边对应项相等，得到

$$a(n)\cdot b'=(n+1)\left[\dot{q}+(n+2)\frac{(q-q_d)}{t_d-t}\right] \tag{9.23}$$

联立式（9.19）和式（9.23），得到 $a(n)$、b'的表达式

$$\begin{cases}a(n)=n+1\\ b'=\dot{q}+(n+2)\dfrac{(q-q_d)}{t_d-t}\end{cases} \tag{9.24}$$

对比式（9.19）和式（9.24）可以看出，b'与 b 表达式完全一致，二者之间相差（$n+1$）；即若将式（9.19）的偏置项刻意放大（$n+1$）倍，表示成式（9.23）的形式，则以终端落角为约束的偏置比例导引等价于扩展弹道

成型制导律。显然，偏置项采用不同的设计方式，可能得到不同的结果，因此偏置比例导引具有丰富的内涵，基于最优控制的扩展弹道成型制导律也可理解为偏置比例导引在以终端落角为附加约束情况下的一种最优解。

9.3.2 偏置比例导引的解析解

根据偏置比例导引的基本表达式（9.6）以及式（9.15），可以得到如下的微分方程：

$$\ddot{y}_M(t) - N\frac{\dot{y}_T(t) - \dot{y}_M(t)}{(t_d - t)} - N\frac{y_T(t) - y_M(t)}{(t_d - t)^2} = V_M b \tag{9.25}$$

偏置比例导引主要针对地面或海上目标或作为已知虚拟目标点的分段制导中的一段，为简化推导，不妨假设偏置比例导引针对的为非机动目标，令 $t_{go} = t_d - t$ 并定义

$$\begin{cases} y(t) = y_T(t) - y_M(t) \\ \dot{y}(t) = \dot{y}_T(t) - \dot{y}_M(t) \\ \ddot{y}(t) = \ddot{y}_T(t) - \ddot{y}_M(t) = -\ddot{y}_M(t) \end{cases} \tag{9.26}$$

则式（9.25）又可表示为

$$\ddot{y}(t) + \frac{N}{t_{go}}\dot{y}(t) + \frac{N}{t_{go}^2}y(t) = -V_M b \tag{9.27}$$

令 $x = t_{go}$，则 $\mathrm{d}x = -\mathrm{d}t$，$\mathrm{d}y/\mathrm{d}x = -\dot{y}(x)$，$\mathrm{d}^2y/\mathrm{d}^2x = \ddot{y}(x)$，则式（9.27）又可写为

$$x^2\ddot{y}(x) - xN\dot{y}(x) + Ny(x) = x^2 V_M b \tag{9.28}$$

式（9.28）的解由对应齐次方程的通解和它的一个特解组成。先求对应齐次方程的通解，令 $x = e^{\lambda}$，将自变量由 x 换成 λ，则有

$$\begin{cases} \dot{y}(x) = \dfrac{\mathrm{d}y}{\mathrm{d}x} = e^{-\lambda}\dfrac{\mathrm{d}y}{\mathrm{d}\lambda} = \dfrac{1}{x}\dfrac{\mathrm{d}y}{\mathrm{d}\lambda} \\ \ddot{y}(x) = \dfrac{\mathrm{d}^2y}{\mathrm{d}x^2} = \dfrac{1}{x^2}\left(\dfrac{\mathrm{d}^2y}{\mathrm{d}\lambda^2} - \dfrac{\mathrm{d}y}{\mathrm{d}\lambda}\right) \end{cases} \tag{9.29}$$

将式（9.29）代入式（9.28）并略去等式右边系数，可得二阶常系数线性微分方程

$$\frac{\mathrm{d}^2y}{\mathrm{d}\lambda^2} - (N+1)\frac{\mathrm{d}y}{\mathrm{d}\lambda} + Ny = 0 \tag{9.30}$$

式（9.30）的特征方程为

$$s^2 - (N+1)s + N = 0 \tag{9.31}$$

求解得到对应的两个根分别为 $s_1 = N$，$s_2 = 1$。对应齐次方程的通解为

$$y(t)=C_1t_{go}^N+C_2t_{go} \tag{9.32}$$

式（9.27）所示的非齐次方程的特解为

$$y^*(t)=\frac{1}{N-2}V_Mbt_{go}^2 \tag{9.33}$$

联立式（9.32）和式（9.33），容易得到式（9.27）的通解为

$$y(t)=C_1t_{go}^N+C_2t_{go}+\frac{1}{N-2}V_Mbt_{go}^2 \tag{9.34}$$

为了求解系数 C_1、C_2，有

$$\begin{cases} y(t_0)=C_1(t_d-t_0)^N+C_2(t_d-t_0)+\dfrac{1}{N-2}V_Mb(t_d-t_0)^2 \\ \dot{y}(t_0)=-NC_1(t_d-t_0)^{N-1}-C_2-\dfrac{2}{N-2}V_Mb(t_d-t_0) \end{cases} \tag{9.35}$$

得到

$$\begin{cases} C_1=-\dfrac{1}{(N-1)}\left[\dfrac{y(t_0)}{(t_d-t_0)^N}+\dfrac{\dot{y}(t_0)}{(t_d-t_0)^{N-1}}+\dfrac{V_Mb}{N-2}\dfrac{1}{(t_d-t_0)^{N-2}}\right] \\ C_2=\dfrac{1}{(N-1)}\left[N\dfrac{y(t_0)}{(t_d-t_0)}+\dot{y}(t_0)-V_Mb(t_d-t_0)\right] \end{cases} \tag{9.36}$$

因此，式（9.27）的解析解完整表达式为

$$y(t)=-\frac{1}{(N-1)}\left[\frac{y(t_0)}{(t_d-t_0)^N}+\frac{\dot{y}(t_0)}{(t_d-t_0)^{N-1}}+\frac{V_Mb}{N-2}\frac{1}{(t_d-t_0)^{N-2}}\right]t_{go}^N+ \\ \frac{1}{(N-1)}\left[N\frac{y(t_0)}{(t_d-t_0)}+\dot{y}(t_0)-V_Mb(t_d-t_0)\right]t_{go}+\frac{1}{N-2}V_Mbt_{go}^2 \tag{9.37}$$

根据式（9.26）的定义及式（9.6）的偏置比例导引的基本表达，得到偏置比例导引的解析解，如式（9.38）所示：

$$y_M(t)=y_T(t)+\frac{1}{(N-1)}\left[\frac{y_T(t_0)-y_M(t_0)}{(t_d-t_0)^N}+\frac{\dot{y}_T(t_0)-\dot{y}_M(t_0)}{(t_d-t_0)^{N-1}}+\frac{V_Mb}{N-2}\frac{1}{(t_d-t_0)^{N-2}}\right]t_{go}^N- \\ \frac{1}{(N-1)}\left[N\frac{y_T(t_0)-y_M(t_0)}{(t_d-t_0)}+\dot{y}_T(t_0)-\dot{y}_M(t_0)-V_Mb(t_d-t_0)\right]t_{go}+ \\ \frac{1}{N-2}V_Mbt_{go}^2 \tag{9.38}$$

进一步，假设导弹和目标速度的大小均为恒定的常值，式（9.38）又可表示为

$$y_M(t)=y_T(t)+\frac{1}{(N-1)}\left[\frac{y_{T0}-y_{M0}}{(t_d-t_0)^N}+\frac{V_T-V_M}{(t_d-t_0)^{N-1}}+\frac{V_Mb}{N-2}\frac{1}{(t_d-t_0)^{N-2}}\right]t_{go}^N-$$

$$\frac{1}{(N-1)}\left[N\frac{y_{T0}-y_{M0}}{(t_d-t_0)}+V_T-V_M-V_Mb(t_d-t_0)\right]t_{go}+\frac{1}{N-2}V_Mbt_{go}^2 \tag{9.39}$$

对式（9.39）进行微分，可以得到导弹的速度矢量和加速度解析表达式，如下所示：

$$\dot{y}_M(t)=-\frac{N}{(N-1)}\left[\frac{y_{T0}-y_{M0}}{(t_d-t_0)^N}+\frac{V_T-V_M}{(t_d-t_0)^{N-1}}+\frac{V_Mb}{N-2}\frac{1}{(t_d-t_0)^{N-2}}\right]t_{go}^{N-1}+$$
$$\frac{1}{(N-1)}\left[N\frac{y_{T0}-y_{M0}}{(t_d-t_0)}+V_T-V_M-V_Mb(t_d-t_0)\right]-\frac{2}{N-2}V_Mbt_{go} \tag{9.40}$$

$$\ddot{y}_M(t)=a_M(t)=N\left[\frac{y_{T0}-y_{M0}}{(t_d-t_0)^N}+\frac{V_T-V_M}{(t_d-t_0)^{N-1}}+\frac{V_Mb}{N-2}\frac{1}{(t_d-t_0)^{N-2}}\right]t_{go}^{N-2}+\frac{2}{N-2}V_Mb \tag{9.41}$$

9.3.3 偏置比例导引的稳定域分析

对固定或慢速移动目标，弹目视线运动方程如下：

$$\begin{cases}\dot{r}=-V_M\cos(\theta-q)\\ r\dot{q}=-V_M\sin(\theta-q)\end{cases} \tag{9.42}$$

引入视角的概念，即定义视角 $\phi=\theta-q$，显然，假设 $|\phi|\leqslant\pi/2$ 是合理的。式（9.42）可简写为

$$\begin{cases}\dot{r}=-V_M\cos\phi\\ r\dot{q}=-V_M\sin\phi\end{cases} \tag{9.43}$$

由于 $\dot{\phi}=\dot{\theta}-\dot{q}$，结合式（9.43）及偏置比例导引表达式，得到

$$\begin{cases}\dot{r}=-V_M\cos\phi\\ \dot{\phi}=-(N-1)\dfrac{V_M}{r}\sin\phi+b\end{cases} \tag{9.44}$$

针对式（9.44）所示的非线性微分方程，利用相平面法分析其稳定性较为直观[4-5]。根据前文分析，偏置比例导引适应于空地或地地制导模式，当偏置项 b 为落角约束时，不妨假设 $b\geqslant0$；此外，假设弹体速度大小 V_M 为常值，偏置项 b 为常值，因此系数 b/V_M 也为常值。为了便于分析，利用无量纲化方法，定义

$$\begin{cases}\rho=b\cdot r/V_M\\ \tau=b\cdot t\end{cases} \tag{9.45}$$

进而得到

$$\begin{cases}\rho' = \dfrac{\mathrm{d}\rho}{\mathrm{d}\tau} = \dfrac{\mathrm{d}(b \cdot r/V_M)}{\mathrm{d}(b \cdot t)} = \dfrac{1}{V_M}\dfrac{\mathrm{d}r}{\mathrm{d}t} \\ \phi' = \dfrac{\mathrm{d}\phi}{\mathrm{d}\tau} = \dfrac{1}{b}\dfrac{\mathrm{d}\phi}{\mathrm{d}t}\end{cases} \tag{9.46}$$

联立方程（9.44）和方程（9.46），得到无量纲弹目距离ρ和导弹视角ϕ相对于无量纲时间τ的运动学微分方程组，如下所示：

$$\begin{cases}\rho' = -\cos\phi \\ \phi' = -(N-1)\dfrac{\sin\phi}{\rho} + 1\end{cases} \tag{9.47}$$

将式（9.47）的两个表达式上下相除，得到

$$\frac{\mathrm{d}\sin\phi}{\mathrm{d}\rho} = (N-1)\frac{\sin\phi}{\rho} - 1 \tag{9.48}$$

若微分方程的形式为

$$y' + P(x)y = Q(x) \tag{9.49}$$

则其标准解为

$$y = e^{-\int P(x)\mathrm{d}x}\left\{\int\left[Q(x) \cdot e^{\int P(x)\mathrm{d}x}\right]\mathrm{d}x + C\right\} \tag{9.50}$$

求解式（9.48）的微分方程，得到

$$\sin\phi = \begin{cases}\rho(-\ln\rho + C), N=2 \\ C\rho^{N-1} + \dfrac{\rho}{N-2}, N\neq 2\end{cases} \tag{9.51}$$

其中，C为积分常值，可以根据状态变量的初值求解得到，如下所示：

$$C = \begin{cases}\dfrac{\sin\phi_0}{\rho_0} + \ln\rho_0, N=2 \\ \rho_0^{-(N-1)}\left(\sin\phi_0 - \dfrac{\rho_0}{N-2}\right), N\neq 2\end{cases} \tag{9.52}$$

容易看出，式（9.47）的平衡点为

$$(\rho_e, \phi_e) = (N-1, \pi/2) \tag{9.53}$$

以第一种平衡点为例，将式（9.53）代入式（9.52）可以求解出平衡点处的积分常值C_e，如下所示：

$$C_e = \begin{cases}1, N=2 \\ \dfrac{-1}{(N-1)^{N-1}(N-2)}, N\neq 2\end{cases} \tag{9.54}$$

若将N替换为$(n+3)$，则式（9.47）~式（9.48），式（9.51）~式（9.54）可分别表示为

$$\begin{cases}\rho' = -\cos\phi \\ \phi' = -(n+2)\dfrac{\sin\phi}{\rho}+1\end{cases} \tag{9.55}$$

$$\frac{\mathrm{d}\sin\phi}{\mathrm{d}\rho} = (n+2)\frac{\sin\phi}{\rho}-1 \tag{9.56}$$

$$\sin\phi = \begin{cases}\rho(-\ln\rho + C), n=-1 \\ C\rho^{n+2}+\dfrac{\rho}{n+1}, n\neq -1\end{cases} \tag{9.57}$$

$$C = \begin{cases}\dfrac{\sin\phi_0}{\rho_0}+\ln\rho_0, n=-1 \\ \rho_0^{-(n+2)}\left(\sin\phi_0-\dfrac{\rho_0}{n+1}\right), n\neq -1\end{cases} \tag{9.58}$$

$$(\rho_e,\phi_e) = (n+2, \pi/2) \tag{9.59}$$

$$C_e = \begin{cases}1, n=-1 \\ \dfrac{-1}{(n+2)^{n+2}(n+1)}, n\neq -1\end{cases} \tag{9.60}$$

根据式（9.60），可以计算得到平衡点处的（ρ_e，C_e）数值，如表9.1所示。

表9.1　不同导航系数下的平衡点处的（ρ_e，C_e）数值

N	n	（ρ_e，C_e）
3	0	（2，−0.25）
4	1	（3，−0.019）
5	2	（4，−0.001 3）
6	3	（5，-8.0×10^{-5}）

图9.1和图9.2给出不同导航系数和积分常数 C 下无量纲弹目距离 ρ 和目标视角 σ 的关系，图中标注的数字为积分常数 C，由式（9.58）可知它与初始发射参数有关。每一条曲线表示在特定导航系数下，由 ρ_0 和 ϕ_0 确定的轨迹。以图9.1为例，$N=3$ 时相平面平衡点为（2，π/2），即图中黑点位置，对应积分常数 $C_e=-0.25$；图中实线表示无量纲距离和目标视角逐渐收敛至零的情况；虚线表示无量纲距离和导弹视角发散的情况。可以看出，只有当初始发射参数选择合理时，无量纲距离和导弹视角才会逐渐收敛到零。

由于前面已经假设偏置项 $b\geqslant 0$ 且 $|\phi|\leqslant\pi/2$，结合式（9.51）和式（9.52），通过仿真不难得出图9.1和图9.2中实线所表现区域对应的稳定域为

$$S = \left(C<C_e, \phi<\frac{\pi}{2}\right)\cup(C>C_e, \rho<\rho_e) \tag{9.61}$$

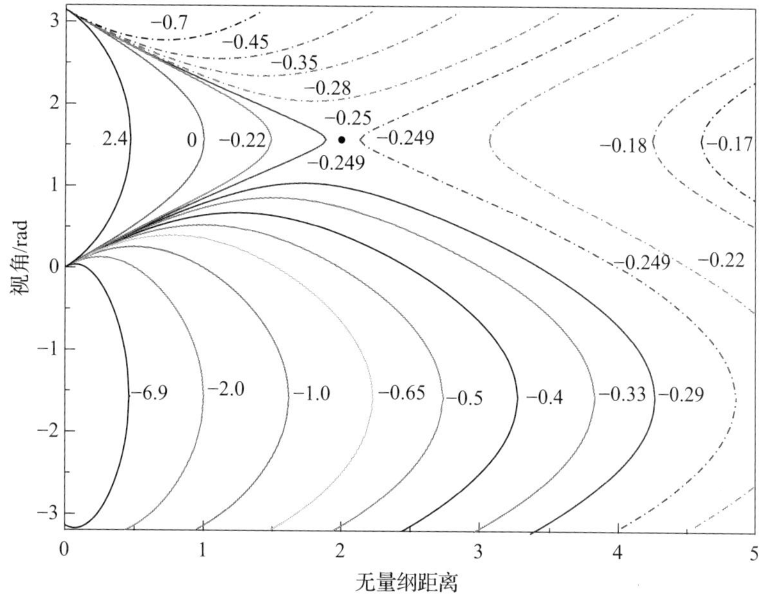

图 9.1　$N=3$（$n=0$）时相平面曲线

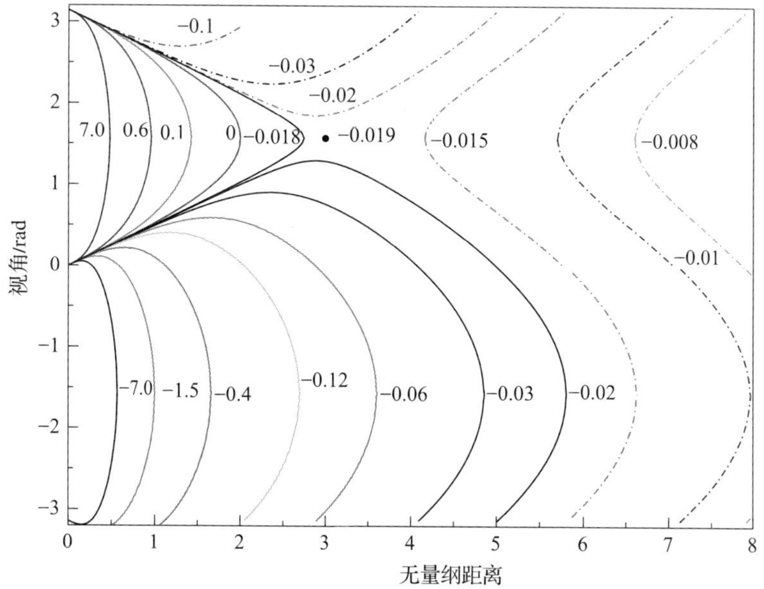

图 9.2　$N=4$（$n=1$）时相平面曲线

类似地，若偏置项 $b<0$ 且 $|\phi|\leqslant\pi/2$，则对应的平衡点和稳定域分别为

$$(\rho_e,\phi_e)=(N-1,-\pi/2)\ \text{or}\ (\rho_e,\phi_e)=(n+2,-\pi/2) \tag{9.62}$$

$$S=(C<C_e,\rho<\rho_e)\cup\left(C>C_e,\phi>-\frac{\pi}{2}\right) \tag{9.63}$$

本节稳定域分析的研究思路和表达形式借鉴了文献［4］，特此说明。

9.3.4 偏置比例导引的逆最优理论阐述及矩阵求解

假设目标静止或慢速移动，在弹道坐标系下，弹目运动方程如下所示：

$$\begin{cases}y_T - y_M = r\sin q, y_T - y_{M0} = r_0 \sin q_0 \\ \dot{y}_M = V_M \sin\theta_M, \dot{y}_{M0} = V_M \sin\theta_{M0}, \dot{y}_{MF} = V_M \sin\theta_F \\ \ddot{y}_M = V_M \dot{\theta}_M\end{cases} \tag{9.64}$$

根据前文所建立的基于终端弹目视线建立坐标系，有如下的运动方程：

$$\begin{cases}y = r\sin(\theta_F - q), y_0 = r_0 \sin(\theta_F - q_0) \\ \dot{y} = V_M \sin\sigma, y(t_0) = y_0, y(t_F) = y_F \\ V_M \dot{\sigma} = a_M, \sigma(t_0) = \sigma_0, \sigma(t_F) = \sigma_F\end{cases} \tag{9.65}$$

其中，定义 $\sigma = \theta - \theta_F$。

假设速度 V_M是常值，基于小角度假设，线性化后得到

$$\dot{\boldsymbol{x}} = \boldsymbol{A}\boldsymbol{x} + \boldsymbol{B}\boldsymbol{u}, \boldsymbol{x}(t_0) = \boldsymbol{x}_0, \boldsymbol{x}(t_F) = \boldsymbol{x}_F \tag{9.66}$$

$$\boldsymbol{x} = \begin{bmatrix} y \\ v \end{bmatrix} = \begin{bmatrix} y \\ V_M\sigma \end{bmatrix}, \boldsymbol{x}_0 = \begin{bmatrix} y_0 \\ v_0 \end{bmatrix}, \boldsymbol{x}_F = \begin{bmatrix} y_F \\ v_F \end{bmatrix} = \begin{bmatrix} y_F \\ V_M\sigma_F \end{bmatrix} \tag{9.67}$$

$$\boldsymbol{A} = \begin{bmatrix} 0 & 1 \\ 0 & 0 \end{bmatrix}, \boldsymbol{B} = \begin{bmatrix} 0 \\ 1 \end{bmatrix}, u = a_c \tag{9.68}$$

相对于终端弹目视线的终端角度约束最优制导律表达式为

$$a_c(t) = -\begin{bmatrix} \dfrac{N_1}{t_{\mathrm{go}}^2} & \dfrac{N_2}{t_{\mathrm{go}}} \end{bmatrix} \begin{bmatrix} y \\ v \end{bmatrix} \tag{9.69}$$

其中，$[N_1, N_2] = [(n+2)(n+3), 2(n+2)]$。由于定义了 $\sigma = \theta - \theta_F$，因此终端角度约束 θ_F隐含于制导律中。

根据前文研究结果，在地面坐标系下，有如下的微分方程：

$$\ddot{y}_M + \frac{N_2}{t_{\mathrm{go}}}\dot{y}_M + \frac{N_1}{t_{\mathrm{go}}^2} y_M = \frac{N_1}{t_{\mathrm{go}}^2} y_T + \frac{N_2 - N_1}{t_{\mathrm{go}}}\dot{y}_{MF} \tag{9.70}$$

在终端弹目视线坐标系下，对应的微分方程为

$$\ddot{y} + \frac{N_2}{t_{\mathrm{go}}}\dot{y} + \frac{N_1}{t_{\mathrm{go}}^2} y = 0 \tag{9.71}$$

根据上述结果，对比形如式（9.18）和式（9.70）所示的表达式，容易得到

$$\begin{cases}N_1 = 2(n+3) \\ N_2 = n+4\end{cases} \text{or} \begin{cases}N_1 = 2N \\ N_2 = N+1\end{cases} \tag{9.72}$$

利用参数变换求解式（9.71），容易得到

$$\lambda^2 - (N_2 + 1)\lambda + N_1 = 0 \tag{9.73}$$

令两根分别为 λ_1、λ_2，且不妨设 $\lambda_1 > \lambda_2$，则 $N_1 = \lambda_1\lambda_2$、$N_2 = \lambda_1 + \lambda_2 - 1$。因此，在 $[N_1, N_2] = [2(n+3), n+4]$ 时，$\lambda_1 = n+3$、$\lambda_2 = 2$。结合前面章节中的研究结果，由式（9.18）对应的偏置比例导引导航系数决定的特征根分布情况如图 9.3 所示。由此也可以看出，偏置比例导引的特征根分布介于扩展最优比例导引和扩展角度最优制导律的特征根之间。

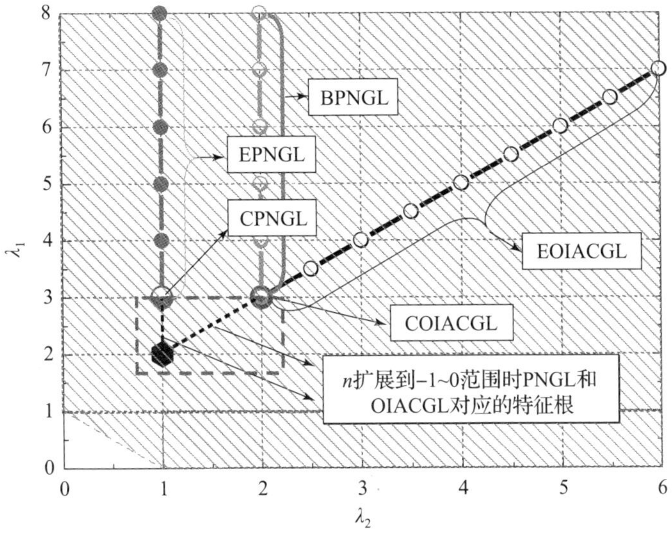

图 9.3　偏置比例导引与典型最优制导律特征根区域分布对比

下面根据前面章节中的逆最优控制的相关结论，对最优问题中的加权矩阵进行求解。

假设系统的状态方程和式控制方程为如下形式：

$$\begin{aligned} &\dot{\boldsymbol{x}} = \boldsymbol{Ax} + \boldsymbol{Bu}, \boldsymbol{x}(t_0) = \boldsymbol{x}_0, \boldsymbol{x}(t_F) = \boldsymbol{x}_F \\ &\boldsymbol{u} = \boldsymbol{Kx} \end{aligned} \tag{9.74}$$

式中，$\boldsymbol{x}$ 为 $m \times 1$ 维向量；控制量 $\boldsymbol{u}$ 为 $p \times 1$ 维向量。

目标函数 J 设为

$$J = \frac{1}{2}\boldsymbol{x}_F^T\boldsymbol{H}\boldsymbol{x}_F + \frac{1}{2}\int_{t_0}^{t_F}(\boldsymbol{x}^T\boldsymbol{Qx} + \boldsymbol{u}^T\boldsymbol{Ru})\mathrm{d}t \tag{9.75}$$

式中，$\boldsymbol{H}$ 为终端约束权矩阵；$\boldsymbol{Q}$ 为状态权矩阵；$\boldsymbol{R}$ 为控制权矩阵，$\boldsymbol{H}$、$\boldsymbol{Q}$、$\boldsymbol{R}$ 均为对称矩阵。

对由方程（9.74）构成的线性闭环制导系统，逆最优问题就是找到矩阵

$\boldsymbol{A}$、$\boldsymbol{B}$、$\boldsymbol{K}$ 所需满足的充分必要条件，确定矩阵 $\boldsymbol{H}$、$\boldsymbol{Q}$ 和 $\boldsymbol{R}$ 并使性能指标式（9.75）最小。

对方程（9.74）和方程（9.75）所示的最优控制问题，其直接的最优解 $\boldsymbol{K}$ 可由 Riccati 微分方程得到，即

$$\boldsymbol{K} = -\boldsymbol{R}^{-1}\boldsymbol{B}^{\mathrm{T}}\boldsymbol{P} \tag{9.76}$$

$$\dot{\boldsymbol{P}} = -\boldsymbol{P}\boldsymbol{A} - \boldsymbol{A}^{\mathrm{T}}\boldsymbol{P} + \boldsymbol{P}\boldsymbol{B}\boldsymbol{R}^{-1}\boldsymbol{B}^{T}\boldsymbol{P} - \boldsymbol{Q} \tag{9.77}$$

式中，$\boldsymbol{P}$ 为对称矩阵；式（9.77）的边界条件为

$$\boldsymbol{P}(t_F) = \boldsymbol{H} \tag{9.78}$$

以 2 维的状态变量为例，直接给出矩阵 $\boldsymbol{P}$、$\boldsymbol{Q}$ 的解，如下所示。

$$\boldsymbol{P}(t) = \begin{bmatrix} \eta \dfrac{R(t)}{t_{\mathrm{go}}^3} & K_1 \dfrac{R(t)}{t_{\mathrm{go}}^2} \\ K_1 \dfrac{R(t)}{t_{\mathrm{go}}^2} & K_2 \dfrac{R(t)}{t_{\mathrm{go}}} \end{bmatrix} \tag{9.79}$$

$$\boldsymbol{Q} = \begin{bmatrix} q_{11} & q_{12} \\ q_{21} & q_{22} \end{bmatrix} \tag{9.80}$$

$$\begin{cases} q_{11} = (K_1^2 - 3\eta)\dfrac{R(t)}{t_{\mathrm{go}}^4} - \eta\dfrac{\dot{R}(t)}{t_{\mathrm{go}}^3} \\ q_{12} = (K_1K_2 - 2K_1 - \eta)\dfrac{R(t)}{t_{\mathrm{go}}^3} - K_1\dfrac{\dot{R}(t)}{t_{\mathrm{go}}^2} \\ q_{21} = q_{12} \\ q_{22} = (K_2^2 - K_2 - 2K_1)\dfrac{R(t)}{t_{\mathrm{go}}^2} - K_2\dfrac{\dot{R}(t)}{t_{\mathrm{go}}} \end{cases} \tag{9.81}$$

式中，η 为满足条件 $\eta > K_1^2/K_2$ 的任意常数；K_1、K_2 为矩阵 $\boldsymbol{K}$ 对应的两个元素。

不妨假设控制权矩阵 $\boldsymbol{R}(t)$ 为常量，又由于 $\boldsymbol{H} = \boldsymbol{P}(t_F)$，这样，式（9.80）和式（9.81）即完成了逆最优问题中加权矩阵的构造。通过选取不同的 η 和 $R(t)$，则可得到多组不同的 $[\boldsymbol{H}, \boldsymbol{Q}, R]$。

针对式（9.72）所示的偏置比例导引导航系数，不妨将 $R(t)$ 取为 $R(t) = 1/t_{\mathrm{go}}^n$ 且定义 $t_{\mathrm{go}} = t_d - t$；认为矩阵 $\boldsymbol{Q}$ 为对角阵，则式（9.81）中 $q_{12} = q_{21} = 0$。将 $R(t)$ 代入式 q_{12} 中，得到

$$(K_1K_2 - 2K_1 - \eta)/t_{\mathrm{go}}^{n+3} - K_1 n/t_{\mathrm{go}}^{n+3} = 0 \tag{9.82}$$

求解得到

$$\eta = K_1(K_2 - 2 - n) \tag{9.83}$$

同时，η 还需满足条件 $\eta > K_1^2/K_2$，亦即

$$K_1 < K_2(K_2 - 2 - n) \tag{9.84}$$

此时，矩阵 $\boldsymbol{P}$、$\boldsymbol{Q}$ 分别为

$$\boldsymbol{P}(t) = \begin{bmatrix} \dfrac{K_1(K_2 - 2 - n)}{t_{go}^{n+3}} & \dfrac{K_1}{t_{go}^{n+2}} \\ \dfrac{K_1}{t_{go}^{n+2}} & \dfrac{K_2}{t_{go}^{n+1}} \end{bmatrix} \tag{9.85}$$

$$\boldsymbol{Q} = \begin{bmatrix} q_{11} & 0 \\ 0 & q_{22} \end{bmatrix} = \begin{bmatrix} \dfrac{K_1[K_1 - K_2(n+3) + (n+2)(n+3)]}{t_{go}^{n+4}} & 0 \\ 0 & \dfrac{[K_2(K_2 - 1 - n) - 2K_1]}{t_{go}^{n+2}} \end{bmatrix} \tag{9.86}$$

由式（9.86）可以看出，若进一步使 $\boldsymbol{Q} = 0$，则相当于在性能指标（9.75）中不考虑状态约束。令式（9.86）中 $q_{11} = q_{22} = 0$，求得 K_1、K_2 的值为

$$K_1 = (n+2)(n+3), K_2 = 2(n+2) \tag{9.87}$$

或

$$K_1 = K_2 = n + 3 \tag{9.88}$$

此时，η 的取值分别为 $(n+2)^2(n+3)$ 和 $n+3$。显然，上述 K_1、K_2 分别对应 EPNGL 和 EOIACGL 两种制导律。此时，与式（9.87）和式（9.88）对应的矩阵 $\boldsymbol{P}$ 分别为

$$\boldsymbol{P}(t) = \begin{bmatrix} \dfrac{(n+2)^2(n+3)}{t_{go}^{n+3}} & \dfrac{(n+2)(n+3)}{t_{go}^{n+2}} \\ \dfrac{(n+2)(n+3)}{t_{go}^{n+2}} & \dfrac{2(n+2)}{t_{go}^{n+1}} \end{bmatrix} \tag{9.89}$$

$$\boldsymbol{P}(t) = \frac{n+3}{t_{go}^{n+1}} \begin{bmatrix} 1/t_{go}^2 & 1/t_{go} \\ 1/t_{go} & 1 \end{bmatrix} \tag{9.90}$$

观察式（9.89）和式（9.90）可以看出，只要 $n > -1$，在末段时刻 t_F 处，$\boldsymbol{P}$ 中各元素→∞；又由于 $\boldsymbol{H} = \boldsymbol{P}(t_F)$，则 $\boldsymbol{H}$ 可表示为

$$\boldsymbol{H} = \lim_{t \to t_F} \boldsymbol{P}(t) = \begin{bmatrix} \infty & \infty \\ \infty & \infty \end{bmatrix} \tag{9.91}$$

由于 $\boldsymbol{Q} = 0$、$\boldsymbol{H}_{ij} = \infty$、$R(t) = 1/t_{go}^n$，这样，在终端状态 $x_F = 0$ 约束下，式（9.75）的性能指标可简化成如下熟悉的形式，即

$$J = \frac{1}{2}\int_{t_0}^{t_F} [u(t)^2 / t_{go}^n] \mathrm{d}t \tag{9.92}$$

对偏置比例导引来说，已经知道 $K_1=N_1=2(n+3)$、$K_2=N_2=n+4$，则矩阵 $\boldsymbol{Q}$ 可表示为

$$\boldsymbol{Q}=\begin{bmatrix}0 & 0\\ 0 & -\dfrac{n}{t_{\mathrm{go}}^{n+2}}\end{bmatrix} \tag{9.93}$$

由此可见，逆最优理论也表明，仅当 $n=0$ 时偏置比例导引与弹道成型具有等价的表达形式；当 $n\neq0$ 时，q_{22} 是随 t_{go} 和 n 变化的非零量，最终导致同等终端约束下差异化导航系数的产生。基于逆最优问题的参数取值与制导律对应关系如表 9.2 所示。

表 9.2　基于逆最优问题的参数取值与制导律对应关系

制导律名称	参数取值			逆最优矩阵取值		
	K_1	K_2	η	$\boldsymbol{Q}$	$\boldsymbol{P}$	$\boldsymbol{R}$
扩展比例导引	$n+3$	$n+3$	$n+3$	$\boldsymbol{Q}=\begin{bmatrix}0&0\\0&0\end{bmatrix}$	$\boldsymbol{P}=\begin{bmatrix}\infty&\infty\\\infty&\infty\end{bmatrix}$	$\boldsymbol{R}=\dfrac{1}{t_{\mathrm{go}}^{n}}$
扩展弹道成型	$\dfrac{(n+2)}{(n+3)}$	$2(n+2)$	$\dfrac{(n+2)^2}{(n+3)}$	$\boldsymbol{Q}=\begin{bmatrix}0&0\\0&0\end{bmatrix}$	$\boldsymbol{P}=\begin{bmatrix}\infty&\infty\\\infty&\infty\end{bmatrix}$	$\boldsymbol{R}=\dfrac{1}{t_{\mathrm{go}}^{n}}$
偏置比例导引	$2(n+3)$	$n+4$	$4(n+3)$	$\boldsymbol{Q}=\begin{bmatrix}0&0\\0&-n/t_{\mathrm{go}}^{n+2}\end{bmatrix}$	$\boldsymbol{P}=\begin{bmatrix}\infty&\infty\\\infty&\infty\end{bmatrix}$	$\boldsymbol{R}=\dfrac{1}{t_{\mathrm{go}}^{n}}$

9.4　时变偏置比例导引

在 9.2 节和 9.3 节讨论偏置比例导引时，偏置项假设是常值，若严格区分，可称为常值偏置比例导引。由于偏置项的选值、作用时间需要提前设计，因此为了满足终端落角约束，偏置项应满足如下关系式：

$$B_d=Nq_0-\theta_0-(N-1)\theta_d=\int_{t_0}^{t_d}b\mathrm{d}t=b(t_d-t_0) \tag{9.94}$$

其中，$\Delta t=t_d-t_0$ 表示偏置项作用时间。由式（9.94）可以看出，若 B_d 固定，则作用时间越短 b 越大，过大的偏置量会引起制导律切换时较大的过载指令跳变，且受导弹可用过载限制，偏置项作用时间选择应合理。文献［6－7］给出了基于剩余飞行时间近似估计的偏置项作用时间选择方法，简化后如下

所示：

$$\Delta t = \frac{r_0}{V_M} \tag{9.95}$$

式中，r_0表示偏置项作用初始时刻到偏置项截止时刻的弹目距离；r_0/V_M可理解为偏置项作用区间对应剩余飞行时间的近似估计。

9.4.1　考虑终端角度约束的时变偏置项

相对于常值偏置项，时变偏置项可避免制导律作用前后过载指令的跳变，有利于制导指令的平滑控制。本节设计一种时变偏置项，在整个制导过程中保持偏置量持续作用，尽可能减小由于角度控制偏置量引起的过载指令[10-11]。

设计时变偏置项满足如下关系：

$$b(t) = \dot{B}(t) = \frac{B_d - B(t)}{\tau} \tag{9.96}$$

式中，$b(t)$ 为时变偏置项，$B(t) = \int_{t_0}^{t} b(t)\,\mathrm{d}t$ 为时变偏置项的积分；$\tau > 0$，为时间常数。式（9.96）保证了时变偏置积分项 $B(t)$逐渐收敛到期望值 B_d。求解式（9.96）的线性微分方程，得到

$$B(t) = Ce^{-(t-t_0)/\tau} + B_d \tag{9.97}$$

式中，C 为积分常数，根据初始条件 $B(t_0) = 0$，可得积分常数，如下所示：

$$C = -B_d \tag{9.98}$$

故而得到

$$B(t) = B_d(1 - e^{-(t-t_0)/\tau}) \tag{9.99}$$

将式（9.99）代入式（9.96），得到

$$b(t) = \frac{B_d}{\tau}e^{-(t-t_0)/\tau} \tag{9.100}$$

由此可以看出，随着时间的增加，时变偏置项 $b(t)$ 趋近于0，偏置积分项趋近于期望值，即 $B(t) \to B_d$；在终端时刻，$B(t_d) = B_d$，实现期望落角控制。

受限于导弹最大可用过载，$b(t)$的选取需满足 $b(t) \leqslant a_{\max}/V_M$。在初始时刻，较小的时间常数 τ 可能会产生较大的偏置项，$b(t_0) = B_d/\tau$。因此选取时间常数 τ 时应考虑可用过载的限制。另外，时间常数 τ 也决定了 $B(t)$ 趋近于期望值 B_d的速度。当 $t \geqslant 7\tau$ 时，$B(t) \approx 0.999B_d$，因此时间常数 τ 可选择 $\tau = R_0/7V_M$。

9.4.2 时变偏置比例导引的仿真分析

仿真参数设置如表 9.3 所示，期望的终端落角分别为 0°、-30°、-60°和 -90°，导弹的加速度约束为 100 m/s²，仿真结果如下所示。

表 9.3 仿真参数设置

导弹坐标 (x_M, y_M)/m	目标坐标 (x_T, y_T)/m	导弹速度 $V_M/(\mathrm{m\cdot s^{-1}})$	初始发射角 $\theta_0/(°)$	期望落角 $\theta_d/(°)$
(0, 0)	(10 000, 0)	300	10	0, -30, -60, -90

图 9.4 (a) 和图 9.4 (c) 分别为不同角度约束下的弹道轨迹及速度方向角变化曲线。可以看出，时变偏置比例导引满足不同落角约束下对目标的精确打击，期望落角越大，弹道越弯曲，所需制导时间越长。图 9.4 (b) 中，针对不同的落角控制，时变偏置比例导引律都可满足过载指令在可用加速度范围内，相比传统常值偏置比例导引，时变偏置项的过载指令平滑变化，避免了在制导律切换前后发生过载指令跳变。图 9.4 (e) 和图 9.4 (f) 分别表示时变偏置项和偏置积分项的变化曲线。偏置项渐进趋近于零，时变偏置比例导引律逐渐退化为比例导引，偏置积分总量也趋近于期望终端落角的积分项。

下面对比分析时变偏置比例导引律 (time - varying bias proportion navigation, TBPN) 和常值偏置比例导引律 (constant bias proportion navigation, CBPN) 性能特点。常值偏置比例导引律作用时间为 0 ~ 10 s，期望终端落角取 -30° 和 -60°，时变偏置比例导引律仿真参数不变。

图 9.5 分别给出两种偏置比例导引律的弹道、加速度、速度方向角和偏置项变化曲线。从图 9.5 (a) 和图 9.5 (c) 中可以看出，两种形式制导律弹道曲线类似，相比于时变偏置比例导引律，传统偏置比例导引初始段过载较小，但切换为比例导引时会有过载指令跳变，如图 9.5 (b) 所示。相同落角约束下，两种制导策略的过载指令和速度方向角变化也趋近于一致。图 9.5 (d) 表明了两种制导律最大的不同，时变偏置比例导引的偏置项随时间变化单调递减，最终收敛于零；常值偏置比例导引的偏置项为常系数，当达到指定切换时间后，偏置项为零，制导律切换为传统比例导引律。

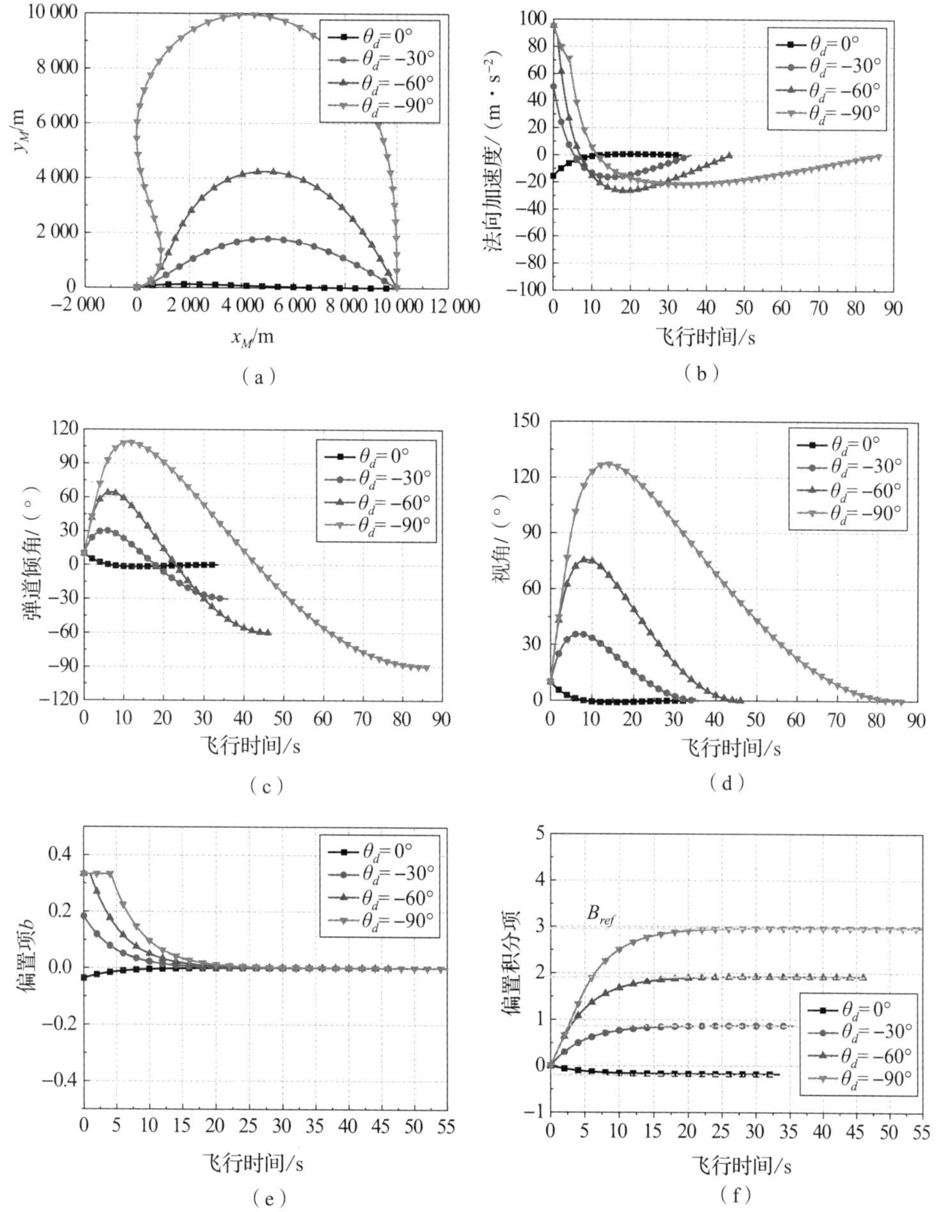

图 9.4　不同期望落角的时变偏置比例导引律仿真曲线

（a）弹道曲线；（b）加速度曲线；（c）弹道倾角曲线；

（d）导弹视角曲线；（e）偏置项变化曲线；

（f）偏置积分项变化曲线

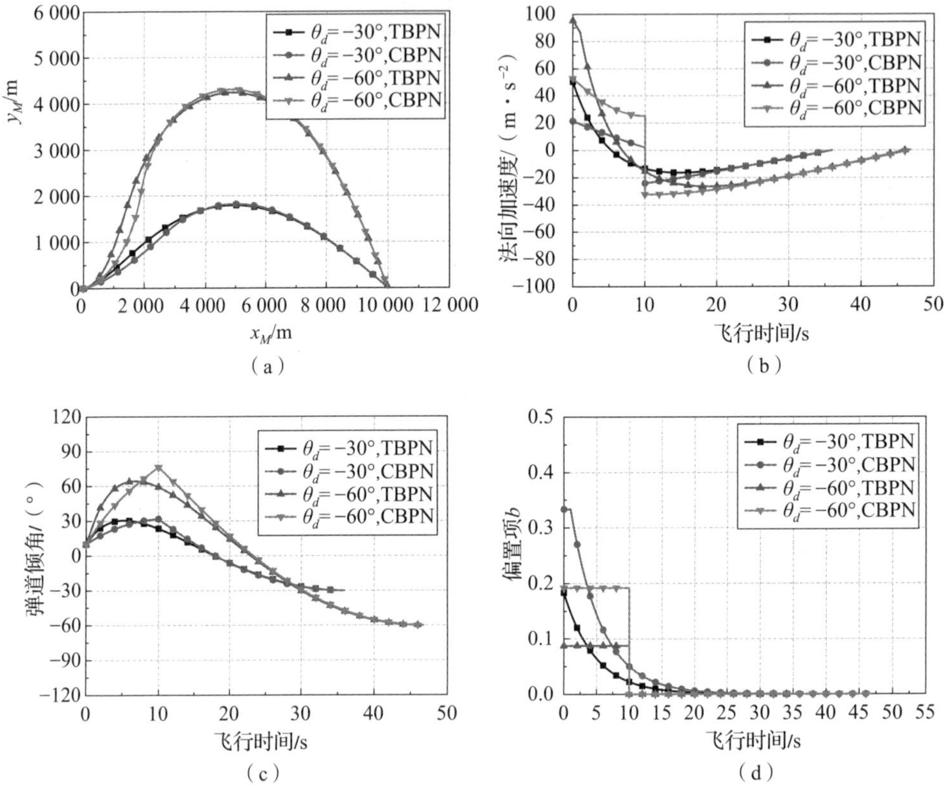

图 9.5　两种偏置比例导引律性能对比

（a）弹道曲线；（b）加速度曲线；

（c）弹道倾角曲线；（d）偏置项变化曲线

9.5　总结与拓展阅读

本章论述了偏置比例导引的演化过程，阐述了偏置比例导引与弹道成型制导律的内涵差异，通过引入逆最优理论，给出了常值偏置比例导引的详细逆向理论求解过程及权矩阵选择依据；将常值偏置比例导引拓展为时变偏置比例导引，设计了一种时变偏置项，并进行了仿真验证。

偏置比例导引并不是很新颖的概念，但其丰富的内涵与极高的潜在应用价值值得我们继续深入研究、探讨。近几年，出现不少优秀的偏置比例导引相关学术论文，如文献［4－10］等，读者可自行阅读。

本章参考文献

[1] GARNELL P, EAST D J, SIOURIS G M. Guided weapon control systems [M]. QI Z K, revised. Beijing: Beijing Institute of Technology Press, 2003: 358 – 360.

[2] 祁载康. 战术导弹制导控制系统设计 [M]. 北京: 中国宇航出版社, 2018.

[3] QI Z K. Design of guidance and control systems for tactical missiles [M]. Beijing: Beijing Institute of Technology Press, 2019.

[4] ERER K S, MERTTOPÇUOĞLU O. Indirect impact – angle – control against stationary targets using biased pure proportional navigation [J]. Journal of guidance, control, and dynamics, 2012, 35 (2): 700 – 703.

[5] ERER K S, ÖZGÖRER M K. Control of impact angle using biased proportional navigation [C]//AIAA Guidance, Navigation, and Control (GNC) Conference, 2013.

[6] LEE C H, KIM T H, TAHK M J. Interception angle control guidance using proportional navigation with error feedback [J]. Journal of guidance, control, and dynamics, 2013, 36 (5): 1556 – 1561.

[7] KIM T H, PARK B G, TAHK M J. Bias – shaping method for biased proportional navigation with terminal – angle constraint [J]. Journal of guidance, control, and dynamics, 2013, 36 (6): 1810 – 1815.

[8] TEKIN R, ERER K S. Switched – gain guidance for impact angle control under physical constraints [J]. Journal of guidance, control, and dynamics, 2015, 38 (2): 205 – 216.

[9] RATNOO A. Analysis of two – stage proportional navigation with heading constraints [J]. Journal of guidance, control, and dynamics, 2016, 39 (1): 156 – 164.

[10] YANG Z, WANG H, LIN D F, et al. A new impact time and angle control guidance law for stationary and nonmaneuvering targets [J]. International journal of aerospace engineering, 2016 (6): 1 – 14.

[11] 王荣刚, 唐硕. 拦截高速运动目标广义相对偏置比例制导律 [J]. 西北工业大学学报, 2019, 37 (4): 682 – 690.

[12] 安泽, 熊芬芬, 梁卓楠. 基于偏置比例导引与凸优化的火箭垂直着陆制

导 [J]. 航空学报, 2020, 41 (5): 242 –255.

[13] YAN L, ZHAO J G, SHEN H R, et al. Three – dimensional united biased proportional navigation law for interception of maneuvering targets with angular constraint [J]. Proceedings of the Institution of Mechanical Engineers part G – journal of aerospace engineering, 2015, 229 (6): 1013 –1024.

第 10 章 具有视角约束的偏置比例导引

10.1 引　　言

导引头视角是指导弹速度轴与导引头光轴之间的夹角，与传统的导引头视场角定义之间相差一个攻角。在实际应用中，由于攻角难以直接精确测量，因此在制导律的理论研究中通常选择忽略攻角，在这种情况下，也可认为视角近似等价于视场角[1-9]。

在导引头跟踪目标的过程中若目标丢失或超出导引头的视角（视场角），则可能引起制导信号的中断或不连续，严重影响制导精度。为了避免目标超出导引头的视角，需要在制导律的设计中考虑针对视角的特殊约束，本章以此为出发点，展开讨论。

10.2 具有视角约束的常值偏置比例导引

10.2.1 视角约束下的常值偏置比例导引

根据第 9 章内容及式（9.43），由偏置比例导引驱动的弹目运动方程如下：

$$\begin{cases}\dot{r} = -V_M\cos\phi \\ \dot{\phi} = -(N-1)\dfrac{V_M}{r}\sin\phi + b\end{cases} \tag{10.1}$$

其中，视角 $\phi = \theta - q$。为简化参数，利用无量纲化方法，定义 $\rho = br/V_M$，$\tau = bt$，则式（10.1）可表示为如下无量纲弹目距离 ρ、导弹视角 ϕ 相对于无量纲时间 τ 的运动学微分方程组：

$$\begin{cases}\rho' = \dfrac{d\rho}{d\tau} = \dfrac{d(b \cdot r/V_M)}{d(b \cdot t)} = \dfrac{1}{V_M}\dfrac{dr}{dt} \\ \phi' = \dfrac{d\phi}{d\tau} = \dfrac{1}{b}\dfrac{d\phi}{dt}\end{cases} \tag{10.2}$$

联立式（10.2）两个表达式，得到

$$\begin{cases}\rho' = -\cos\phi \\ \phi' = -(N-1)\dfrac{\sin\phi}{\rho} + 1\end{cases} \tag{10.3}$$

求解上述微分方程，得到视角 ϕ 和无量纲弹目距离 ρ 的解析表达式，如下所示：

$$\sin\phi = \begin{cases}C\rho^{N-1} + \dfrac{\rho}{N-2}, N \neq 2 \\ \rho(-\ln\rho + C), N = 2\end{cases} \tag{10.4}$$

其中，C 为积分常值。当 $N \neq 2$ 时，以无量纲距离 ρ 为自变量，对式（10.4）两边同时求导，得到

$$\frac{d(\sin\phi)}{d\rho} = \frac{\cos\phi d\phi}{d\rho} = C(N-1)\rho^{N-2} + \frac{1}{N-2} \tag{10.5}$$

令式（10.5）右边等于0，得到视角极值与无量纲距离之间的关系式，如下：

$$\frac{\cos\phi_{max} d\phi_{max}}{d\rho_{max}} = C(N-1)\rho_{max}^{N-2} + \frac{1}{N-2} \tag{10.6}$$

式中，ϕ_{max}为视角极值；ρ_{max}为视角达到 ϕ_{max}时刻对应的无量纲距离。

由于视角与导引头的物理视场角近似等价，因此可以认为视角的极值 ϕ_{max}为已知量。联立式（10.4）和式（10.6），得到关于无量纲距离 ρ_{max} 和积分常数 C 的方程组，如下：

$$\begin{cases}C\rho_{max}^{N-1} + \dfrac{\rho_{max}}{N-2} = \sin\phi_{max}, N \neq 2 \\ C(N-1)\rho_{max}^{N-2} + \dfrac{1}{N-2} = 0, N \neq 2\end{cases} \tag{10.7}$$

求解得到

$$\begin{cases}\sin\phi_{max} = \dfrac{\rho_{max}}{(N-1)} \\ C = -\dfrac{1}{(N-2)(N-1)^{N-1}(\sin\phi_{max})^{N-2}}, N \neq 2\end{cases} \tag{10.8}$$

式（10.8）分别表示视角极值与无量纲距离、积分常数的关系。

以 N 为 3 和 4 时为例，根据式（10.8）视角极值与无量纲距离关系，在相平面轨迹上画出视角极值轨迹，如图 10.1 所示，主要考查视角在 $\phi \in (0,$

π/2）范围内的稳定区域。图 10.1 中虚线表示积分常数 C 取不同值时视角随无量纲距离的变化轨迹，实线表示不同无量纲距离下的视角极值轨迹；实线与虚线交点为 C 给定取值下的相轨迹视角最大值。

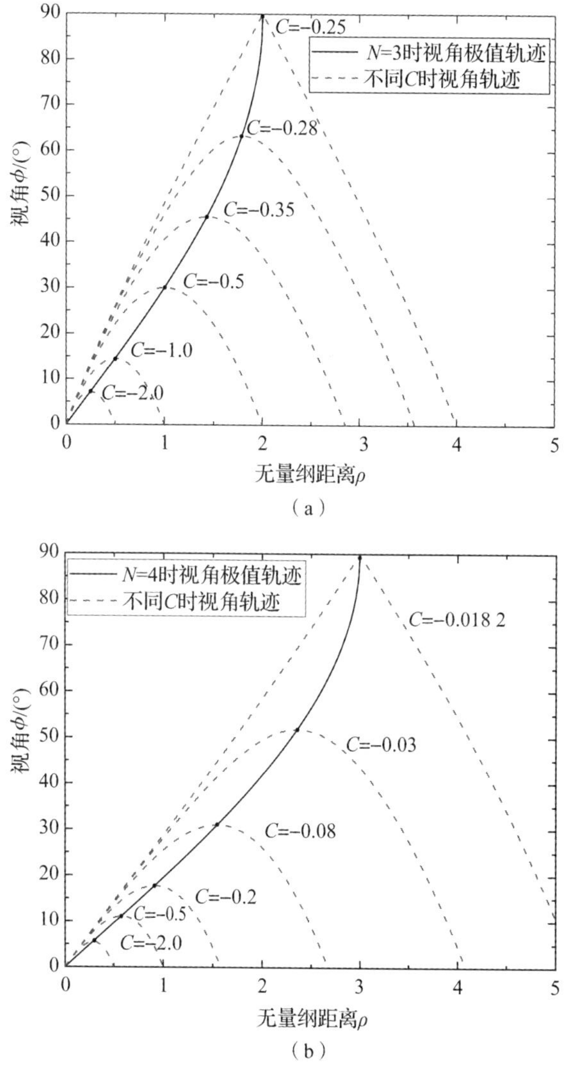

图 10.1　不同无量纲距离下的视角极值和视角变化轨迹

（a）$N=3$；（b）$N=4$

由图 10.1 可以看出，偏置比例导引的导弹视角随着无量纲弹目距离逐渐接近，先单调增大，达到视角极大值后再递减收敛到零。初始无量纲弹目距离 ρ_0 越大，积分常值 C 越小，目标视角极值 ϕ_{max} 越大。根据无量纲距离 ρ 的定义，初值 ρ_0 与常值偏置项 b 有如下对应关系：

$$b = b_0 = \frac{\rho_0 V_M}{r_0} \tag{10.9}$$

由式（10.9）可以看出，b 与 ρ_0 成正比。随着偏置项的增大，初始无量纲距离 ρ_0 增大，视角极值 $\phi_{\max}$ 增大。因此，可以通过控制偏置量大小实现对视角极值的约束。

将式（10.8）的常值 C 表达式代入式（10.4）中第一式，得到

$$\sin\phi = -\frac{\rho^{N-1}}{(N-2)(N-1)^{N-1}(\sin\phi_{\max})^{N-2}} + \frac{\rho}{N-2}, N\neq 2 \tag{10.10}$$

由于视角极值可以认为是提前设计的已知量，导航系数 N 也为设计值，因此一旦确定了 $\phi_{\max}$ 和 N，则视角仅与 ρ 相关。在初始时刻，已知 ρ_0，则有

$$\sin\phi_0 = -\frac{\rho_0^{N-1}}{(N-2)(N-1)^{N-1}(\sin\phi_{\max})^{N-2}} + \frac{\rho_0}{N-2}, N\neq 2 \tag{10.11}$$

类似地，当 $N=2$ 时，对（10.4）的第二式求导得到

$$\frac{\mathrm{d}(\sin\phi)}{\mathrm{d}\rho} = C - 1 - \ln\rho \tag{10.12}$$

令式（10.12）右边等于0，得到如下关系式：

$$C = \ln\rho_{\max} + 1, N=2 \tag{10.13}$$

进一步得到

$$\sin\phi_{\max} = \rho_{\max}, N=2 \tag{10.14}$$

因此，C 又可表示为

$$C = \ln(\sin\phi_{\max}) + 1, N=2 \tag{10.15}$$

考虑初始状态，得到

$$\frac{\sin\phi_0}{\rho_0} = \ln\left(\frac{\sin\phi_{\max}}{\rho_0}\right) + 1, N=2 \tag{10.16}$$

分析上述 $N=2$ 以及 $N\neq 2$ 时的结果，综合得到当前视角、视角初值、视角极值和积分常值 C 的表达式，如下所示：

$$\begin{cases} \sin\phi = -\dfrac{\rho^{N-1}}{(N-2)(N-1)^{N-1}(\sin\phi_{\max})^{N-2}} + \dfrac{\rho}{N-2}, N\neq 2 \\ \sin\phi = \rho\ln\left(\dfrac{\sin\phi_{\max}}{\rho}\right) + \rho, N=2 \end{cases} \tag{10.17}$$

$$\begin{cases} \sin\phi_0 = -\dfrac{\rho_0^{N-1}}{(N-2)(N-1)^{N-1}(\sin\phi_{\max})^{N-2}} + \dfrac{\rho_0}{N-2}, N\neq 2 \\ \sin\phi_0 = \rho_0\ln\left(\dfrac{\sin\phi_{\max}}{\rho_0}\right) + \rho_0, N=2 \end{cases} \tag{10.18}$$

$$\sin \phi_{\max} = \frac{\rho_{\max}}{(N-1)} \tag{10.19}$$

$$\begin{cases} C = -\dfrac{1}{(N-2)(N-1)^{N-1}(\sin \phi_{\max})^{N-2}}, N \neq 2 \\ C = \ln(\sin \phi_{\max}) + 1, N = 2 \end{cases} \tag{10.20}$$

若假设导航系数 N、视角极值 $\phi_{\max}$、视角初值 ϕ_0 已知，则可利用数值解法求出式（10.18）中的 ρ_0，再根据偏置项的表达式（10.9），求出偏置比例导引律的常值偏置项 b。通过控制偏置项 b，控制视角在导引头视场角范围内。

根据偏置比例导引定义，期望偏置积分总量为

$$B_d = \int_{t_0}^{t_d} b\mathrm{d}t = Nq_0 - \theta_0 - (N-1)\theta_d \tag{10.21}$$

偏置比例导引通常和比例导引组合使用时，当偏置积分项 $B(t) = \int_{t_0}^{t} b\mathrm{d}t$ 等于 B_d 时，制导律切换为比例导引。根据比例导引的终端角度表达式（9.4）以及视角的定义 $\phi = \theta - q$，容易得到切换成比例导引后，终点的理论落角为

$$\theta_d = \theta_s - \frac{N\phi_s}{N-1} \tag{10.22}$$

其中，θ_s 和 ϕ_s 分别表示切换时刻的弹道倾角和视角。为使式（10.22）更具一般意义，重写为如下形式：

$$\Theta(t) = \theta_s - \frac{N\phi_s}{N-1} \tag{10.23}$$

当 $|\Theta(t)| < |\theta_d|$ 时，制导律采用带视角约束的偏置比例导引；当 $|\Theta(t)| \geq |\theta_d|$，制导律切换为常规的比例导引，最终实现视角、落点、落角的多约束制导。

10.2.2 仿真验证

下面通过仿真验证这种考虑导引头视角约束的常值偏置比例导引律的可行性。仿真初始参数如表 10.1 所示。图 10.2（a）给出 N 分别为 2 和 3 时制导律的弹道曲线，图 10.2（b）为对应条件下的加速度曲线。当 $N = 2$ 时制导律切换后加速度保持常值，当 $N = 3$ 时制导律切换后加速度单调收敛到零，

表 10.1 考虑视角约束的时变偏置比例导引仿真初始参数

导弹发射坐标 (x_M, y_M)/m	目标坐标 (x_T, y_T)/m	导弹速 V_M/(m·s^{-1})	初始发射角 θ_0/(°)	期望落角 θ_d/(°)	视角 $\phi_{\max}$/(°)
(0, 0)	(5 000, 0)	250	25	−60, −90	45

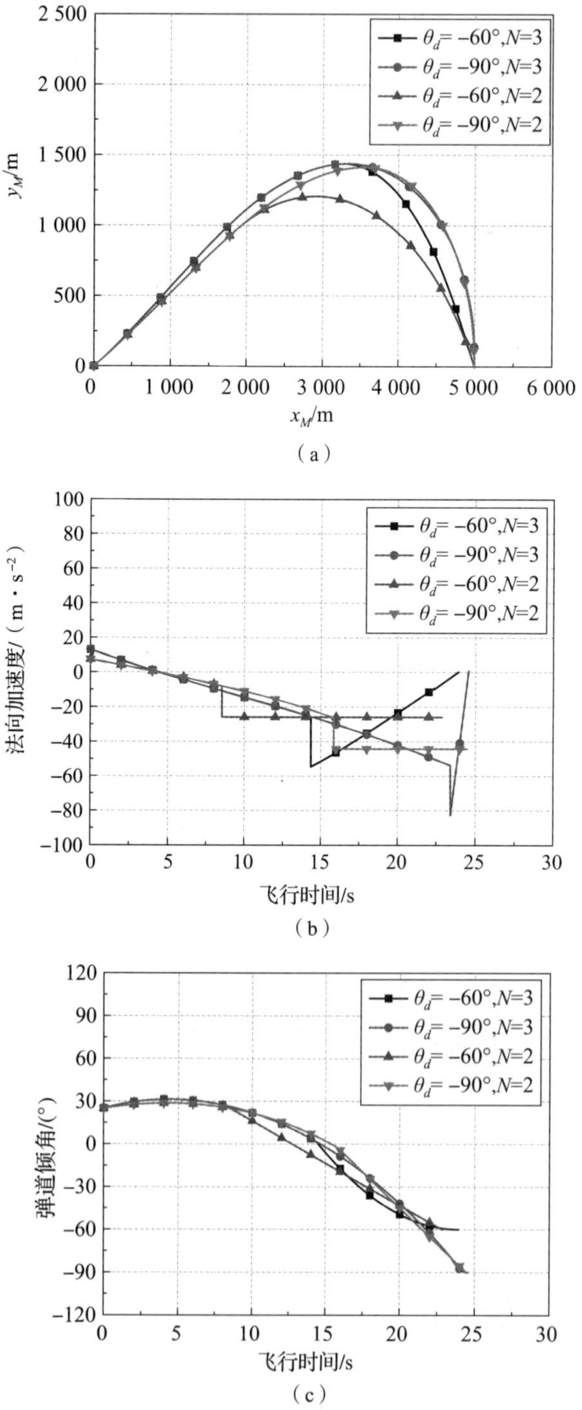

图 10.2　考虑导引头视角约束的常值偏置比例导引仿真结果

（a）弹道曲线；（b）加速度曲线；（c）弹道倾角曲线

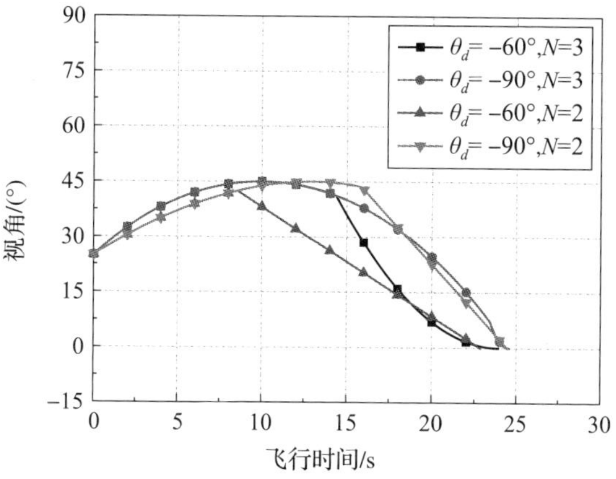

（d）

图 10.2　考虑导引头视角约束的常值偏置比例导引仿真结果（续）

（d）视角变化曲线

与不考虑制导动力学时比例导引的加速度变化规律吻合。由图 10.2（c）和图 10.2（d）可以看出，在实现落角控制的同时，制导律有效地保证了视角不超出导引头视场角范围。

10.3　具有视角约束的时变偏置比例导引

10.3.1　初始段的时变偏置比例导引 – 考虑视角约束

前文研究表明，在常值偏置比例导引达到预定约束条件后，通常的做法是切换成其他的末制导律，如比例导引等，但在切换时刻往往会引起过载指令的跳变，不利于后续制导段制导指令的执行，图 10.2（b）的仿真结果也显示了这一点。本节以此为出发点，探讨考虑导引头视角约束的时变偏置比例导引方法。

将偏置比例导引分为两段，初始段的偏置比例导引偏置项设置为

$$b_1 = (1 - N)\dot{q} + \frac{1}{\tau_1}(\phi_{\max} - \phi) \tag{10.24}$$

式中，ϕ 为导弹视角；$\phi_{\max}$ 为导引头最大可用视角；τ_1 为时间常数，$\tau_1 > 0$。

将式（10.24）代入第 9 章式（9.6）中，得到

$$a_c(t) = V_M\left[\dot{q} + \frac{1}{\tau_1}(\phi_{\max} - \phi)\right] \text{ or } \dot{\theta} = \dot{q} + \frac{1}{\tau_1}(\phi_{\max} - \phi) \tag{10.25}$$

根据视角的定义及偏置比例导引的通用表达式（9.7），有

$$\dot{\phi} = \dot{\theta} - \dot{q} = (N-1)\dot{q} + b \tag{10.26}$$

将式（10.24）的偏置项代入式（10.26）中，得到

$$\dot{\phi} = \frac{1}{\tau_1}(\phi_{\max} - \phi) \tag{10.27}$$

微分方程式（10.27）的解为

$$\phi = Ce^{-t/\tau_1} + \phi_{\max} \tag{10.28}$$

根据初值条件，在 $t=0$ 时 $\phi=\phi_0$，得到常数 $C=\phi_0-\phi_{\max}$。因此，式（10.28）可具体表示为

$$\phi = \phi_{\max}(1 - e^{-t/\tau_1}) + \phi_0 e^{-t/\tau_1} \tag{10.29}$$

假设 $\phi_0=0$，根据式（10.29），图 10.3 给出了视角随时间变化曲线，表 10.2给出了不同时间下的视角典型取值。由此可以看出，当 t 达到 τ_1 的 5 倍以上时，可以认为视角基本达到了最大极值。因此可以认为，无论初始视角大小，式（10.25）保证了视角 ϕ 按图 10.3 所示规律渐进收敛到最大视角 $\phi_{\max}$。

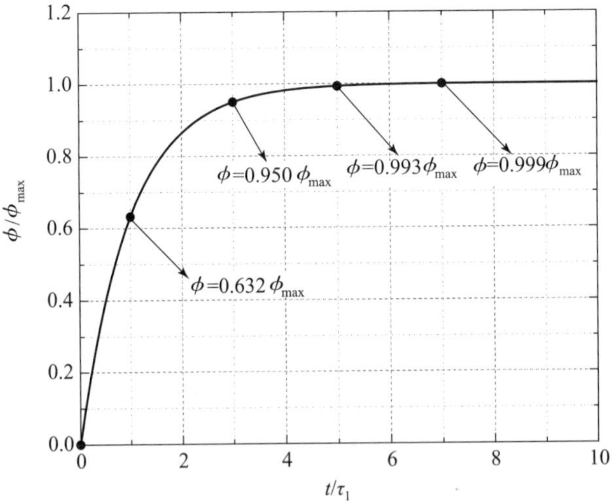

图 10.3　初始段偏置比例导引的视角随时间变化曲线

表 10.2　初始段偏置比例导引的视角随时间变化典型值

序号	时间 t	视角 ϕ 取值
1	$t=0$	$\phi=0$
2	$t=\tau_1$	$\phi=0.632\phi_{\max}$
3	$t=3\tau_1$	$\phi=0.950\phi_{\max}$
4	$t=5\tau_1$	$\phi=0.993\phi_{\max}$
5	$t=7\tau_1$	$\phi=0.999\phi_{\max}$

进一步分析式（10.25），在初始制导段，弹目距离较远，相比较小的弹目视线角速度 $\dot{q}$，偏置项在过载指令中起主要作用，因此最大过载出现在制导初始时刻，表示为

$$a_{c1,\max} = -\frac{V_M^2 \sin\phi_0}{r_0} + \frac{V_M}{\tau_1}(\phi_{\max} - \phi_0) \tag{10.30}$$

若已知最大可用过载 $a_{c\max}$，则根据式（10.30）可以得到时间常数 τ_1 的取值范围，如下：

$$\tau_1 \geqslant \frac{V_M(\phi_{\max} - \phi_0)}{\left(a_{c\max} + \dfrac{V_M^2 \sin\phi_0}{r_0}\right)} \tag{10.31}$$

上述初始段时变偏置比例导引保证导引头视角不出最大视角范围，偏置项中的时间常数 τ_1 的选择依据是保证初始段最大过载不超过导弹可用过载，防止出现过载指令饱和的现象。

10.3.2　第二段时变偏置比例导引－考虑终端角度约束

在上述初始段的时变偏置比例导引中，已经完成了对视角的约束；在第二段的制导中，主要考虑对终端角度的约束。根据前面章节的内容，第二段的时变偏置比例导引的偏置项可表示为[7-8]

$$b_2(t) = \dot{B}(t) = \frac{B_d - B(t)}{\tau_2} \tag{10.32}$$

其中，$b_2(t)$ 为时变偏置项，τ_2 为大于 0 的时间常数，式（10.32）保证了时变偏置积分项 $B(t)$ 逐渐收敛到期望值 B_d。求解上述微分方程，容易得到

$$B(t) = Ce^{-(t-t_s)/\tau_2} + B_d \tag{10.33}$$

式中，C 为待定常数；t_s 为初始段偏置比例导引切换到第二段的时刻，在时刻 t_s 处，偏置项的积分可表示为

$$B_s = \int_{t_0}^{t_s} b_1(t)\,\mathrm{d}t \tag{10.34}$$

故而积分常数 C 可表示为

$$C = B_s - B_d \tag{10.35}$$

联立式（10.33）和式（10.35），得到

$$B(t) = (B_s - B_d)e^{-(t-t_s)/\tau_2} + B_d \tag{10.36}$$

因此，第二段偏置比例导引的时变偏置项又可详细表示为

$$b_2(t) = -\frac{(B_s - B_d)e^{-(t-t_s)/\tau_2}}{\tau_2} \tag{10.37}$$

由此可以看出，随着时间的增加，时变偏置项 b_2 趋近于 0，偏置项积分

趋于期望值 B_d，在终端时刻 t_d处，$B(t_d)=B_d$，实现期望的角度控制。

综合上述两段时变偏置比例导引，其切换指令可表述为

$$b=\begin{cases}b_1, |b_1|<|b_2| \\ b_2, |b_1|\geqslant|b_2|\end{cases} \tag{10.38}$$

考虑视角约束的时变偏置比例导引律工作流程如图 10.4 所示。制导律在视角和落角控制时并没有使用弹目距离信息或剩余飞行时间信息，所采用的信息为导弹视角 ϕ 和弹目视线角速度 $\dot{q}$。

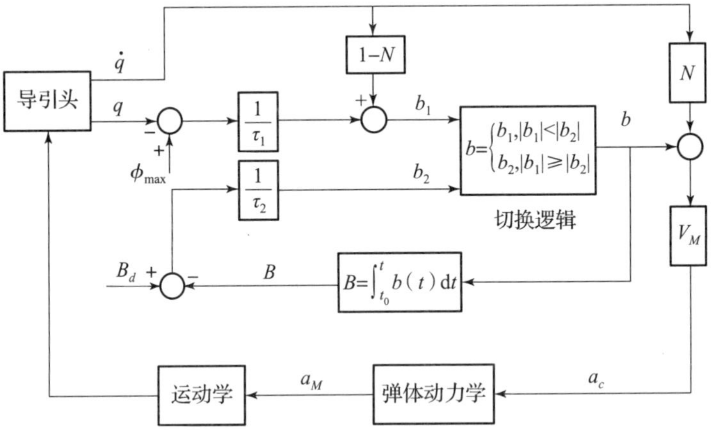

图 10.4　考虑视角约束的时变偏置比例导引律工作流程

当$|b_1|<|b_2|$时，根据 b_1 定义，导弹视角的角速度为

$$\dot{\phi}=(N-1)\dot{q}+b_1=\frac{1}{\tau_1}(\phi_{max}-\phi) \tag{10.39}$$

由此可见，当 $\phi\to\phi_{max}$时，视角角速度逐渐减小到零。

当$|b_1|\geqslant|b_2|$时，视角角速度为

$$\dot{\phi}=(N-1)\dot{q}+b_2=(1-N)\frac{V_M}{r}\sin\phi+\frac{(B_d-B_s)e^{-(t-t_s)/\tau_2}}{\tau_2} \tag{10.40}$$

在切换时刻 t_s处，$|b_1|=|b_2|$；切换完成后，$t\geqslant t_s$，当满足条件 $N\geqslant2$、$0\leqslant\phi\leqslant\pi/2$ 时，有

$$\frac{(1-N)V_M\sin\phi(t)}{r(t)}\leqslant\frac{(1-N)V_M\sin\phi(t_s)}{r(t_s)}<0 \tag{10.41}$$

$$\frac{(B_d-B_s)}{\tau_2}\geqslant\frac{(B_d-B_s)e^{-(t-t_s)/\tau_2}}{\tau_2}>0 \tag{10.42}$$

联立式（10.40）~式（10.42），得到

$$
\begin{aligned}
\dot{\phi}(t) &= (1-N)\frac{V_M}{r}\sin\phi(t) + \frac{(B_d - B_s)e^{-(t-t_s)/\tau_2}}{\tau_2} \\
&\leqslant \frac{(1-N)V_M\sin\phi(t_s)}{r(t_s)} + \frac{(B_d - B_s)}{\tau_2} = \phi(t_s) \leqslant 0
\end{aligned}
\tag{10.43}
$$

由式（10.43）可以看出，切换到第二段偏置比例导引后，弹道的视角角速度小于等于零，即视角小于切换时刻的最大视场角。因此，本节设计的时变偏置比例导引保证了前后两段弹道的视角均在约束的范围内。

10.3.3　切换条件分析

首先求解两段偏置比例导引切换时刻 t_s 处的弹目距离 r_s。根据前文的分析结果，我们知道在切换时刻 t_s 处，$\phi = \phi_{\max}$，也就是说 $\phi_{\max} - \phi = 0$，因此根据式（10.24），得到

$$
b_1(t_s) = (1-N)\dot{q}_s = (N-1)\frac{V_M}{r_s}\sin\phi_{\max} \tag{10.44}
$$

在切换时刻，偏置项积分总量为

$$
\begin{aligned}
B_s &= \int_{t_0}^{t_s} b_1(t)\,\mathrm{d}t \\
&= \int_{t_0}^{t_s} [(1-N)\dot{q} + \dot{\phi}]\,\mathrm{d}t \\
&= (1-N)(q_s - q_0) + (\phi_{\max} - \phi_0)
\end{aligned}
\tag{10.45}
$$

切换时刻第二段偏置项为

$$
b_2(t_s) = \frac{B_d - B_s}{\tau_2} = \frac{B_d + (N-1)(q_s - q_0) - (\phi_{\max} - \phi_0)}{\tau_2} \tag{10.46}
$$

在切换时刻，弹道倾角可表示为

$$
\theta_s = q_s + \phi_{\max} \tag{10.47}
$$

根据前文的几何关系方程，我们知道

$$
\begin{cases}
\dot{r} = -V_M\cos\phi \\
r\dot{q} = -V_M\sin\phi
\end{cases}
\tag{10.48}
$$

进一步得到

$$
\frac{dq}{dr} = \frac{\tan\phi}{r} \tag{10.49}
$$

在切换时刻，视角达到最大值，根据式（10.49），弹目视线角可表示为

$$
q_s = \tan\phi_{\max}\ln(r_s/r_0) \tag{10.50}
$$

将式（10.49）代入式（10.46），得到

$$b_2(t_s)=\frac{B_d+(N-1)[\tan\phi_{\max}\ln(r_s/r_0)-q_0]-(\phi_{\max}-\phi_0)}{\tau_2} \tag{10.51}$$

在切换时刻 $|b_1(t_s)|=|b_2(t_s)|$，则有

$$\left|(N-1)\frac{V_M}{r_s}\sin\phi_{\max}\right|=\left|\frac{B_d+(N-1)[\tan\phi_{\max}\ln(r_s/r_0)-q_0]-(\phi_{\max}-\phi_0)}{\tau_2}\right| \tag{10.52}$$

分析式（10.52）可知，只有切换时刻的弹目距离 r_s 是未知量，则 r_s 可通过数值解法计算得出。已经知道切换时刻视角为最大值 $\phi=\phi_{\max}$，根据切换时刻的弹目距离，可得切换时刻时间为

$$t_s=t_0+\frac{r_0-r_s}{V_M\cos\phi_{\max}} \tag{10.53}$$

10.3.4 仿真验证

1. 导弹速度恒定的情况

假定导弹速度恒定不变，主要仿真参数设置如表10.3所示。其中，期望落角分别在0°~180°范围内设置5个不同的取值。

表10.3 仿真参数设置

参数	N	$V_M/(\mathrm{m\cdot s^{-1}})$	r_0/m	$\theta_0/(°)$	$\phi_0/(°)$	$\phi_{\max}/(°)$	τ_1/s	τ_2/s	$\theta_d/(°)$
数值	3	250	5 000	15	15	45	2	0.5	0，-45，-90，-135，-180

仿真结果如图10.5所示。仿真结果表明，本书设计的时变偏置比例导引不受初始发射角度限制，能够满足0°~180°的全向攻击；期望的落角越大，所需导弹过载指令越大；攻击过程中导弹视角不超出设定的限制范围；对于较大的期望落角($|\theta_F|\geqslant|\theta_0|$)，初始阶段的时变偏置量 $b_1(t)$ 相同，不同的期望落角制导律在不同时刻切换 $b_1\to b_2$，但最终偏置总量趋近于期望的偏置总量，如图10.5（f）所示。

2. 导弹速度时变的情况[5]

导弹运动学和动力学的二维非线性模型可表示为

$$\begin{cases}\dot{x}_M=V_M\cos\theta\\ \dot{y}_M=V_M\sin\theta\\ \dot{V}_M=(T-D)/m-g\sin\theta\\ \dot{\theta}=(a_M-g\cos\theta)/V_M\end{cases} \tag{10.54}$$

式中，T 为推力；D 为空气阻力；m 为导弹质量；g 为重力加速度。

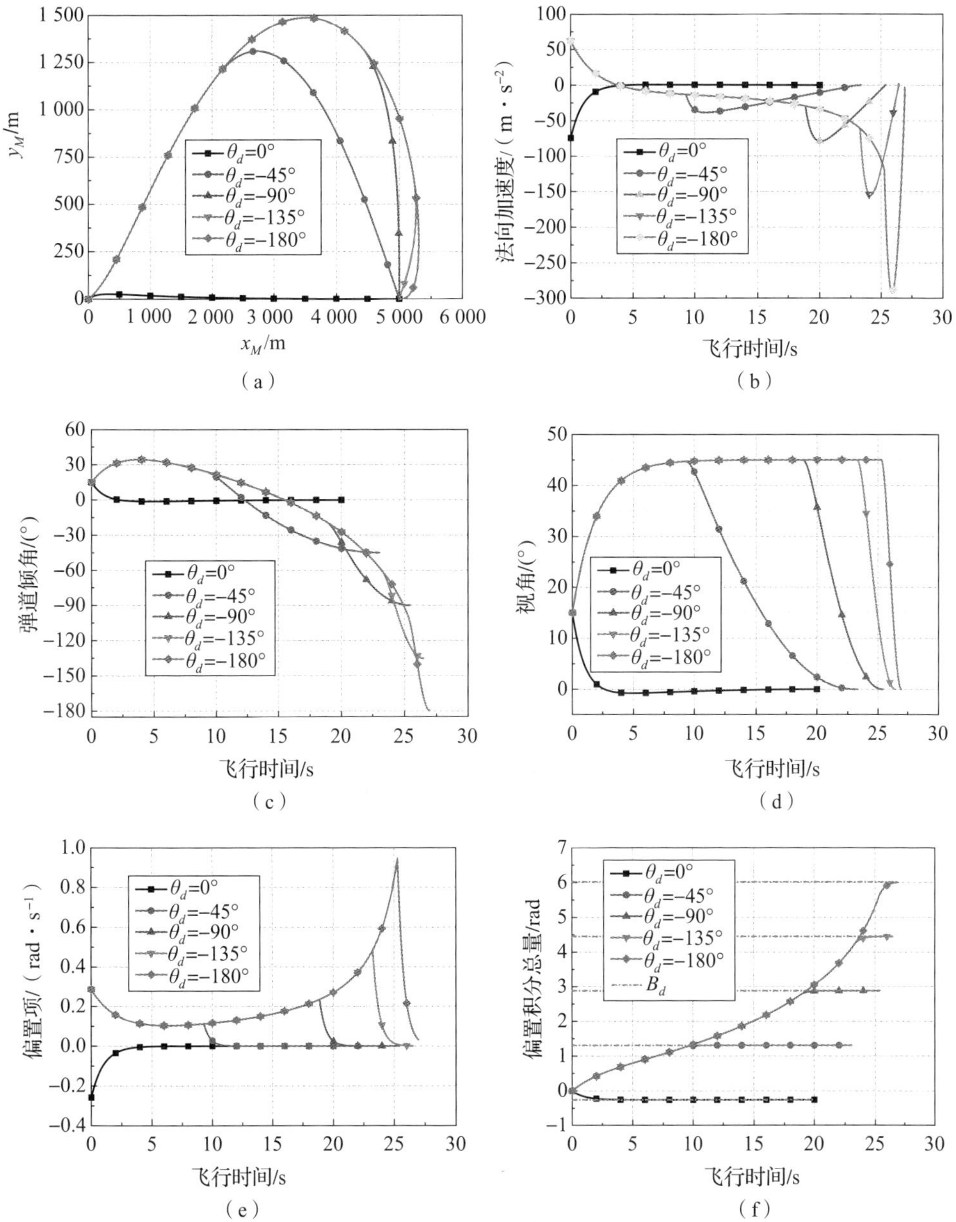

图 10.5　不同视角和落角约束下的时变偏置比例导引仿真结果

（a）弹道曲线；（b）过载曲线；（c）弹道倾角曲线；（d）导弹视角变化曲线；

（e）偏置项曲线；（f）偏置积分总量曲线

空气阻力 D 可表示为零升阻力和诱导阻力之和：

$$D = D_0 + D_{xi}, D_0 = c_{d0}QS, D_i = \frac{c_{di}m^2a_M^2}{QS} \tag{10.55}$$

式中，D_0为零升阻力，D_{xi}为诱导阻力；$Q = 0.5\rho V_M^{\ 2}$，表示动压；c_{d0}和 c_{di}为对应的阻力系数。零升阻力系数 c_{d0}表达式为

$$c_{d0} = \begin{cases} 0.02 & Ma < 0.93 \\ 0.02 + 0.2(Ma - 0.93) & Ma < 1.03 \\ 0.04 + 0.06(Ma - 1.03) & Ma < 1.10 \\ 0.0442 - 0.007(Ma - 1.10) & Ma \geqslant 1.10 \end{cases} \tag{10.56}$$

零升阻力系数 c_{di}表达式为

$$c_{di} = \begin{cases} 0.2 & Ma < 1.15 \\ 0.2 + 0.246(Ma - 1.15) & Ma \geqslant 1.15 \end{cases} \tag{10.57}$$

式（10.55）和式（10.56）中，Ma 表示马赫数。

不同时间的导弹质量变化为

$$m = \begin{cases} 135 - 14.35t & 0 \leqslant t < 1.5\ \text{s} \\ 113.205 - 3.331t & 1.5\ \text{s} \leqslant t < 8.5\ \text{s} \\ 90.035 & t \geqslant 8.5\ \text{s} \end{cases} \tag{10.58}$$

推力 T 的表达式为

$$T = \begin{cases} 45\,000\ \text{N} & 0 \leqslant \text{t} < 1.5\ \text{s} \\ 7\,500\ \text{N} & 1.5\ \text{s} \leqslant t < 8.5\ \text{s} \\ 0 & t \geqslant 8.5\ \text{s} \end{cases} \tag{10.59}$$

此外，导弹的控制系统假设为一阶动力学环节，表示为

$$a_M = \frac{1}{\tau_M s + 1} a_c \tag{10.60}$$

仿真条件参数设置如表 10.4 所示。

表 10.4　仿真参数设置

参数	N	r_0/m	θ_0/(°)	ϕ_0/(°)	ϕ_{max}/(°)	τ_1 /s	τ_2 /s	τ_M/s	θ_d/(°)
数值	3	10 000	40	40	45	2	0.5	0.3	−45, −90, −135

仿真结果如图 10.6 所示。图 10.6（a）和图 10.6（b）的弹道曲线和弹道倾曲线表明制导律可以满足不同期望落角要求。图 10.6（c）为导弹速度变化曲线，导弹在 0.85 s 处推力减小到零，此时速度达到最大值。随后导弹速度受重力和阻力的影响逐渐减小。图 10.6（d）给出了导弹过载指令和过载

响应的变化曲线。导弹在 1.5 s 推力结束时开始启控。过载变化规律与导弹速度恒定时基本一致，最终过载收敛到零。图 10.6（e）表明，初始制导段的导弹视角虽然不再是常值，但始终在视角范围内，切换为末制导段后逐渐收敛到零。

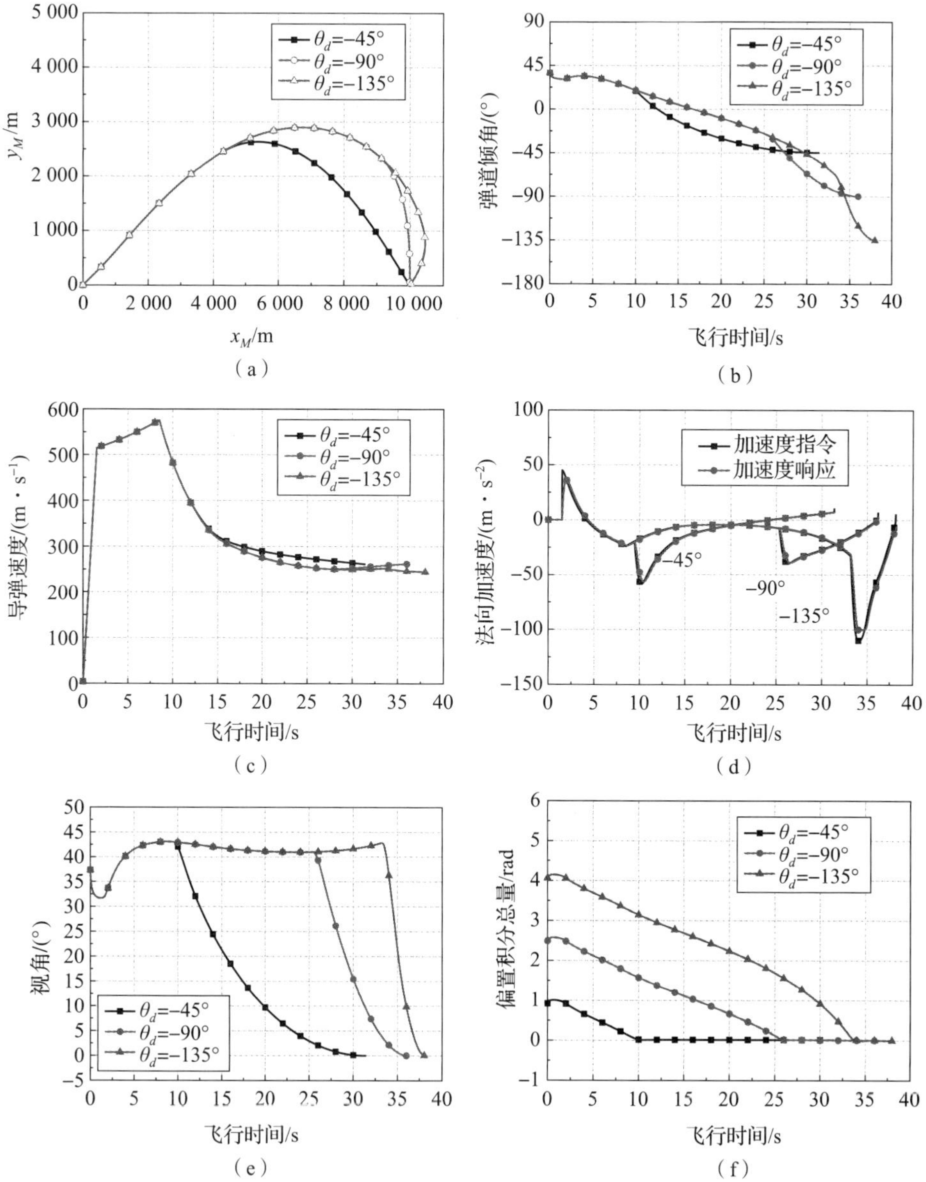

图 10.6　考虑空气动力学的时变偏置比例导引仿真结果

（a）弹道曲线；（b）弹道倾角曲线；（c）速度变化曲线；（d）过载曲线；
（e）导弹视角变化曲线；（f）偏置积分项变化曲线

10.4 总结与拓展阅读

在导引头跟踪目标的过程中若目标丢失或超出导引头的视角，则可能引起制导信号的中断或不连续，严重影响制导精度。为了避免目标超出导引头的视角，需要在制导律的设计中考虑针对视角的特殊约束。本章以视角约束为出发点，分别提出了带视角约束的常值偏置比例导引和时变偏置比例导引；其中，带视角约束的时变偏置比例导引由两段构成，初始段完成视角约束，第二段完成落角的约束。此外，文章讨论了两段制导的切换条件，分析了两类偏置比例导引的制导性能，并进行了仿真验证。

视角约束是相对新颖的概念，近些年逐渐引起人们的重视，如某制导弹箭采用激光捷联导引头，则其视角约束近似于捷联探测器的视场角约束。因此视角约束具有鲜明的工程应用需求，相关文献还可查阅文献［3，10－11］等。

本章参考文献

［1］SANG D K，TAHK M J. Guidance law switching logic considering the seeker's field－of－view limits［J］. Proceedings of the Institution of Mechanical Engineers part G－journal of aerospace engineering，2009（223）：1049－1058.

［2］PARK B G，KIM T H，TAHK M J. Optimal impact angle control guidance law considering the seeker's field－of－view limits［J］. Proceedings of the Institution of Mechanical Engineers part G－journal of aerospace engineering，2013，227（8）：1347－1364.

［3］PARK B G. Impact angle control guidance law considering the seeker's field of view limits［D］. Daejeon：Korea Advanced Institute of Science and Technology，2013.

［4］ERER K S，TEKIN R，ÖZGÖREN M K. Look angle constrained impact angle control based on proportional navigation［C］//AIAA Guidance，Navigation，and Control Conference，2015：1－11.

［5］RATNOO A. Analysis of two－stage proportional navigation with impact angle and field－of－view constraints［C］//AIAA Guidance，Navigation，and Control Conference，2015.

［6］PARK B G，KIM T H，TAHK M J. Range－to－go weighted optimal guidance with impact angle constraint and seeker's look angle limits［C］//IEEE transactions on aerospace and electronic systems, 2016, 52 (3): 1241 –1256.

[7] YANG Z, WANG H, LIN D F. Time – varying biased proportional guidance with seeker's field – of – view limit [J]. International journal of aerospace engineering, 2016 (3): 1 –11.

[8] 杨哲，林德福，王辉. 带视场角限制的攻击时间控制制导律 [J]. 系统工程与电子技术，2016，38 (9): 2122 –2128.

[9] 黄诘，张友安，刘永新. 一种有撞击角和视场角约束的运动目标的偏置比例导引算法 [J]. 宇航学报，2016，37 (2): 195 –202.

[10] PARK B G, KIM T H, TAHK M J. Biased PNG with terminal – angle constraint for intercepting nonmaneuvering targets under physical constraints [J]. IEEE transactions on aerospace and electronic systems, 2017, 53 (3): 1562 –1572.

[11] LEE S, ANN S J, CHO N, et al. Capturability of guidance laws for interception of nonmaneuvering target with field – of – view limit [J]. Journal of guidance, control, and dynamics, 2019, 42 (4): 869 –884.

附　　录

附录 A：主要符号表

$OXYZ$	地面坐标系
$O'X'Y'$	弹目视线参考坐标系
$oxyz$	终端弹目视线参考坐标系
LOS	弹目视线（line of sight）
PN	比例导引（proportional navigation）
PPN	纯比例导引（pure proportional navigation）
TPN	真比例导引（true proportional navigation）
CPN	经典比例导引（classic proportional navigation）
EPN	扩展的比例导引（extended proportional navigation）
APN	增强比例导引（augmented proportional navigation）
IPN	积分比例导引（integration proportional navigation）
BPN	偏置比例导引（biased proportional navigation）
VP	速度追踪（velocity pursuit）
TSG	弹道成型（trajectory shaping）
TPGL	基于剩余飞行时间的多项式制导律（time - to - go polynomial guidance law）
$\boldsymbol{x}$	系统状态向量
$\boldsymbol{x}(t_0)$，$\boldsymbol{x}_0$	系统状态初值

$\boldsymbol{u}$	系统控制向量
u	系统控制量
$\boldsymbol{A}$	系统状态矩阵
$\boldsymbol{B}$	系统控制矩阵
$\boldsymbol{H}$	终端加权矩阵
$\boldsymbol{Q}$	状态加权矩阵
$\boldsymbol{R}$	控制加权矩阵
R	控制权函数
$\boldsymbol{P}(t)$	Riccati 方程的解
V_M	导弹飞行速度
V_T	目标运动速度
V_R	导弹 - 目标相对速度
y'_M	弹目视线参考坐标系下的导弹位置
y'_T	弹目视线参考坐标系下的目标位置
y'_{MT}	弹目视线参考坐标系下的弹目相对位置
$\dot{y}'_{MT}$	弹目视线参考坐标系下的弹目相对位置微分
$\ddot{y}'_{MT}$	弹目视线参考坐标系下的弹目相对位置二阶微分
x_M，y_M	地面坐标系下导弹当前位置
x_T，y_T	地面坐标系下目标当前位置
$\dot{y}_M$	导弹当前位置微分
$\ddot{y}_M$	导弹当前加速度
y	导弹 - 目标相对位置
$\dot{y}$	导弹 - 目标相对位置微分
$\ddot{y}$	导弹 - 目标相对位置二阶微分
a_c	导弹纵向加速度指令
a_M	导弹对纵向加速度
a_T	目标纵向常值机动加速度
ϑ	俯仰姿态倾角

θ	弹道倾角
θ_c	弹道倾角控制指令
θ_d	偏置比例导引作用终止时刻弹道倾角
α	攻角
β	侧滑角
ε	初始方向误差角
σ	速度轴与终端 LOS 间的夹角
ϕ	弹轴与当前 LOS 间的夹角，定义为视角（look angle）
r	弹目斜距
r_{go}	剩余弹目斜距
t_F	导弹飞行时间或制导时间
t_{go}	剩余飞行时间
t_d	偏置比例导引作用终止时间
q	弹目视线角
q_F	导弹期望落角
q_d	偏置比例导引作用终止时刻弹道倾角
$\dot{q}$	弹目视线角速度
g	重力加速度常数
$G(s)$	制导动力学函数
T_g	制导动力学一阶系统时间常数
T_a，ωa，ζa	自动驾驶仪等效传函时间常数、自振频率、阻尼系数
T_s，ωs，ζs	导引头等效传函时间常数、自振频率、阻尼系数
N	比例导引导航系数
n	控制权函数指数，比例导引导航参数
N_P	终端位置约束项导航系数
N_q	终端攻击角度约束项导航系数
N_a	目标机动补偿项导航系数

附录 B：伴随法原理

对任何一个线性时变系统都能从它的原始系统方块图导出一个它的伴随系统。导出步骤如下。

（1）将原系统所有输入变换为脉冲输入。伴随法的原理是基于系统的脉冲响应的。附图 B.1 描述了一个阶跃输入和一个通过积分器的脉冲输入在积分器输出端是等效的；而且，一个初始条件和有脉冲输入的积分器在积分器输出端是等效的。

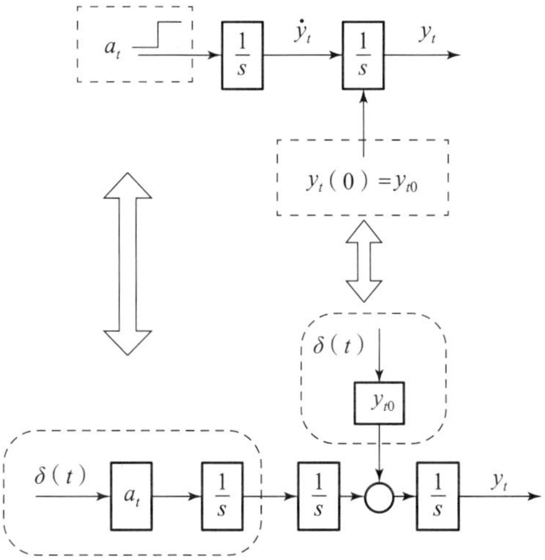

图 B.1　阶跃输入和初始条件能用脉冲输入来代替

（2）在所有随时间变化的参数变量中将 t 用 $t_F-\tau$ 替代。要强调的是，能将伴随法完美地运用于比例导引、弹道成型及其衍生形式制导律的导弹制导回路的分析设计中，是因为原系统的时变量中正好只有 $\boxed{t_F-\tau}$，将 t 用 $t_F-\tau$ 替代得到 τ。在伴随系统中 τ 就是原系统中给定的不同末导时间 t_F。这样就能有效利用伴随法的优势，仅一次运行得到脱靶量，读者在运用伴随法研究脱靶量的工作中会体会这一点。

如果原系统的时变量中存在 t，那么将 t 用 $t_F-\tau$ 替代后就是 $\boxed{t_F-\tau}$。在这种情况下，伴随法的优势就不能体现出来，不能仅运行一次计算机就得到我们想要的指标。这是因为在伴随模型的时变量中含有 t_F，要想得到结果，每一次运行都必须给定一个 t_F 值。从附表 B.1 中的 $b(t)$ 和 $b(t_F-t)$ 模块中会体现出区别。

表 B.1 伴随模型将求和点和节点重新定义

项目	原始系统	伴随系统
求和点（summing junction） 节点（node）	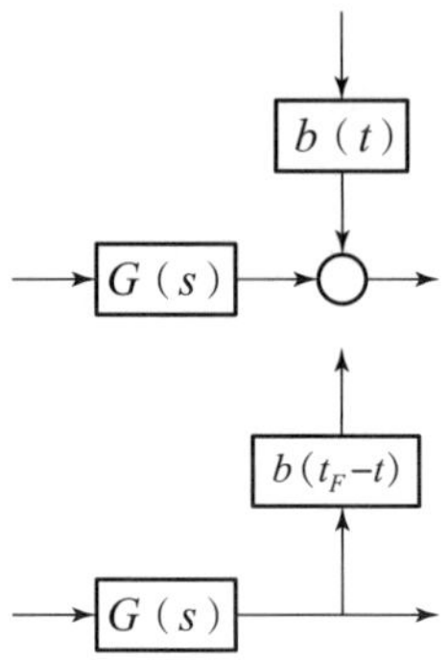	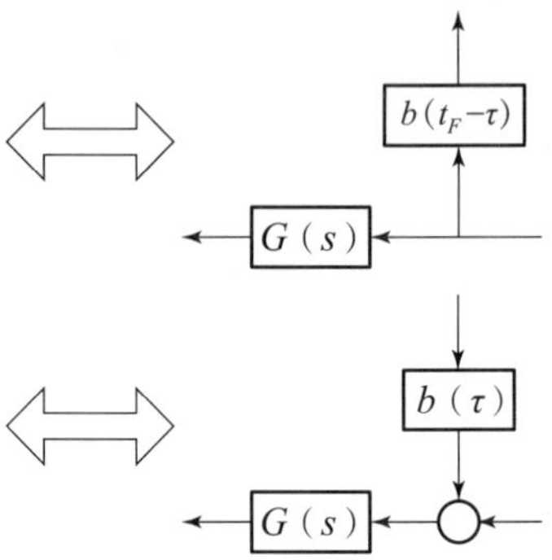

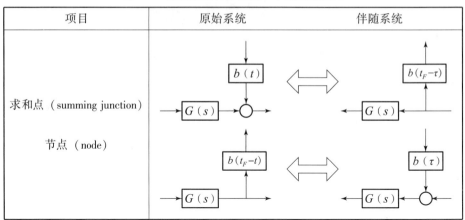

（3）将所有信号流向反向，将节点重新定义为求和点，并将求和点定义为节点。附表 B.1 表明在原始系统转化为伴随系统时，求和点和节点是怎样转换的；反之亦然。

使用上面的规则，就可以得到原系统的伴随系统，从而仅运行一次计算就能分析制导系统的性能。

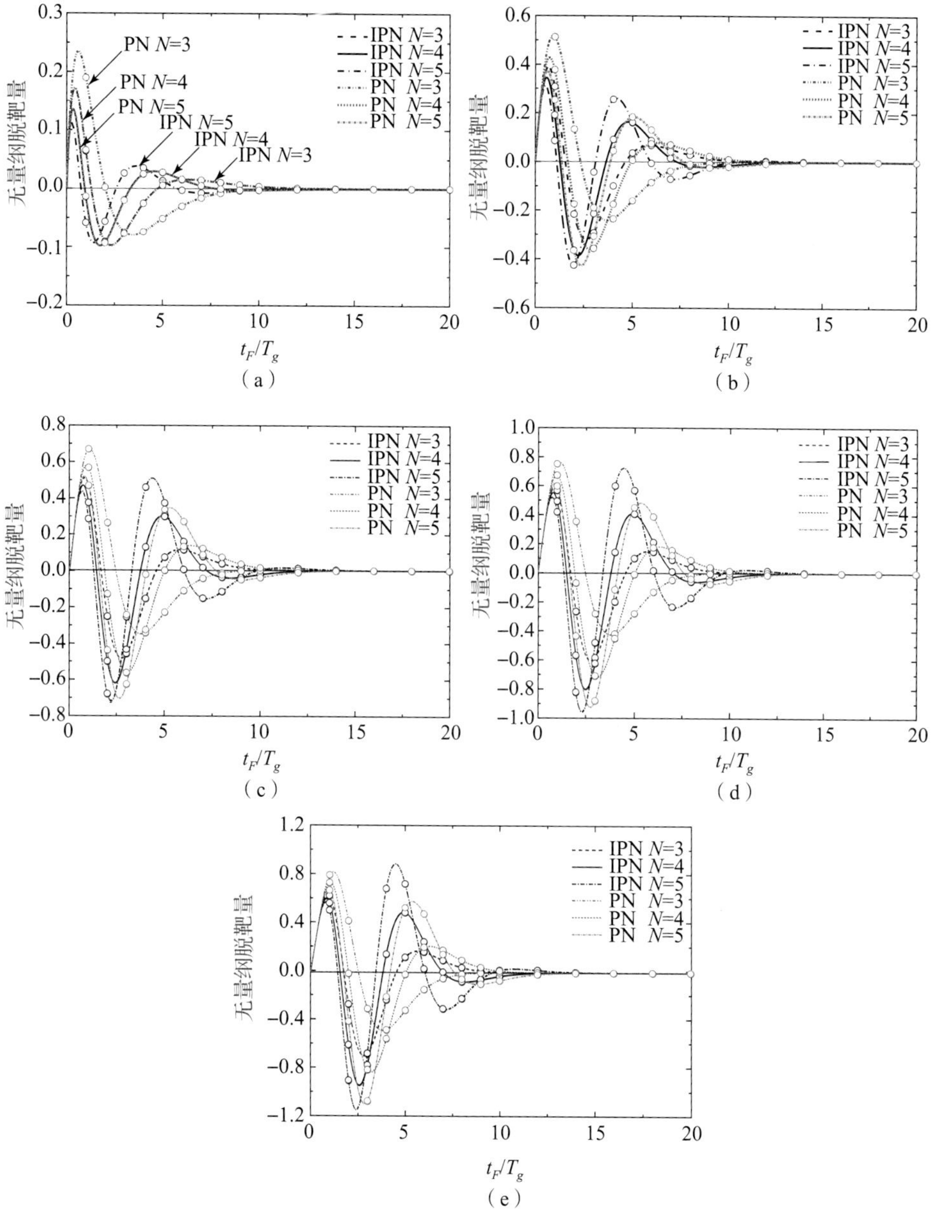

图 2.23 初始方向误差作用下的积分比例导引/比例导引脱靶量

(a) 积分比例导引/比例导引脱靶量对比（$m=1$）；(b) 积分比例导引/比例导引脱靶量对比（$m=2$）；
(c) 积分比例导引/比例导引脱靶量对比（$m=3$）；(d) 积分比例导引/比例导引脱靶量对比（$m=4$）；
(e) 积分比例导引/比例导引脱靶量对比（$m=5$）

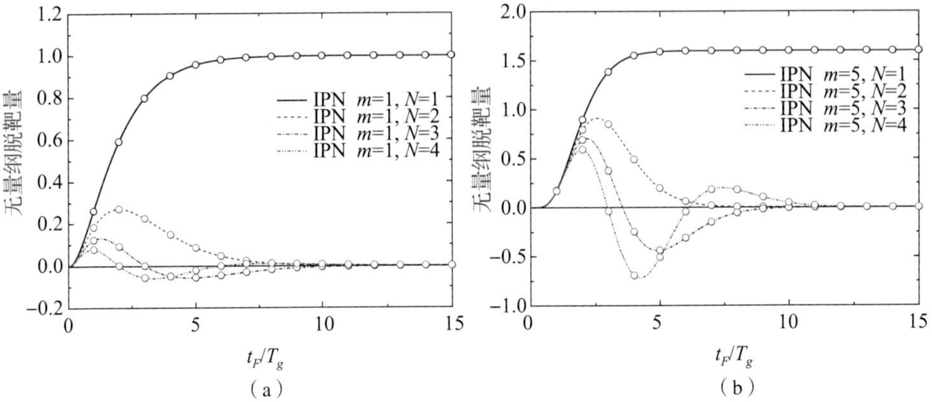

图 2.24　积分初值 θ_0 作用下的积分比例导引脱靶量

（a）$m=1$；（b）$m=5$

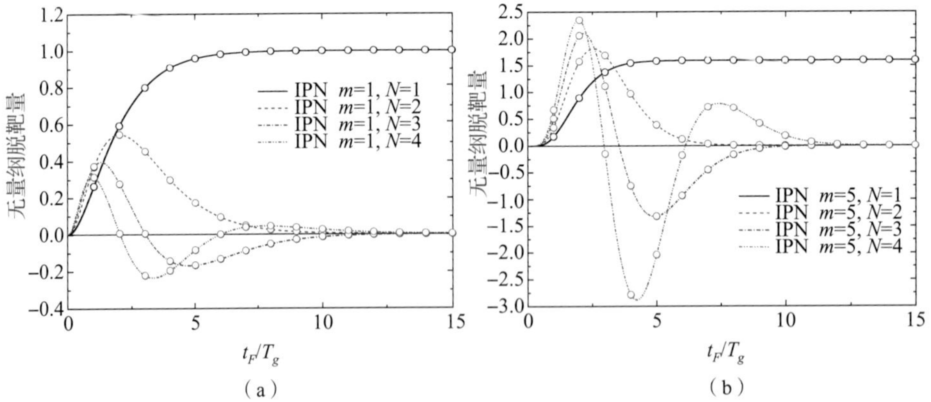

图 2.25　积分初值 q_0 作用下的积分比例导引脱靶量

（a）$m=1$；（b）$m=5$

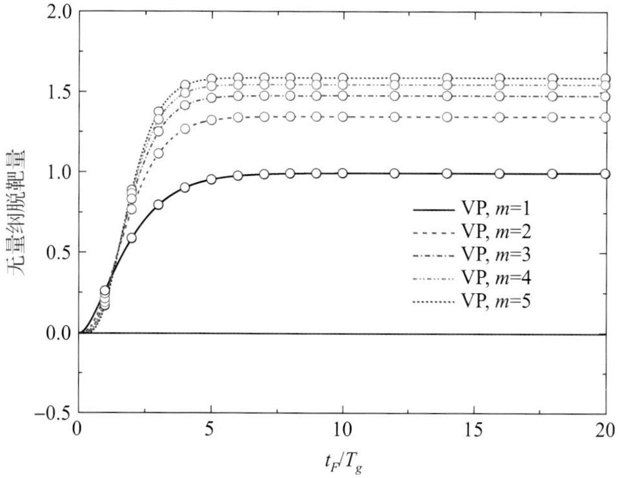

图 2.26 导引头零位误差作用下的速度追踪制导系统脱靶量影响

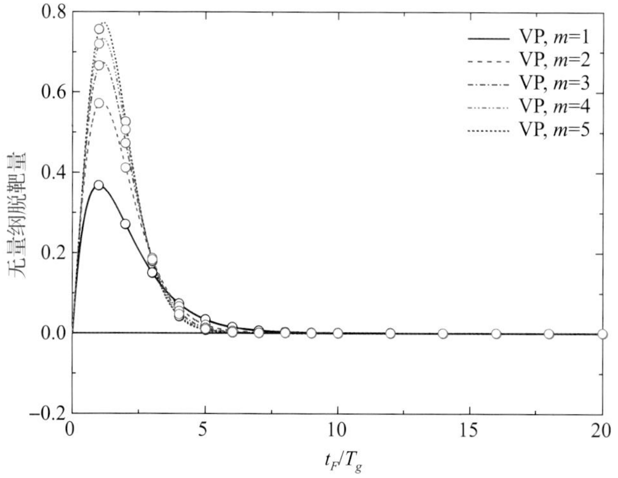

图 2.27 动力学阶数对初始方向误差作用下的速度追踪制导系统脱靶量影响

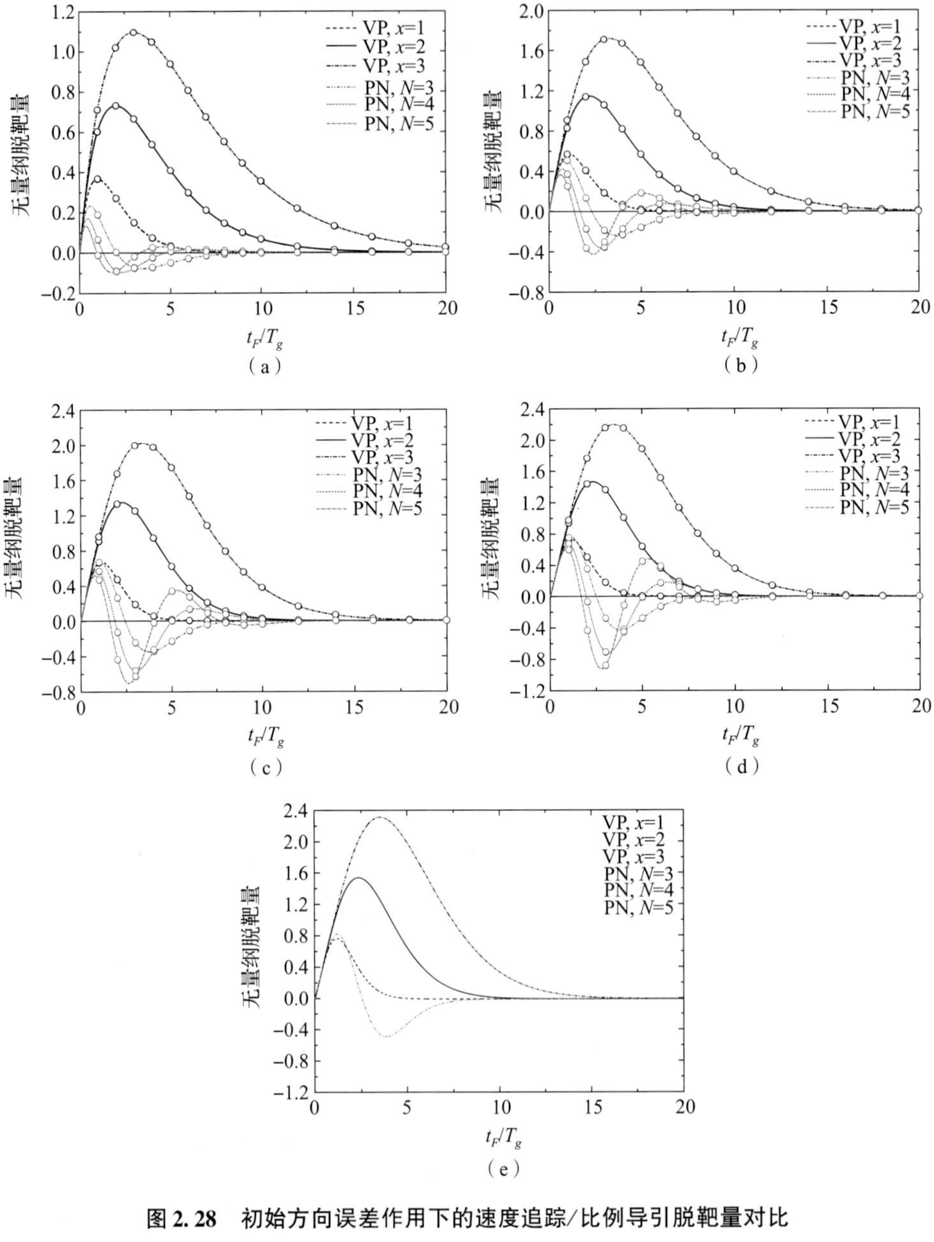

图 2.28　初始方向误差作用下的速度追踪/比例导引脱靶量对比

(a) 速度追踪/比例导引脱靶量对比 ($m=1$)；(b) 速度追踪/比例导引脱靶量对比 ($m=2$)；
(c) 速度追踪/比例导引脱靶量对比 ($m=3$)；(d) 速度追踪/比例导引脱靶量对比 ($m=4$)；
(e) 速度追踪/比例导引脱靶量对比 ($m=5$)